DEIN COACH ZUM ERFOLG!

Dein ActiveBook auf MyStark.

Du kannst auf alle digitalen Inhalte zu diesem Band online zugreifen. Registriere dich dazu unter **www.stark-verlag.de/mystark** mit deinem **persönlichen Zugangscode:**

C11502-002430

Die Inhalte dieser Auflage stehen bis Schuljahresende zur Verfügung.

MySTARK

Das Active**Book** bietet dir:

- Viele zusätzliche interaktive Übungsaufgaben zu allen prüfungsrelevanten Kompetenzbereichen
- Sofortiges Feedback und Auswertung der Ergebnisse
- Interaktive Lösungen: in kleinen Schritten zum Ergebnis
- Vorgerechnete Beispiele als weitere Hilfe
- Lernvideos mit Erklärungen zu zentralen Themen
- Online-Glossar zum Nachschlagen wichtiger Definitionen

DEIN COACH ZUM ERFOLG!

So kannst du interaktiv lernen:

Interaktive Aufgaben

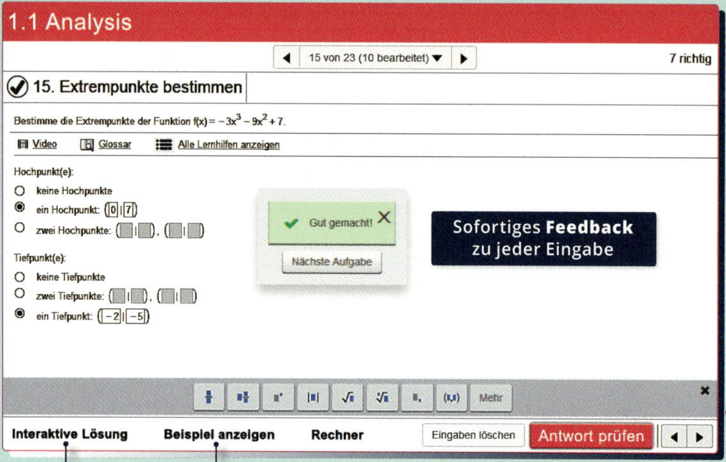

Sofortiges Feedback zu jeder Eingabe

Interaktive Lösung mit kleinschrittiger Anleitung zu jeder Aufgabe

Vorgerechnetes **Beispiel** zu jeder Aufgabe

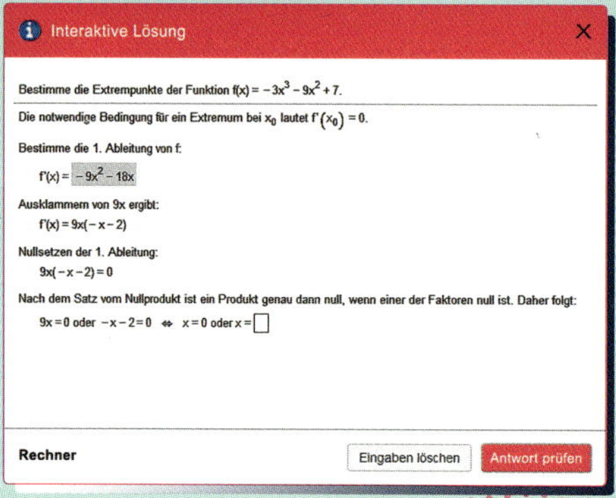

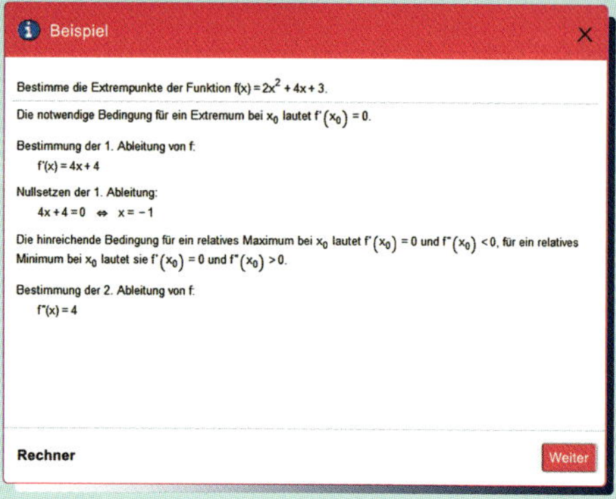

Systemvoraussetzungen:
- Mindestens 1024×768 Pixel Bildschirmauflösung
- Chrome, Firefox oder ähnlicher Webbrowser
- Internetzugang

2023

Abitur

Original-Prüfungsaufgaben
mit Lösungen

Gymnasium · Berlin

Mathematik GK

STARK

9. ergänzte Auflage
www.stark-verlag.de

Inhalt

Hinweise und Tipps zum Zentralabitur 2023

Übungsaufgaben zum hilfsmittelfreien Teil

Zentrale schriftliche Abiturprüfung

Jahrgang 2018

Jahrgang 2019

Sobald die Original-Prüfungsaufgaben 2022 freigegeben sind, können sie als PDF auf der Plattform MyStark herunterladen (Zugangscode vgl. Farbseiten vorne im Buch).

Autoren:

Dr. Detlef Launert
Übungsaufgaben zum hilfsmittelfreien Teil,
Lösungen zur Abiturprüfung Berlin 2020, Aufgabe 1 Analysis, Aufgaben 2.1 und 2.2

Lauri Lehmann
Lösungen zur Abiturprüfung Berlin 2018, 2019;
Lösungen zur Abiturprüfung Berlin 2020, Aufgabe 1 Geometrie und Stochastik, Aufgaben 3.1, 3.2, 4.1 und 4.2
Lösungen zur Abiturprüfung Berlin 2022

Redaktion
Lösungen zur Abiturprüfung Berlin 2021

Vorwort

Liebe Schülerinnen und Schüler,

dieses Übungsbuch ist die ideale Hilfe bei der Vorbereitung auf das **Zentralabitur 2023** für den **Grundkurs in Berlin** im Fach **Mathematik**.

- Sie erhalten im ersten Teil des Buches wichtige **Informationen** über Inhalt und Aufbau der Prüfungsaufgaben für das Abitur 2023. Dies ermöglicht Ihnen, sich gezielt auf die Abiturprüfung vorzubereiten. Darüber hinaus finden Sie viele **Hinweise und Tipps**, die Ihnen helfen, effektiv und erfolgreich an die Lösung der Prüfungsaufgaben heranzugehen.
- Im zweiten Teil stehen Ihnen **Übungsaufgaben** zum **hilfsmittelfreien Teil** zur Verfügung. Diese bestehen aus den entsprechenden Aufgaben des Abiturs in Brandenburg und dienen zur Orientierung für den hilfsmittelfreien Teil des Abiturs in Berlin. Da es sich um Aufgaben für das erhöhte Anforderungsniveau handelt, sind bestimmte Teilaufgaben, die im Schwierigkeitsgrad über das Grundkursniveau hinausgehen, besonders gekennzeichnet.
- Der dritte Teil beinhaltet die **Original-Prüfungsaufgaben 2018 bis 2021**. Die **Original-Prüfung 2022** steht Ihnen auf der Plattform MyStark zum Download zur Verfügung. Mit diesen Aufgaben können Sie sich ein genaues Bild davon machen, wie die Prüfung in den letzten Jahren ausgesehen hat.
- Der Zugangscode auf den Farbseiten vorne in diesem Buch ermöglicht es Ihnen, Aufgaben im Rahmen eines **Online-Prüfungstrainings zum hilfsmittelfreien Teil des Abiturs** interaktiv zu lösen.
- Die Original-Prüfungsaufgaben sind zusätzlich mit **separaten Tipps zum Lösungsansatz** versehen, die Ihnen Hilfestellungen für die Lösung der Aufgabe geben. Wenn Sie mit einer Aufgabe nicht zurechtkommen, schauen Sie deshalb nicht gleich in die Lösungen, sondern nutzen Sie schrittweise die Lösungstipps, um selbst die Lösung zu finden.
- Zu allen Original-Prüfungsaufgaben wurde **eine vollständige, ausführlich kommentierte Lösung mit allen erforderlichen Rechenschritten** erstellt, die es Ihnen ermöglicht, Ihre Lösung eigenständig zu kontrollieren und die Rechenwege Schritt für Schritt nachzuvollziehen.

Sollten nach Erscheinen dieses Bandes noch wichtige Änderungen in der Abitur-Prüfung 2023 vom LISUM Berlin-Brandenburg bekannt gegeben werden, finden Sie aktuelle Informationen dazu ebenfalls bei MyStark.

Die Autoren wünschen Ihnen für die Prüfungsvorbereitung und für das Abitur viel Erfolg!

Stichwortverzeichnis

Das Stichwortverzeichnis ist gegliedert in die drei Lernbereiche **Analysis**, **Analytische Geometrie** und **Stochastik**. Es beinhaltet für jeden dieser Bereiche jeweils Stichworte mit Seitenverweis auf die Aufgabenstellung oder Lösung einer Aufgabe.

I. Analysis

II. Analytische Geometrie

III. Stochastik

Hinweise und Tipps zum Zentralabitur 2023

Die zentrale schriftliche Abiturprüfung im Fach Mathematik

Die Grundlagen für die von Ihnen zu bearbeitenden Prüfungsaufgaben sind der Rahmenlehrplan für die gymnasiale Oberstufe in der Ausgabe von 2014 und die Bildungsstandards der KMK für die Allgemeine Hochschulreife im Fach Mathematik (Beschluss vom 18.10.2012). Die zu überprüfenden Kompetenzen sowie die inhaltsbezogenen Prüfungsgegenstände ergeben sich aus den dort genannten abschlussorientierten Standards und den fachlichen Inhalten.

Prüfungsrelevante Themen

Die Prüfungsaufgaben im Fach Mathematik basieren auf dem **Kerncurriculum**. Folgende zusätzliche Festlegungen sind dabei zu berücksichtigen:
Grundsätzlich **nicht** gefordert werden das Erläutern und Entwickeln von Beweisen. Zudem **nicht** gefordert wird die Nutzung von Grenzwerten bei der Bestimmung von Ableitung oder Integral, Potenzfunktionen mit Exponenten, die nicht Elemente der natürlichen Zahlen sind, sowie Simulationen.

Aufbau und Bearbeitung der Prüfungsaufgaben

Bei der Aufgabenstellung 1, den hilfsmittelfreien Aufgaben, stehen die Aufgaben und ihre Teilaufgaben in keinem übergeordneten Zusammenhang. Sie beziehen sich auf alle drei Themengebiete und können auch in begrenztem Umfang Problemstellungen enthalten, die dem Anforderungsbereich III zuzuordnen sind.
Es gibt 5 Aufgaben zu je 5 BE.

Bei den weiteren Aufgabenstellungen ist jede Aufgabe als strukturierte, inhaltlich zusammenhängende Aufgabe konstruiert, die in mehrere Teilaufgaben untergliedert ist. Jede dieser Aufgaben enthält entsprechende Anteile aus allen drei Anforderungsbereichen. Üblicherweise beginnen die Aufgaben mit den dem Anforderungsbereich I zugeordneten Grundaufgaben. Es empfiehlt sich immer, die Aufgabe zunächst vollständig zu lesen, da Zwischenergebnisse gelegentlich auch in nachfolgenden Aufgabenteilen enthalten sein können.

Aufgabenteile, die dem Anforderungsbereich III zugeordnet sind, finden sich meist am Ende der jeweiligen Aufgabe. Nur, wenn es der Zusammenhang erfordert, können sie auch schon früher eingegliedert sein. Wenn sich die Möglichkeit bietet, wird die Aufgabe so formuliert, dass eine praktische Anwendung des mathematischen Sachverhaltes beschrieben wird.

In jedem der drei Themengebiete Analysis, Analytische Geometrie und Stochastik ist genau eine Aufgabe zu lösen, wobei der Prüfling jeweils die Wahl zwischen zwei gleichwertigen Aufgaben hat. Die Wahlmöglichkeiten sind in folgender Tabelle dargestellt:

Aufgabenstellung 1 ohne Wahlmöglichkeit 60 min	Aufgabe 1: **hilfsmittelfreier Teil** (Analysis, Analytische Geometrie und Stochastik)
Aufgabenstellung 2 Der Prüfling wählt aus.	Aufgabe 2.1 oder Aufgabe 2.2 **Analysis**
Aufgabenstellung 3 Der Prüfling wählt aus.	Aufgabe 3.1 oder Aufgabe 3.2 **Analytische Geometrie**
Aufgabenstellung 4 Der Prüfling wählt aus.	Aufgabe 4.1 oder Aufgabe 4.2 **Stochastik**

Für die Bearbeitung der vier Prüfungsaufgaben stehen **255 Minuten** zur Verfügung. Davon entfallen 60 Minuten auf die Aufgabenstellung 1. (Bis 2019 entfielen 45 Minuten auf die Aufgabenstellung 1.)
30 Minuten sind zudem als Lesezeit vorgesehen, in denen die Aufgaben gelesen werden können und eine Wahl zwischen den beiden Aufgaben in jedem Themengebiet getroffen werden kann.

2022 und **2021** galten aufgrund der Coronapandemie **Ausnahmeregelungen**. Der hilfsmittelfreie Teil bestand aus 3 **verpflichtenden** Aufgaben Analysis und die Lehrkraft wählte **zusätzlich** entweder 2 Aufgaben Analytische Geometrie **oder** 2 Aufgaben Stochastik aus.
Im nicht hilfsmittelfreien Teil mussten beide Aufgaben Analysis bearbeitet werden und die Lehrkraft wählte wiederum **zusätzlich** die Aufgabe Analytische Geometrie **oder** die Aufgabe Stochastik aus.
Die Bewertungseinheiten und Aufgabenstellungen wurden entsprechend angepasst.

Für die Frage, welche **Hilfsmittel** bei der Prüfung zugelassen sind, ist entscheidend, ob die Abiturprüfung ohne oder mit Verwendung eines Computer-Algebra-Systems (CAS) bearbeitet wird.
Grundsätzlich sind folgende Hilfsmittel zugelassen:

- Nachschlagewerk zur Rechtschreibung der deutschen Sprache
- Formelsammlung, die von der zuständigen Senatsverwaltung bzw. dem zuständigen Ministerium für die Verwendung im Abitur zugelassen und an der Schule eingeführt ist (Aufgabenstellung 2, 3 und 4).

Für die Bearbeitung **ohne CAS** sind folgende Hilfsmittel zugelassen:
Taschenrechner, die nicht programmierbar und nicht grafikfähig sind und nicht über Möglichkeiten der numerischen Differenziation oder Integration oder dem automatisierten Lösen von Gleichungen verfügen.

Für die Bearbeitung **mit CAS** sind folgende Hilfsmittel zugelassen:
Für die Bearbeitung der Abiturprüfung können ein PC oder folgende Geräte Anwendung finden:

Texas Instruments	TI-92, TI-Voyage, TI-Nspire
Casio	Casio Classpad

Ein PC-gestütztes CAS-Abitur kann mit CAS-Software wie MuPad, Geogebra oder Derive oder mit Emulationen von o.g. CAS-Geräten durchgeführt werden.

Grundsätzlich gilt, dass die Benutzung weiterer Software über das CAS hinaus nicht zugelassen ist.

Zur Bewertung der Prüfung

Die Verteilung der Bewertungseinheiten seit 2020 weicht zu den Vorjahren ab.

Seit 2020 gilt folgender Bewertungsschlüssel:

- Aufgabenstellung 1 (hilfsmittelfreie Aufgaben): 25 BE
- Aufgabenstellung 2 (Analysis): 35 BE
- Aufgabenstellung 3 (Analytische Geometrie): 20 BE
- Aufgabenstellung 4 (Stochastik): 20 BE

2019 galt folgender Bewertungsschlüssel:

- Aufgabenstellung 1 (hilfsmittelfreie Aufgaben): 20 BE
- Aufgabenstellung 2 (Analysis): 40 BE
- Aufgabenstellung 3 (Analytische Geometrie): 20 BE
- Aufgabenstellung 4 (Stochastik): 20 BE

Bis 2018 galt folgende Verteilung:

- Aufgabenstellung 1 (Analysis): 40–50 %
- Aufgabenstellung 2 (Analytische Geometrie): 25–30 %
- Aufgabenstellung 3 (Stochastik): 25–30 %

Da es inhaltlich nur wenige Änderungen gab, eignen sich alle Aufgaben auch zur Prüfungsvorbereitung auf das Abitur 2023.

Zum Umgang mit diesem Buch

Eine gute Orientierung zu Inhalt, Aufbau und Fragestellung einer typischen Prüfungsaufgabe geben Ihnen die **originalen Abiturprüfungsaufgaben** ab 2018, die sich in diesem Buch bzw. auf der Plattform MyStark befinden.

Zu allen Prüfungsaufgaben finden Sie im Anschluss an die Aufgabenstellung komplett ausgearbeitete **Musterlösungen** mit Erläuterung des Lösungswegs. Darüber hinaus sind in allen Originalprüfungsaufgaben zwischen Aufgaben und Lösungen separate **Tipps und Hinweise** zu sämtlichen Teilaufgaben eingefügt, die Ihnen helfen, die Aufgaben **möglichst selbstständig** zu lösen. Für die Vorbereitung auf die Prüfung ist es wichtig, dass Sie versuchen, allein mit der Aufgabenstellung zurechtzukommen. Nutzen Sie daher immer zuerst die Tipps, wenn Sie bei der Lösung der einzelnen Teilaufgaben ins Stocken geraten. Sie erhalten dann einen **Denkanstoß**, der Ihnen weiterhilft. Gehen Sie dabei schrittweise vor, d. h., lesen Sie den jeweiligen Tipp erst bei Bedarf.

Die Musterlösung dient zum einen zur **Kontrolle**, ob Sie die Aufgabe richtig und vollständig gelöst haben, zum anderen gibt Sie Ihnen eine **ausführliche Hilfestellung**, wenn Sie trotz der Tipps Schwierigkeiten bei der Bearbeitung haben (Tipps und Kommentare sind durch das Symbol ✎ am linken Textrand gekennzeichnet).

Für den **hilfsmittelfreien Teil** gibt es die zusätzlichen **Übungsaufgaben** sowie das **Online-Prüfungstraining.**

Tipps zur Vorbereitung und Bearbeitung der Prüfungsaufgaben

Prüfungsvorbereitung

- Bereiten Sie sich **langfristig** auf die Abiturprüfung vor und fertigen Sie sich eine Übersicht über die von Ihnen bereits bearbeiteten Themen, Inhalte und Verfahren an. Teilen Sie die Inhalte in sinnvolle Teilbereiche ein und legen Sie fest, bis wann Sie welche Teilbereiche bearbeitet haben wollen.
  Es ist zweckmäßig, alle schriftlichen Bearbeitungen dieser Aufgaben übersichtlich aufzubewahren, das erleichtert spätere Wiederholungen.
- Verwenden Sie während der Prüfungsvorbereitung grundsätzlich die **Hilfsmittel**, die auch in der Prüfung zugelassen sind. Prägen Sie sich wichtige Seiten in Ihrer Formelsammlung ein und nutzen Sie Ihren Taschenrechner mit allen Funktionen.
- Benutzen Sie zur Prüfungsvorbereitung neben diesem Übungsbuch Ihre **Unterrichtsaufzeichnungen** und das Lehrbuch.
- Oft ist der Zeitfaktor ein großes Problem. Testen Sie, ob Sie eine Aufgabe in der dafür vorgegebenen Zeit allein lösen können. **Simulieren Sie selbst eine Prüfungssituation.**
- Gehen Sie optimistisch in die Prüfung. Wer sich gut vorbereitet hat, braucht sich keine Sorgen zu machen.

Bei der Prüfung

- Nutzen Sie die zur Verfügung stehenden 30 Minuten zum gewissenhaften Lesen.
- Treffen Sie in dieser Zeit auch eine gut überlegte Entscheidung zur Aufgabenwahl, sodass Sie im Verlauf der Prüfung nicht zu einer anderen Aufgabe wechseln müssen.
  Bei der Auswahl der Analysisaufgabe sollte man insbesondere auf die Funktionsgleichungen achten.
- Falls Sie später dennoch die Aufgabe wechseln möchten, vermerken Sie **eindeutig**, welche Aufgabe als Prüfungsleistung ge- und bewertet werden soll.
- Beachten Sie, dass in manchen Teilaufgaben **„Zwischenlösungen“** angegeben sind, die Ihnen als Kontrolle dienen bzw. mit denen Sie weiterarbeiten können.
- Es ist hilfreich, wenn Sie bei der Analyse der Aufgabenstellungen wichtige Angaben oder Informationen (z. B. gegebene Größen, Lösungshinweise) **farbig markieren**.
- Um den Lösungsansatz zu einer Aufgabe zu finden oder die gegebene Problemstellung zu veranschaulichen, kann das **Anfertigen einer Skizze** nützlich sein.
- Achten Sie auf die **sprachliche Richtigkeit** und eine **saubere äußere Form** Ihrer Lösungen (vgl. Abschnitt „Zur Bewertung der Prüfung“)
- Für das Zeitmanagement ist es sinnvoll, eine Armbanduhr (ohne technische Hilfsmittel) in die Prüfung mitzunehmen.

Hinweise und Tipps zum Lösen von Abituraufgaben mit CAS-Rechnern

Die folgenden Hinweise haben für alle CAS-Systeme Gültigkeit, sodass Sie die Hinweise auf das von Ihnen verwendete System übertragen können.

Vor der Prüfung

- Vor Beginn der Prüfung sind die CAS-Geräte in einen einheitlichen Ausgangszustand zu versetzen. Ihre Schule hat dazu spezielle (systemabhängige) Anweisungen. Es kann sein, dass Ihr System in einen Prüfungsmodus versetzt wird – ebenso ist es denkbar, dass der Speicher vollständig gelöscht wird. Wenn Sie auf Ihrem System Dateien gespeichert haben, die Sie später wieder benötigen, sollten Sie vorher zu Hause ein Backup durchführen.

- Achten Sie vor Prüfungen (und insbesondere vor der Abiturprüfung) darauf, dass Sie den Akku Ihres Geräts geladen bzw. neue Batterien eingesetzt oder als Ersatz griffbereit haben.
- Machen Sie sich rechtzeitig mit Hilfesystemen Ihres Geräts vertraut. So gibt es z. B. die Möglichkeit, zu einzelnen Befehlen eine kleine Syntax-Erklärung anzeigen zu lassen. Das kann bei Unsicherheiten während der Prüfung hilfreich sein.
- CAS rechnen (nach Möglichkeit) exakt. Machen Sie sich damit vertraut, wie Sie bewusst Näherungslösungen erzwingen können.
- Machen Sie sich damit vertraut, wo Sie die Grundeinstellungen Ihres Systems ändern können, z. B. die Anzahl angezeigter Dezimalstellen oder das Winkelmaß, in dem Ihr System in der Grundeinstellung rechnet.
- Entwickeln Sie eine eigene Systematik für die Vergabe von Variablen und Bezeichnungen. Beispiele:
  - „f(x)“ für den Funktionsterm,
  - „a(x)“ für den Term der ersten Ableitung,
  - „gg(x)“, „gh(x)“ für die Gerade g bzw. die Gerade h
  - …

Während der Prüfung

- Wenn Ihr Gerät ein Dokumentenmanagement besitzt, sollten Sie sich angewöhnen, für zumindest jede größere Aufgabenstellung ein eigenes Dokument zu verwenden. Das hat den Vorteil, dass in einem neuen Dokument der Variablenspeicher zurückgesetzt wird und Sie daher jeden Variablennamen im Dokument nutzen können. Zudem können Sie dadurch Fehler durch unwissentliches Übernehmen von Variablen, die bereits mit Werten belegt sind, vermeiden. Wenn Sie im weiteren Verlauf der Prüfung an einer anderen Aufgabe arbeiten, können Sie das zugehörige Dokument öffnen und müssen nicht alle Variablen und Funktionen neu definieren.
- Es ist zweckmäßig, Namen von Funktionen so zu wählen, wie sie in der Aufgabenstellung vorgegeben werden. Achten Sie darauf, dass Sie den gleichen Namen nicht mehrfach vergeben und dadurch die definierten Werte oder Terme überschreiben. Manche Geräte jedoch können nur mit der Variablen x umgehen, nennen Sie daher bei der Eingabe im Rechner z. B. das t in f(t) entsprechend in x als f(x) um.
- Sollte ein unerwartetes Ergebnis auftreten, überprüfen Sie immer Ihre Eingabe. So kann es sein, dass z. B. der Term „$ab - a \cdot b$“ von Ihrem Gerät vereinfacht wird, weil Sie im ersten Teil vergessen haben, das Multiplikationszeichen einzugeben und Ihr Gerät nun dies als eigenständige Variable „ab“ interpretiert.
- Machen Sie sich stets die vorliegende Situation klar und prüfen Sie die von Ihrem Gerät erhaltenen Ergebnisse auf Plausibilität. Vertrauen Sie Ihrem Gerät nicht blind.
- Vergessen Sie nicht, dass Sie mit einem CAS schnell z. B. Funktionsgraphen erhalten. Das kann Überlegungen unterstützen, wie z. B. die Frage nach Extrempunkten oder Steigungsverhalten.
- Beachten Sie die Formulierung von Aufgabenstellungen. Manchmal werden Anforderungen an die Dokumentation von Lösungen gestellt.

Zur Dokumentation von Lösungen

- Dokumentieren Sie Ihre Lösungen nachvollziehbar.
- Wenn Sie Ihr Gerät nutzen, machen Sie dies kenntlich.
  Beispiel: Sie lösen die Gleichung $3x^3 - 2x^2 + 2 = 1$ und dokumentieren:

  $3x^3 - 2x^2 + 2 = 1$

  CAS: $x \approx -0{,}528$

- Kommt in der Aufgabenstellung der Hinweis „mithilfe eines rechnerischen Ansatzes“ oder „ausgehend von einem mathematischen Ansatz“ vor, so bedeutet dies, dass in der Lösung der Rechenweg angegeben werden soll. Die Ermittlung der Lösung z. B. durch ein Abtasten des Graphen oder die Angabe des entsprechenden Rechnerbefehls reichen nicht aus.

Weiterführende Informationen

Im Internet finden Sie unter
http://www.berlin.de/sen/bildung/schule/pruefungen-und-abschluesse/abitur/
Prüfungsvorgaben für das Zentralabitur 2023 in Berlin.

Berlin – Mathematik Grundkurs
Übungsaufgabe 1: hilfsmittelfreier Teil*

Teil 1 – Analysis

BE

a) Im Bild sind die Graphen G_1 und G_2 dargestellt. Einer der beiden ist der Graph einer Funktion f, der andere der Graph der zugehörigen Ableitungsfunktion f'.
Geben Sie an, welcher der beiden Graphen die Ableitungsfunktion zeigt, und begründen Sie Ihre Entscheidung. 2

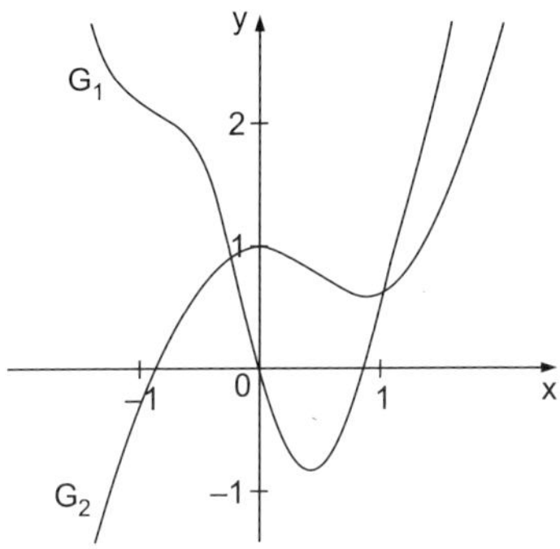

b) Ermitteln Sie diejenige Stammfunktion der Funktion f mit $f(x) = -2e^{2x} + 1$, deren Graph die y-Achse im Punkt $S_y(0\,|\,5)$ schneidet. 3

c) Aus einem 20 Meter langen Draht soll das Kantenmodell eines Quaders mit quadratischer Grundfläche hergestellt werden. Die Seitenlänge der Quadrate ist a.
Stellen Sie eine Funktion in Abhängigkeit von a auf, mit der man das Volumen des Quaders ermitteln kann. Geben Sie den Definitionsbereich für diese Funktion an. 5

Teil 2 – Analytische Geometrie und Lineare Algebra

a) Gegeben sind die Punkte $P(1\,|\,-2\,|\,1)$, $Q(2\,|\,-3\,|\,-1)$ und $R(-1\,|\,4\,|\,2)$.
Geben Sie eine Gleichung der Geraden g an, die durch den Punkt R und parallel zur Geraden durch die Punkte P und Q verläuft. 2

b) Ermitteln Sie zwei Vektoren $\vec{b}$ und $\vec{c}$, sodass gilt:
Je zwei der drei Vektoren $\vec{a} = \begin{pmatrix} 2 \\ 3 \\ -1 \end{pmatrix}$, $\vec{b}$ und $\vec{c}$ sind orthogonal zueinander. 4

c) E_m ist die mittelparallele Ebene, die alle Punkte enthält, die zu den beiden Ebenen E_1: $2x + 3y - 4z = d_1$ und E_2: $2x + 3y - 4z = d_2$ den gleichen Abstand haben.
Weisen Sie nach, dass E_m die Gleichung $2x + 3y - 4z = \frac{d_1 + d_2}{2}$ mit $d_1, d_2 \neq 0$ hat. 4

Teil 3 – Stochastik

a) Bei einem Multiple-Choice-Test sollen 4 Fragen durch Ankreuzen beantwortet werden. Es gibt stets 4 Antwortmöglichkeiten, von denen genau eine richtig ist.
Bestimmen Sie die Wahrscheinlichkeit dafür, dass jemand durch willkürliches Raten alle Antworten richtig angekreuzt hat. 3

---

*Abitur Brandenburg 2015 Aufgabe 1; gekennzeichnete Aufgaben (Rauten) sind für den Grundkurs nicht relevant

b) Vervollständigen Sie die gegebene Vierfeldertafel und geben Sie die folgenden Wahrscheinlichkeiten an: $P(\overline{A} \cap B)$ und $P_A(B)$.

	A	$\overline{A}$	
B	0,25		0,8
$\overline{B}$		0,15	

4

c) Ein fairer Würfel wird insgesamt 20-mal geworfen. Die Zufallsgröße X beschreibt die Anzahl der Würfe, bei denen eine gerade Zahl erscheint. Es gelte $P(X=3)=w$. Geben Sie an, für welchen Wert dieser Zufallsgröße die Wahrscheinlichkeit ebenfalls w beträgt, und begründen Sie Ihre Entscheidung. 3

30

Tipps und Hinweise zur Lösung von Übungsaufgabe 1

Tipps zu Teil 1

a) Suchen Sie die Stellen, an denen der eine Graph eine Nullstelle und der andere eine Extremstelle hat. Was können Sie daraus schließen?

b) Berechnen Sie die Stammfunktion von f(x) in Abhängigkeit der Konstanten C.

Setzen Sie die Koordinaten von S_y in die Stammfunktion ein und lösen Sie die entstehende Gleichung nach C auf.

c) Stellen Sie das Volumen des Quaders mithilfe der Kantenlänge a und der Kantenlänge b dar.

Die Summe aller Kanten soll 20 m betragen. Wie können Sie daraus die Kantenlänge b in Abhängigkeit von der Kantenlänge a ausdrücken?

Ersetzen Sie b in der Formel für das Volumen.

Welche Bedingung müssen die beiden Kantenlängen erfüllen? Berechnen Sie damit den Definitionsbereich von a.

Tipps zu Teil 2

a) Parallele Geraden besitzen denselben Richtungsvektor. Dieser lässt sich mithilfe der beiden Punkte berechnen, durch die die Gerade verläuft.

b) Wählen Sie für $\vec{b}$ einen beliebigen Vektor, für den $\vec{a} \circ \vec{b} = 0$ gilt.

Der Vektor $\vec{c}$ muss zwei Bedingungen erfüllen: $\vec{a} \circ \vec{c} = 0$ und $\vec{b} \circ \vec{c} = 0$

c) Wählen Sie je einen Punkt, der in der Ebene E_1 bzw. E_2 liegt.

Berechnen Sie die Koordinaten des Mittelpunktes der beiden Punkte.

Verwenden Sie die Koordinaten des Mittelpunktes, um die Ebenengleichung der mittelparallelen Ebene zu bestimmen.

Tipps zu Teil 3

a) Verdeutlichen Sie sich den Sachverhalt anhand eines Baumdiagramms.

Wie hoch ist die Wahrscheinlichkeit, eine Frage durch Raten richtig zu beantworten?

b) Die erste Wahrscheinlichkeit können Sie direkt aus der ergänzten Vierfeldertafel entnehmen.

Für die zweite Wahrscheinlichkeit benötigen Sie die Formel für die bedingte Wahrscheinlichkeit.

c) Betrachten Sie die Wahrscheinlichkeit für $X = 3$.

Beachten Sie, dass die Wahrscheinlichkeit für eine gerade Zahl genauso hoch ist wie die Wahrscheinlichkeit für eine ungerade Zahl. Welche Anzahl kommt daher infrage, um dieselbe Wahrscheinlichkeit w zu erhalten?

Prüfen Sie, ob $\binom{20}{17}$ genauso groß ist wie $\binom{20}{3}$. Benutzen Sie dafür $\binom{n}{k} = \frac{n!}{k!(n-k)!}$.

Lösungen zur Übungsaufgabe 1

Teil 1 – Analysis

a) *1. Möglichkeit:*
Der Graph G_2 ist der Graph der Funktion f(x) und der Graph G_1 ist der Graph der Funktion f'(x), weil die Nullstellen von f'(x) die Extremstellen von f(x) sind.

2. Möglichkeit:
Der Graph G_2 ist der Graph der Funktion f(x) und der Graph G_1 ist der Graph der Funktion f'(x), weil die Extremstelle von f'(x) die Wendestelle von f(x) ist.

b) Es handelt sich hier um ein sogenanntes „Anfangswertproblem".
Für die Stammfunktion von f(x) gilt:

$$F_C(x) = \int (-2e^{2x} + 1)\,dx = -2 \cdot \frac{1}{2} \cdot e^{2x} + x + C = -e^{2x} + x + C$$

Da $S_y(0|5)$ auf dem Graphen von $F_C(x)$ liegen soll, muss dessen Funktionsterm für $x = 0$ und $y = F_C(0) = 5$ erfüllt sein. Aus dieser Gleichung lässt sich C berechnen.
Damit gilt:

$$5 = -e^{2 \cdot 0} + 0 + C$$
$$5 = -1 + C$$
$$6 = C$$

Für die Stammfunktion folgt:

$$F(x) = \underline{\underline{-e^{2x} + x + 6}}$$

c) Hier handelt es sich im Ansatz um eine Extremwertaufgabe.
Volumen des Quaders (Hauptbedingung):

$$V = a \cdot a \cdot b = a^2 b$$

Summe aller Kantenlängen des Quaders (Nebenbedingung):

$$8a + 4b = 20$$
$$4b = 20 - 8a$$
$$b = 5 - 2a$$

Damit erhält man als Zielfunktion:

$$V(a) = a^2 b = \underline{\underline{a^2(5-2a) = -2a^3 + 5a^2}}$$

Definitionsbereich von V(a):
Damit ein Quader existiert, müssen alle Kantenlängen größer als null sein. Daher muss $a > 0$ gelten. Für b muss die folgende Ungleichung erfüllt sein:

$$5 - 2a > 0$$
$$5 > 2a$$
$$2a < 5$$
$$a < \frac{5}{2}$$

Daher muss a Folgendes erfüllen:

$$0 < a < \frac{5}{2}$$

Damit ergibt sich der Definitionsbereich:

$$\underline{\underline{\mathbb{D}_V = \left\{a \mid a \in \mathbb{R}, 0 < a < \frac{5}{2}\right\}}}$$

Teil 2 – Analytische Geometrie und Lineare Algebra

a) Die Gerade g verläuft durch den Punkt R und ist parallel zur Geraden g(PQ). Es müssen also die folgenden Bedingungen erfüllt sein: $R \in g$ und $g \parallel g(PQ)$.

$$g:\ \vec{x} = \overrightarrow{OR} + t \cdot \overrightarrow{PQ} = \underline{\underline{\begin{pmatrix} -1 \\ 4 \\ 2 \end{pmatrix} + t\begin{pmatrix} 1 \\ -1 \\ -2 \end{pmatrix}}};\quad t \in \mathbb{R}$$

b) Zwei Vektoren sind orthogonal zueinander, wenn ihr Skalarprodukt null ergibt.

Die Koordinaten von $\vec{b}$ werden so gewählt, dass $\vec{a} \circ \vec{b} = 0$ erfüllt ist. Dies gilt z. B. für $\underline{\underline{\vec{b} = \begin{pmatrix} -3 \\ 2 \\ 0 \end{pmatrix}}}$:

$$\begin{pmatrix} 2 \\ 3 \\ -1 \end{pmatrix} \circ \begin{pmatrix} -3 \\ 2 \\ 0 \end{pmatrix} = -6 + 6 + 0 = 0$$

Um einen solchen Vektor zu erhalten, können zwei Koordinaten von $\vec{b}$ frei gewählt werden. Die dritte Koordinate von $\vec{b}$ lässt sich dann über das Skalarprodukt $\vec{a} \circ \vec{b}$ berechnen.

Weiterhin muss gelten:

$$\vec{a} \circ \vec{c} = 0 \text{ und } \vec{b} \circ \vec{c} = 0$$

1. Möglichkeit:

Im trivialen Fall ist $\underline{\underline{\vec{c} = \begin{pmatrix} 0 \\ 0 \\ 0 \end{pmatrix} = \vec{0}}}$, denn dieser ist zu jedem Vektor orthogonal.

Probe: $\begin{pmatrix} 2 \\ 3 \\ -1 \end{pmatrix} \circ \begin{pmatrix} 0 \\ 0 \\ 0 \end{pmatrix} = 0 + 0 + 0 = 0$

$$\begin{pmatrix} -3 \\ 2 \\ 0 \end{pmatrix} \circ \begin{pmatrix} 0 \\ 0 \\ 0 \end{pmatrix} = 0 + 0 + 0 = 0$$

2. Möglichkeit:

Aus den Bedingungen für $\vec{c}$ erhält man ein lineares Gleichungssystem:

$$\vec{a} \circ \vec{c} = \begin{pmatrix} 2 \\ 3 \\ -1 \end{pmatrix} \circ \begin{pmatrix} x \\ y \\ z \end{pmatrix} = 0 \quad \Rightarrow \quad \text{I} \quad 2x + 3y - z = 0$$

$$\vec{b} \circ \vec{c} = \begin{pmatrix} -3 \\ 2 \\ 0 \end{pmatrix} \circ \begin{pmatrix} x \\ y \\ z \end{pmatrix} = 0 \quad \Rightarrow \quad \text{II} \quad -3x + 2y = 0$$

Es ergibt sich also ein unterbestimmtes lineares Gleichungssystem:

$$\begin{array}{lrl} \text{I} & 2x+3y-z=0 & \downarrow \cdot 3 \\ \text{II} & -3x+2y=0 & \cdot 2+ \\ \hline & 13y-3z=0 & \\ & 13y=3z & \\ & y=\frac{3}{13}z & \end{array}$$

y wird in I eingesetzt:

$$2x+3\cdot\frac{3}{13}z-z=0$$

$$2x+\frac{9-13}{13}z=0$$

$$2x-\frac{4}{13}z=0$$

$$2x=\frac{4}{13}z$$

$$x=\frac{2}{13}z$$

Damit erhält man:

$$\vec{c}=\begin{pmatrix} x \\ y \\ z \end{pmatrix}=\begin{pmatrix} \frac{2}{13}z \\ \frac{3}{13}z \\ z \end{pmatrix}$$

Einen konkreten Vektor erhält man z. B. für $z=13$:

$$\underline{\underline{\vec{c}=\begin{pmatrix} 2 \\ 3 \\ 13 \end{pmatrix}}}$$

Probe: $\begin{pmatrix} 2 \\ 3 \\ -1 \end{pmatrix}\circ\begin{pmatrix} 2 \\ 3 \\ 13 \end{pmatrix}=4+9-13=0$

$$\begin{pmatrix} -3 \\ 2 \\ 0 \end{pmatrix}\circ\begin{pmatrix} 2 \\ 3 \\ 13 \end{pmatrix}=-6+6=0$$

3. Möglichkeit

$\vec{c}$ berechnet sich mithilfe des Vektorproduktes (Kreuzproduktes).

Das Vektorprodukt zweier Vektoren ist im jetzigen Lehrplan nicht verbindlich enthalten.

$$\vec{c}=\vec{a}\times\vec{b}=\begin{pmatrix} 2 \\ 3 \\ -1 \end{pmatrix}\times\begin{pmatrix} -3 \\ 2 \\ 0 \end{pmatrix}=\begin{pmatrix} 3\cdot 0-(-1)\cdot 2 \\ -1\cdot(-3)-2\cdot 0 \\ 2\cdot 2-3\cdot(-3) \end{pmatrix}=\underline{\underline{\begin{pmatrix} 2 \\ 3 \\ 13 \end{pmatrix}}}$$

c) *1. Möglichkeit:*
Die Gleichung für E_m hat dieselbe linke Seite wie E_1 und E_2, da die Ebenen parallel sind und parallele Ebenen denselben Normalenvektor haben. Damit gilt:

$$E_m\colon 2x + 3y - 4z = D$$

Um D zu berechnen, wird ein Punkt benötigt, der in der Ebene E_m liegt. Einen solchen Punkt findet man, indem man von einem Punkt A, der in der Ebene E_1 liegt, und einem Punkt B, der in der Ebene E_2 liegt, den Mittelpunkt M der Strecke $\overline{AB}$ berechnet. Dieser Punkt ist von E_1 und E_2 gleich weit entfernt und muss somit auf der mittelparallelen Ebene E_m liegen.
Beispielsweise liegt $A\left(\frac{d_1}{2} \middle| 0 \middle| 0\right)$ auf E_1, weil A die Ebenengleichung von E_1 erfüllt, und $B\left(\frac{d_2}{2} \middle| 0 \middle| 0\right)$ auf E_2, weil B die Ebenengleichung von E_2 erfüllt.
Für den Mittelpunkt M der Strecke $\overline{AB}$ gilt:

$$M\left(\frac{\frac{d_1}{2} + \frac{d_2}{2}}{2} \middle| 0 \middle| 0\right) \Rightarrow M\left(\frac{d_1 + d_2}{4} \middle| 0 \middle| 0\right)$$

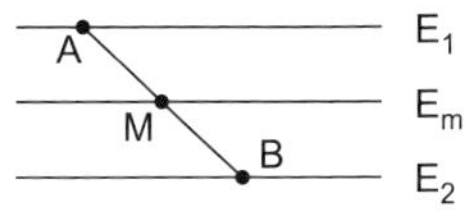

Einsetzen in E_m liefert:

$$2 \cdot \frac{d_1 + d_2}{4} + 3 \cdot 0 - 4 \cdot 0 = D$$

$$\frac{d_1 + d_2}{2} = D$$

Damit erhält man:

$$E_m\colon 2x + 3y - 4z = \frac{d_1 + d_2}{2}$$

2. Möglichkeit:
Die Gleichung für E_m hat dieselbe linke Seite wie E_1 und E_2, da die Ebenen parallel sind und parallele Ebenen denselben Normalenvektor haben.

Analyse des Problems:

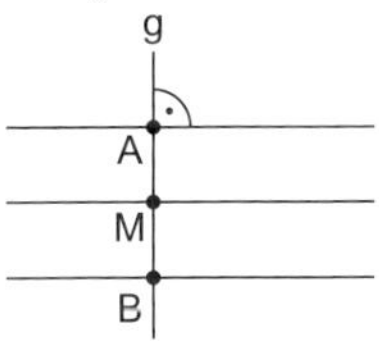

$$E_1\colon 2x + 3y - 4z = d_1$$

$$E_m\colon 2x + 3y - 4z = D \quad \text{weil } E_1 \parallel E_m \parallel E_2$$

$$E_2\colon 2x + 3y - 4z = d_2$$

Der Wert D in der Ebenengleichung von E_m muss nun noch ermittelt werden. Dafür bestimmt man einen Punkt M, der in der Mitte zwischen den Ebenen E_1 und E_2 liegt. Die Koordinaten von M werden in die Ebenengleichung von E_m eingesetzt. Durch die entstehende Gleichung wird der unbekannte Wert D berechnet.
Dazu wird ein beliebiger Punkt A gewählt, der auf E_1 liegt, z. B. $A\left(\frac{d_1}{2} \middle| 0 \middle| 0\right)$. Anschließend wird die Gleichung der Geraden aufgestellt, die senkrecht auf E_1 steht und durch den Punkt A verläuft:

$$g\colon \vec{x} = \begin{pmatrix} \frac{d_1}{2} \\ 0 \\ 0 \end{pmatrix} + s \begin{pmatrix} 2 \\ 3 \\ -4 \end{pmatrix}; \quad s \in \mathbb{R}$$

Der Normalenvektor von E_1 ist ein Richtungsvektor von g.

Die Gerade g schneidet die Ebene E_2 in einem Punkt B, der von der Ebene E_m denselben Abstand hat wie der Punkt A von E_m. Dazu liest man die Geradengleichung koordinatenweise und setzt die Terme für x, y und z in die Ebenengleichung von E_2 ein:

$$2\left(\frac{d_1}{2}+2s\right)+3\cdot 3s-4(-4s)=d_2$$

$$d_1+4s+9s+16s=d_2$$

$$29s=d_2-d_1$$

$$s=\frac{d_2-d_1}{29}$$

s wird in g eingesetzt:

$$\vec{x}=\begin{pmatrix}\frac{d_1}{2}\\0\\0\end{pmatrix}+\frac{d_2-d_1}{29}\begin{pmatrix}2\\3\\-4\end{pmatrix}$$

$$\Rightarrow\quad B\left(\frac{d_1}{2}+\frac{2(d_2-d_1)}{29}\,\middle|\,\frac{3(d_2-d_1)}{29}\,\middle|\,\frac{-4(d_2-d_1)}{29}\right)$$

Für den Mittelpunkt M der Strecke $\overline{AB}$ gilt:

$$M\left(\frac{\frac{d_1}{2}+\frac{2(d_2-d_1)}{29}+\frac{d_1}{2}}{2}\,\middle|\,\frac{\frac{3(d_2-d_1)}{29}+0}{2}\,\middle|\,\frac{\frac{-4(d_2-d_1)}{29}+0}{2}\right)$$

$$\Rightarrow\quad M\left(\frac{d_1}{2}+\frac{d_2-d_1}{29}\,\middle|\,\frac{3(d_2-d_1)}{58}\,\middle|\,\frac{-4(d_2-d_1)}{58}\right)$$

Die Koordinaten von M werden in die Ebenengleichung von E_m eingesetzt:

$$2\left(\frac{d_1}{2}+\frac{d_2-d_1}{29}\right)+3\left(\frac{3(d_2-d_1)}{58}\right)-4\left(\frac{-4(d_2-d_1)}{58}\right)=D$$

$$d_1+\frac{2(d_2-d_1)}{29}+\frac{9(d_2-d_1)}{58}+\frac{16(d_2-d_1)}{58}=D$$

$$\frac{58d_1}{58}+\frac{4(d_2-d_1)}{58}+\frac{9(d_2-d_1)}{58}+\frac{16(d_2-d_1)}{58}=D$$

$$58d_1+4d_2-4d_1+9d_2-9d_1+16d_2-16d_1=58D$$

$$29d_1+29d_2=58D$$

$$29(d_1+d_2)=58D$$

$$\frac{d_1+d_2}{2}=D$$

$$\Rightarrow\quad E_m\colon\ 2x+3y-4z=\frac{d_1+d_2}{2}$$

Damit erhält man die in der Aufgabenstellung angegebene Ebenengleichung.

Teil 3 – Stochastik

a) *1. Möglichkeit:*

$$P(rrrr) = \frac{1}{4} \cdot \frac{1}{4} \cdot \frac{1}{4} \cdot \frac{1}{4} = \underline{\underline{\frac{1}{256}}}$$

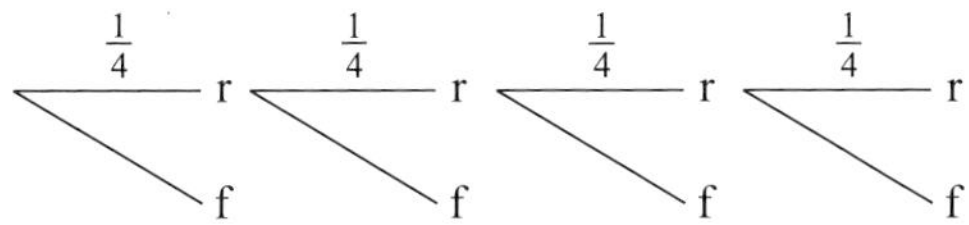

2. Möglichkeit:
Es handelt sich um eine Bernoulli-Kette der Länge 4 und dem Treffer „Frage wird richtig beantwortet“.
Die Wahrscheinlichkeit für einen Treffer, also dafür, eine Frage richtig zu beantworten, beträgt $\frac{1}{4}$.
X sei die Anzahl der richtig beantworteten Fragen. X sei binomialverteilt mit $n = 4$ und $p = \frac{1}{4}$.

Allgemein lässt sich bei einer mit n und p binomialverteilten Zufallsgröße X die Wahrscheinlichkeit, dass X genau k ist, folgendermaßen berechnen:

$$P(X = k) = B(n, p, k) = \binom{n}{k} p^k (1-p)^{n-k}$$

Damit folgt:

$$P(X = 4) = B\left(4, \frac{1}{4}, 4\right) = \binom{4}{4}\left(\frac{1}{4}\right)^4 \left(\frac{3}{4}\right)^0 = 1 \cdot \frac{1}{256} \cdot 1 = \underline{\underline{\frac{1}{256}}}$$

b) Vervollständigen der Vierfeldertafel:
Die in der Vierfeldertafel ergänzten Werte werden fett dargestellt.

	A	$\overline{A}$	
B	0,25	**0,55**	0,8
$\overline{B}$	**0,05**	0,15	**0,2**
	0,3	**0,7**	**1**

Die für die Lösung dieser Aufgabe relevanten allgemeinen Einträge in der Vierfeldertafel können wie nebenstehend dargestellt werden.

	A	$\overline{A}$	
B	$P(B \cap A)$	$P(B \cap \overline{A})$	
$\overline{B}$			
	$P(A)$		

Die Wahrscheinlichkeit $P(\overline{A} \cap B)$ kann aus der Vierfeldertafel direkt abgelesen werden.

$$P(\overline{A} \cap B) = \underline{\underline{0{,}55}}$$

Für die bedingte Wahrscheinlichkeit gilt:

$$P_A(B) = \frac{P(B \cap A)}{P(A)} = \frac{0{,}25}{0{,}3} = \underline{\underline{\frac{5}{6}}}$$

c) Es handelt sich um eine Bernoulli-Kette der Länge 4 und dem Treffer „gerade Zahl fällt“. Die Wahrscheinlichkeit für einen Treffer, also dafür, dass eine gerade Zahl fällt, beträgt $\frac{1}{2}$.

X sei die Anzahl der geraden Zahlen. X sei binomialverteilt mit $n=20$ und $p=\frac{1}{2}$.

Betrachtet wird das Ereignis A: „Es fallen genau 3 gerade Zahlen.“

Es gilt:

$$P(A)=P(X=3)=B\left(20,\frac{1}{2},3\right)=\binom{20}{3}\left(\frac{1}{2}\right)^3\left(1-\frac{1}{2}\right)^{17}=\binom{20}{3}\left(\frac{1}{2}\right)^3\left(\frac{1}{2}\right)^{17}$$

Da $p=\frac{1}{2}$ und deswegen auch $1-p=1-\frac{1}{2}=\frac{1}{2}$ gilt, kann man durch Vergleich der Exponenten von p und $(1-p)$ in der Formel von Bernoulli vermuten, dass man für $X=17$ dieselbe Wahrscheinlichkeit w erhält.

$$P(X=17)=B\left(20,\frac{1}{2},17\right)=\binom{20}{17}\left(\frac{1}{2}\right)^{17}\left(\frac{1}{2}\right)^3$$

Beide Wahrscheinlichkeiten sind gleich groß, wenn der Wert der Binomialkoeffizienten übereinstimmt:

$$\binom{20}{3}=\frac{20!}{3!(20-3)!}=\frac{20!}{3!\cdot 17!}=\frac{20!}{17!\cdot 3!}=\frac{20!}{17!(20-17)!}=\binom{20}{17}$$

Für $\underline{\underline{X=17}}$ ergibt sich $P(X=3)=P(X=17)=w$.

Berlin – Mathematik Grundkurs
Übungsaufgabe 2: hilfsmittelfreier Teil*

Teil 1 – Analysis BE

a) Geben Sie je eine reelle Zahl für die Parameter a, b und c an, sodass die Funktionen F_a, G_b und H_c Stammfunktionen der Funktionen f, g und h sind.

$f: f(x) = 2x^3 + 4x - 1$ $\qquad$ $F_a: F_a(x) = 0{,}5x^4 + ax^2 - x + 3$

$g: g(x) = \sqrt{x-4}$ $\qquad$ $G_b: G_b(x) = \frac{2}{b}(x-4)^{\frac{3}{2}}$

$h: h(x) = 4e^{-2x+1} + e$ $\qquad$ $H_c: H_c(x) = c \cdot e^{-2x+1} + ex - e$

Bestimmen Sie diejenige Stammfunktion von f, deren Graph die y-Achse im Punkt $S_y(0\,|\,-1)$ schneidet. 5

b) Von einer ganzrationalen Funktion dritten Grades ist Folgendes bekannt:
- $x_N = 1$ ist die Nullstelle der Funktion.
- $S_y(0\,|\,1)$ ist Sattelpunkt des Graphen.

Geben Sie ein lineares Gleichungssystem an, mit dem man die Koeffizienten dieser ganzrationalen Funktion dritten Grades ermitteln kann.
Hinweis: Ein Sattelpunkt ist ein Wendepunkt, in dem eine zur x-Achse parallele Tangente existiert. 5

Teil 2 – Analytische Geometrie

a) Die Gerade g verläuft durch die Punkte $P(1\,|\,1\,|\,1)$ und $Q(2\,|\,2\,|\,2)$.
Geben Sie eine Gleichung der Geraden g an.
Ermitteln Sie eine Gleichung einer Geraden h, die die Gerade g im Mittelpunkt der Strecke PQ orthogonal schneidet. 5

b) In einer Ebene E liegen die Punkte $P(4\,|\,-6\,|\,3)$ und $Q(9\,|\,12\,|\,4)$ sowie das Dreieck ABC mit dem Punkt $A(0\,|\,0\,|\,1)$.
Ermitteln Sie eine Parametergleichung der Ebene E.

Mit der Gleichung $\cos(\sphericalangle BAC) = \dfrac{\begin{pmatrix}2\\-3\\1\end{pmatrix} \circ \begin{pmatrix}3\\4\\1\end{pmatrix}}{\left|\begin{pmatrix}2\\-3\\1\end{pmatrix}\right| \cdot \left|\begin{pmatrix}3\\4\\1\end{pmatrix}\right|}$ hat ein Schüler den Innenwinkel des Dreiecks ABC mit dem Scheitelpunkt A korrekt berechnet.
Geben Sie für die Punkte B und C mögliche Koordinaten an. 5

---

*Abitur Brandenburg 2016 Aufgabe 1; gekennzeichnete Aufgaben (Rauten) sind für den Grundkurs nicht relevant

Teil 3 – Stochastik

a) Das nebenstehende Baumdiagramm gehört zum Zufallsexperiment „Zweimaliges, unabhängiges Werfen mit einem fairen Würfel“.
Übertragen Sie das Baumdiagramm auf Ihr Arbeitsblatt.
Ergänzen Sie die fehlenden Wahrscheinlichkeiten.
Geben Sie $P_{\overline{A}}(\overline{B})$ und $P(B)$ an.
Formulieren Sie mögliche Ereignisse A und B. 5

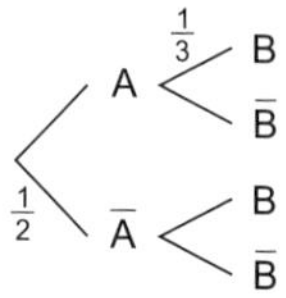

b) An der Vorbereitung einer Abiturfeier sind insgesamt 30 Mädchen und 25 Jungen beteiligt.
Man betrachtet das Ereignis
T: Auf dem Titelbild für die Einladung sind genau a Jungen und b Mädchen abgebildet.
Geben Sie a und b an, wenn P(T) mithilfe des Terms $\frac{\binom{30}{3}\cdot\binom{25}{2}}{\binom{55}{5}}$ korrekt berechnet werden kann.
Auf dem Titelbild sollen die ausgewählten a Jungen und b Mädchen so in einer Reihe angeordnet werden, dass ein Junge stets zwischen zwei Mädchen steht.
Ermitteln Sie die Anzahl der Möglichkeiten für die Anordnung auf dem Titelbild. 5

30

$S_y(0\,|\,1)$ ist Punkt des Graphen von f(x).

$$f(0) = 1$$

$$\Rightarrow \quad \text{II} \quad 1 = d$$

Da der Punkt $S_y(0\,|\,1)$ Sattelpunkt ist, existiert eine zur x-Achse parallele Tangente, d. h, die Steigung (1. Ableitung) an der Stelle $x = 0$ ist null.

$$f'(x) = 3ax^2 + 2bx + c$$

Mit $f'(0) = 0$,

$$\Rightarrow \quad \text{III} \quad 0 = c.$$

$S_y(0\,|\,1)$ ist Wendepunkt von f(x).

$$f''(x) = 0$$

$$f''(x) = 6ax + 2b$$

Mit $f''(0) = 0$,

$$\Rightarrow \quad \text{IV} \quad 0 = 2b.$$

Damit lautet das lineare Gleichungssystem:

$$\begin{array}{ll} \text{I} & 0 = a + b + c + d \\ \text{II} & 1 = d \\ \text{III} & 0 = c \\ \text{IV} & 0 = 2b \end{array}$$

Teil 2 – Analytische Geometrie

a) Die Gleichung für die Gerade g lautet:

$$g\colon \vec{x} = \overrightarrow{OP} + s \cdot \overrightarrow{PQ} = \begin{pmatrix} 1 \\ 1 \\ 1 \end{pmatrix} + s \cdot \begin{pmatrix} 2-1 \\ 2-1 \\ 2-1 \end{pmatrix} = \underline{\underline{\begin{pmatrix} 1 \\ 1 \\ 1 \end{pmatrix} + s \cdot \begin{pmatrix} 1 \\ 1 \\ 1 \end{pmatrix}}} \quad \text{mit } s \in \mathbb{R}$$

Die Koordinaten des Mittelpunktes M ergeben sich jeweils über das arithmetische Mittel der Koordinaten der Punkte P und Q.

Mittelpunkt von PQ:

$$M\left(\frac{2+1}{2} \,\middle|\, \frac{2+1}{2} \,\middle|\, \frac{2+1}{2}\right) = M(1{,}5\,|\,1{,}5\,|\,1{,}5)$$

Da der Mittelpunkt M der Schnittpunkt der beiden Geraden ist, verwendet man diesen als Stützpunkt für die Geradengleichung. Zur Bestimmung des Richtungsvektors verwendet man die Orthogonalität zur Geraden g.

$$\begin{pmatrix} a \\ b \\ c \end{pmatrix} \circ \begin{pmatrix} 1 \\ 1 \\ 1 \end{pmatrix} = 0$$

$$a + b + c = 0$$

Da das Gleichungssystem unterbestimmt ist (3 Variablen, 1 Gleichung), kann man 2 Variablen frei wählen, z. B. $a = 1$, $b = -1 \;\Rightarrow\; c = 0$.

$$\underline{\underline{h\colon \vec{x} = \begin{pmatrix} 1{,}5 \\ 1{,}5 \\ 1{,}5 \end{pmatrix} + t \cdot \begin{pmatrix} 1 \\ -1 \\ 0 \end{pmatrix}}} \quad \text{mit } t \in \mathbb{R}$$

b) Als Beispiel ist hier die Ebenengleichung mit A als Stützpunkt und den zugehörigen Spannvektoren aufgeführt. Prinzipiell könnte man auch P oder Q als Stützpunkt und die entsprechenden Spannvektoren verwenden.

$$E\colon \vec{x} = \overrightarrow{OA} + s \cdot \overrightarrow{AP} + t \cdot \overrightarrow{AQ}$$

$$= \begin{pmatrix} 0 \\ 0 \\ 1 \end{pmatrix} + s \cdot \begin{pmatrix} 4-0 \\ -6-0 \\ 3-1 \end{pmatrix} + t \cdot \begin{pmatrix} 9-0 \\ 12-0 \\ 4-1 \end{pmatrix}$$

$$= \underline{\underline{\begin{pmatrix} 0 \\ 0 \\ 1 \end{pmatrix} + s \cdot \begin{pmatrix} 4 \\ -6 \\ 2 \end{pmatrix} + t \cdot \begin{pmatrix} 9 \\ 12 \\ 3 \end{pmatrix}}} \quad \text{mit } s, t \in \mathbb{R}$$

Aus der Definition des Skalarprodukts erhält man:

$$\cos(\sphericalangle BAC) = \frac{\overrightarrow{AB} \circ \overrightarrow{AC}}{|\overrightarrow{AB}| \cdot |\overrightarrow{AC}|} = \frac{\begin{pmatrix} 2 \\ -3 \\ 1 \end{pmatrix} \circ \begin{pmatrix} 3 \\ 4 \\ 1 \end{pmatrix}}{\left|\begin{pmatrix} 2 \\ -3 \\ 1 \end{pmatrix}\right| \cdot \left|\begin{pmatrix} 3 \\ 4 \\ 1 \end{pmatrix}\right|}$$

$$\overrightarrow{AB} = \begin{pmatrix} 2 \\ -3 \\ 1 \end{pmatrix} = \begin{pmatrix} b_x - 0 \\ b_y - 0 \\ b_z - 1 \end{pmatrix}$$

$$\begin{aligned} 2 &= b_x - 0 & & b_x = 2 \\ -3 &= b_y - 0 & \Rightarrow \quad & b_y = -3 \\ 1 &= b_z - 1 & & b_z = 2 \end{aligned}$$

$$\overrightarrow{AC} = \begin{pmatrix} 3 \\ 4 \\ 1 \end{pmatrix} = \begin{pmatrix} c_x - 0 \\ c_y - 0 \\ c_z - 1 \end{pmatrix}$$

$$\begin{aligned} 3 &= c_x - 0 & & c_x = 3 \\ 4 &= c_y - 0 & \Rightarrow \quad & c_y = 4 \\ 1 &= c_z - 1 & & c_z = 2 \end{aligned}$$

Die Koordinaten der gesuchten Punkte lauten $\underline{\underline{B(2|-3|2)}}$ und $\underline{\underline{C(3|4|2)}}$.

Teil 3 – Stochastik

a)

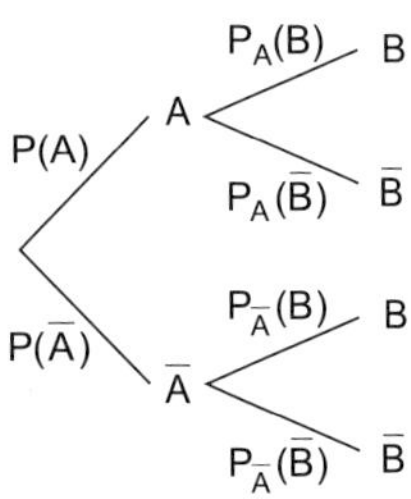

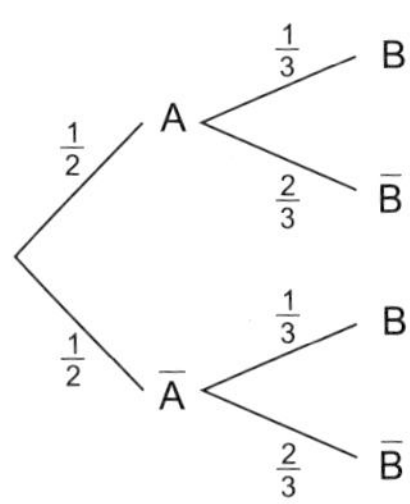

Begründung:

$P(A) + P(\overline{A}) = 1$

$P_A(B) + P_A(\overline{B}) = 1$

Die gesuchten Wahrscheinlichkeiten lassen sich direkt vom Baumdiagramm ablesen.

$$P_{\overline{A}}(\overline{B}) = \underline{\underline{\frac{2}{3}}}$$

$$P(B) = \frac{1}{2} \cdot \frac{1}{3} + \frac{1}{2} \cdot \frac{1}{3} = \frac{1}{6} + \frac{1}{6} = \underline{\underline{\frac{1}{3}}}$$

Mögliche Ereignisse für A sind z. B.:
Werfen einer geraden Zahl.
oder
Werfen einer ungeraden Zahl.
oder
Werfen einer Primzahl.

Mögliche Ereignisse für B sind z. B.:
Werfen einer Zahl, die kleiner als drei ist.
oder
Werfen einer Zahl, die größer als vier ist.

b) Für das Ereignis T werden a Jungen „ohne Zurücklegen“ und b Mädchen „ohne Zurücklegen“ gezogen.

$$P(T) = \frac{\binom{30}{b} \cdot \binom{25}{a}}{\binom{30+25}{a+b}} = \frac{\binom{30}{3} \cdot \binom{25}{2}}{\binom{55}{5}} \quad \Rightarrow \quad a = 2 \text{ und } b = 3$$

Auf dem Titelbild für die Einladung sind genau $\underline{\underline{\text{2 Jungen}}}$ und $\underline{\underline{\text{3 Mädchen}}}$.

Folgende Anordnung von 2 Jungen und 3 Mädchen ist möglich:

$$M_i\, J_k\, M_\ell\, J_n\, M_p$$

Für die Wahl von M_i gibt es 3 Möglichkeiten.
Für die Wahl von J_k gibt es 2 Möglichkeiten.
Für die Wahl von M_ℓ gibt es $(3-1)=2$ Möglichkeiten.
Für die Wahl von J_n gibt es $(2-1)=1$ Möglichkeit.
Für die Wahl von M_p gibt es $(3-1-1)=1$ Möglichkeit.

$$Anz = 3 \cdot 2 \cdot 2 \cdot 1 \cdot 1 = 12$$

Die Anzahl der Möglichkeiten für die Anordnung auf dem Titelbild beträgt $\underline{\underline{12}}$.

Berlin – Mathematik Grundkurs
Übungsaufgabe 3: hilfsmittelfreier Teil*

Teil 1 – Analysis BE

Gegeben ist eine Funktion f mit $f(x) = 2e^{\frac{1}{2}x} - 1;\ x \in \mathbb{R}$.

a) Ermitteln Sie die Nullstelle der Funktion f. 2

b) Die Tangente an den Graphen von f im Punkt S(0 | 1) begrenzt mit den beiden Koordinatenachsen ein Dreieck.
Weisen Sie nach, dass dieses Dreieck gleichschenklig ist. 3

Teil 2 – Analytische Geometrie

Gegeben ist die Ebene E: $2x + y - 2z = -18$.

a) Der Schnittpunkt von E mit der x-Achse und der Schnittpunkt von E mit der y-Achse sowie der Koordinatenursprung sind die Eckpunkte eines Dreiecks.
Bestimmen Sie den Flächeninhalt dieses Dreiecks. 2

b) Ermitteln Sie die Koordinaten des Vektors, der sowohl ein Normalenvektor von E als auch der Ortsvektor eines Punktes der Ebene E ist. 3

Teil 3 – Stochastik

Schwarze und weiße Kugeln sind wie folgt auf drei Urnen verteilt.

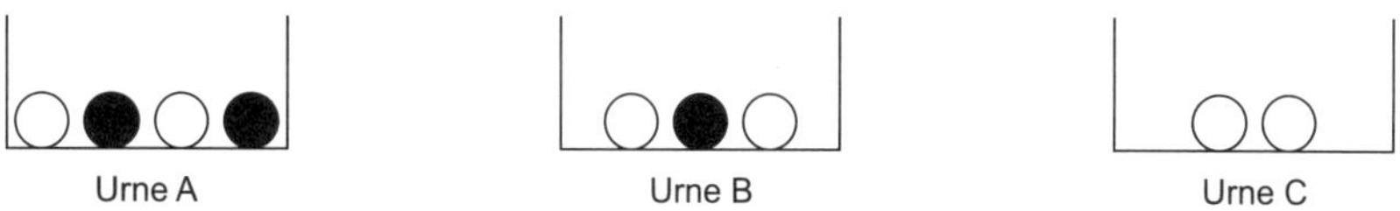

a) Aus Urne A wird zunächst eine Kugel zufällig entnommen und in Urne B gelegt. Anschließend wird aus Urne B eine Kugel zufällig entnommen und in Urne C gelegt.
Bestimmen Sie die Wahrscheinlichkeit dafür, dass sich danach in Urne C zwei weiße Kugeln und eine schwarze Kugel befinden. 2

---

*Abitur Brandenburg 2017 Aufgabe 1

b) Die drei Urnen mit den in der Abbildung dargestellten Inhalten bilden den Ausgangspunkt für folgendes Spiel:
Es wird zunächst ein Einsatz von 1 Euro eingezahlt. Anschließend wird eine der drei Urnen zufällig ausgewählt und danach aus dieser Urne eine Kugel zufällig gezogen. Nur dann, wenn diese Kugel schwarz ist, wird ein bestimmter Geldbetrag ausgezahlt.
Ermitteln Sie, wie groß dieser Geldbetrag sein muss, damit bei diesem Spiel auf lange Sicht Einsätze und Auszahlungen ausgeglichen sind. 3

15

Tipps und Hinweise zur Lösung von Übungsaufgabe 3

Tipps zu Teil 1

a) Für Nullstellen gilt allgemein: $f(x_0)=0$

b) Skizzieren Sie den Sachverhalt.

Stellen Sie die Gleichung der Tangente auf. Die Steigung entspricht der 1. Ableitung von $f(x)$ im Punkt S.

Bestimmen Sie den Schnittpunkt der Tangente mit der x-Achse.

Tipps zu Teil 2

a) Berechnen Sie die Schnittpunkte der Ebene mit der x- und y-Achse durch Einsetzen der Punkte $S_x(x\,|\,0\,|\,0)$ und $S_y(0\,|\,y\,|\,0)$.

Erstellen Sie eine Skizze.

Beachten Sie, dass die Koordinatenachsen senkrecht aufeinander stehen.

b) Einen Normalenvektor kann man direkt aus der Ebenengleichung ablesen.

Formulieren Sie einen allgemeinen Vektor, der sämtliche Normalenvektoren der Ebene beschreibt. Setzen Sie dessen Koordinaten in die Ebenengleichung ein.

Tipps zu Teil 3

a) Erstellen Sie ein Baumdiagramm.

Überlegen Sie, welche Pfade zum gesuchten Ergebnis passen. Beachten Sie dabei, welche Kugeln bereits in Urne C liegen.

b) Erstellen Sie ein Baumdiagramm.

Berechnen Sie die Wahrscheinlichkeiten für Gewinn und Verlust.

Verlust ist das Gegenereignis zu Gewinn.

Stellen Sie mithilfe der ermittelten Wahrscheinlichkeiten eine Gleichung für ein ausgeglichenes Spiel auf.

Lösungen zur Übungsaufgabe 3

Teil 1 – Analysis

a) Für Nullstellen gilt allgemein: $f(x_0)=0$

$$2e^{\frac{1}{2}x_0}-1=0 \qquad |+1$$

$$2e^{\frac{1}{2}x_0}=1 \qquad |:2$$

$$e^{\frac{1}{2}x_0}=\frac{1}{2} \qquad |\ln$$

$$\ln e^{\frac{1}{2}x_0}=\ln\frac{1}{2}$$

$$\frac{1}{2}x_0=\ln\frac{1}{2}$$

$$x_0=2\ln\frac{1}{2}$$

$$x_0=2\ln 1-2\ln 2$$

$$x_0=\underline{\underline{-2\ln 2}}$$

b) Für $|\overrightarrow{AO}|$ benötigt man den Schnittpunkt der Tangente mit der x-Achse.
Allgemein lautet die Tangentengleichung:

$$t(x)=m_t x+n_t$$

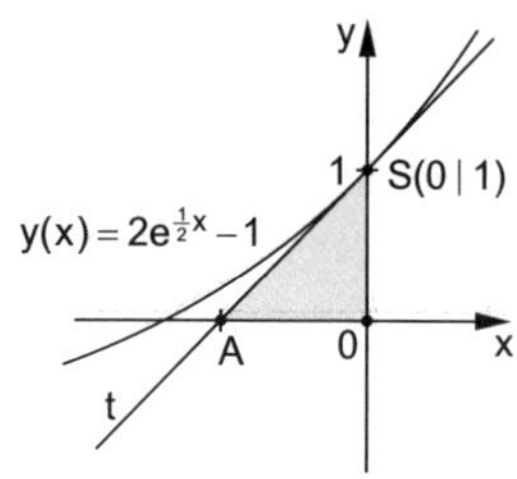

Für die Steigung im Punkt S gilt:

$$m_t=f'(0)$$

$$f'(x)=2\cdot\frac{1}{2}e^{\frac{1}{2}x}=e^{\frac{1}{2}x}$$

$$f'(0)=e^0=1$$

$$\Rightarrow\ t(x)=x+n_t$$

$$t(0)=1 \qquad \Rightarrow\ n_t=1$$

$$t(x)=x+1$$

Berechnung des Schnittpunkts:

$$x+1=0\ \Rightarrow\ x=-1$$

Die Tangente schneidet die x-Achse bei $T(-1\,|\,0)$. Daher gilt $|\overrightarrow{AO}|=|\overrightarrow{OS}|$ und das Dreieck ist gleichschenklig.

Anmerkung: Man kann auch direkt aus der Steigung auf Gleichschenkligkeit schließen. Damit $m_t=1$ (Steigungsdreieck), muss $|\overrightarrow{AO}|=|\overrightarrow{OS}|$ gelten.

Teil 2 – Analytische Geometrie

a) Berechnen der Schnittpunkte der Ebene mit der x- und y-Achse:

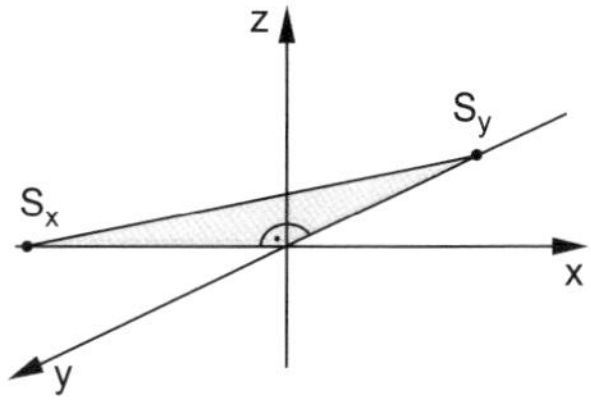

$S_x(x\,|\,0\,|\,0)$ mit $x \in \mathbb{R}$:

$$\begin{aligned} 2x + 0 - 2 \cdot 0 &= -18 \\ 2x &= -18 \\ x &= -9 \end{aligned}$$

$S_y(0\,|\,y\,|\,0)$ mit $y \in \mathbb{R}$:

$$\begin{aligned} 2 \cdot 0 + y - 2 \cdot 0 &= -18 \\ y &= -18 \end{aligned}$$

Da die Koordinatenachsen senkrecht aufeinander stehen, ist das Dreieck S_xOS_y rechtwinklig. Daher entspricht der Betrag eines Achsenabschnitts der Grundseite und der des anderen der Höhe des Dreiecks.

$$A_{\triangle S_xOS_y} = \frac{1}{2} g \cdot h_g = \frac{1}{2} \cdot 18 \cdot 9 = 9 \cdot 9 = \underline{\underline{81\,[FE]}}$$

b) Einen Normalenvektor kann man direkt aus der Ebenengleichung ablesen:

$$\vec{n} = \begin{pmatrix} 2 \\ 1 \\ -2 \end{pmatrix}$$

Sämtliche mögliche Normalenvektoren lassen sich beschreiben durch:

$$\vec{n}_k = k \cdot \begin{pmatrix} 2 \\ 1 \\ -2 \end{pmatrix} \quad \text{mit } k \in \mathbb{R}$$

Damit hat der Punkt die Koordinaten $P(2k\,|\,k\,|\,-2k)$. Da P ein Punkt der Ebene E ist, müssen seine Koordinaten die Ebenengleichung von E erfüllen. Deshalb gilt:

$$\begin{aligned} 2 \cdot 2k + k - 2 \cdot (-2k) &= -18 \\ 4k + k + 4k &= -18 \\ 9k &= -18 \\ k &= -2 \end{aligned}$$

Die Koordinaten des gesuchten Vektors sind $\overrightarrow{OP} = \underline{\underline{\begin{pmatrix} -4 \\ -2 \\ 4 \end{pmatrix}}}$.

Teil 3 – Stochastik

a) Es liegt ein zweistufiges Zufallsexperiment vor, das mit einem Baumdiagramm dargestellt werden kann. Die Pfade beschreiben die Wahrscheinlichkeiten, die jeweiligen Kugeln umzulegen.

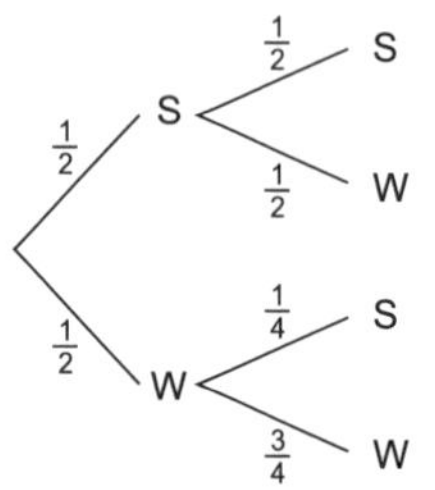

Urne A Urne B Urne C

Da sich bereits zwei weiße Kugeln in Urne C befinden, muss man die Wahrscheinlichkeiten betrachten, dass eine schwarze Kugel in Urne C gelegt wird.

Entsprechend dem Baumdiagramm ergibt sich:

$$P(SS) = \frac{1}{2} \cdot \frac{1}{2} = \frac{1}{4}$$

$$P(WS) = \frac{1}{2} \cdot \frac{1}{4} = \frac{1}{8}$$

Für die Gesamtwahrscheinlichkeit des gesuchten Ereignisses ergibt sich:

$$P(E) = P(SS) + P(WS) = \frac{1}{4} + \frac{1}{8} = \underline{\underline{\frac{3}{8}}}$$

b) Es liegt ein zweistufiges Zufallsexperiment vor, das mit einem Baumdiagramm dargestellt werden kann.

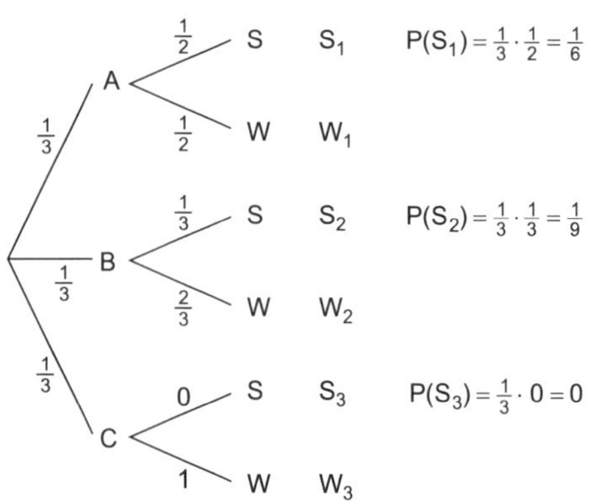

$$P(\text{Gewinn}) = P(S_1) + P(S_2) + P(S_3) = \frac{1}{6} + \frac{1}{9} + 0 = \frac{3+2}{18} = \frac{5}{18}$$

$$P(\text{Verlust}) = 1 - P(\text{Gewinn}) = 1 - \frac{5}{18} = \frac{13}{18}$$

Gewinnt man, hat man zuvor 1 Euro gezahlt ($\Rightarrow$ -1 €) und erhält einen Betrag von $x > 0$ Euro, also insgesamt $(x - 1)$ €. Dies tritt mit einer Wahrscheinlichkeit von $\frac{5}{18}$ ein.
Der Gewinn beträgt also $(x-1)\cdot\frac{5}{18}$ €.
Verliert man, hat man zuvor auch 1 Euro gezahlt ($\Rightarrow$ -1 €) und erhält einen Betrag von 0 €, also insgesamt $(0 - 1)$ € $= -1$ €. Dies tritt mit einer Wahrscheinlichkeit von $\frac{13}{18}$ ein.
Der Verlust beträgt also $(-1)\cdot\frac{13}{18}$ €.
Damit sich Gewinn und Verlust ausgleichen, muss gelten:

$$(x-1)\cdot\frac{5}{18}\,€ + (-1)\cdot\frac{13}{18}\,€ = 0$$

$$\frac{5}{18}x\,€ - \frac{5}{18}\,€ - \frac{13}{18}\,€ = 0$$

$$\frac{5}{18}x\,€ - \frac{18}{18}\,€ = 0$$

$$\frac{5}{18}x\,€ = 1\,€$$

$$x = \frac{18}{5}\,€$$

$$x = 3{,}6\,€$$

Der Geldbetrag muss $\underline{\underline{3{,}60\,€}}$ betragen.

Berlin – Mathematik Grundkurs
Übungsaufgabe 4: hilfsmittelfreier Teil*

Teil 1 – Analysis BE

a) Der Graph der Funktion g mit der Gleichung $g(x) = e^{3x} - x;\ x \in \mathbb{R}$ schneidet die y-Achse im Punkt S_y. Geben Sie die Koordinaten von S_y an. 1

b) Ermitteln Sie eine Gleichung für eine ganzrationale Funktion 3. Grades, deren Graph im Punkt $(0 \mid 1)$ einen lokalen Extrempunkt besitzt. 4

Teil 2 – Analytische Geometrie

Gegeben ist die Gleichung $\vec{x} = \begin{pmatrix} 1 \\ 2 \\ -1 \end{pmatrix} + r\begin{pmatrix} 2 \\ 3 \\ -4 \end{pmatrix} + s\begin{pmatrix} a^2 \\ 6 \\ a-4 \end{pmatrix};\ a, r, s \in \mathbb{R}$.

a) Begründen Sie, dass die Gleichung für alle reellen Zahlen a eine Ebene beschreibt. 2

b) Zeigen Sie, dass es keinen Wert für a gibt, für den die verwendeten Spannvektoren in der Ebenengleichung orthogonal verlaufen. 3

Teil 3 – Stochastik

In einem Memory-Spiel gibt es zehn Paare von Karten. Bei jedem Paar ist auf der einen Karte ein berühmter Sportler und auf der anderen Karte seine von ihm betriebene Sportart abgebildet. Kein Sportler und keine Sportart sind mehrfach vorhanden.
Ziel des Spiels ist es, zwei zusammengehörende Karten aufzudecken. Das heißt, es müssen ein Sportler und die von diesem Sportler betriebene Sportart aufgedeckt sein. Nicht zusammengehörende Karten werden nach dem Aufdecken wieder umgedreht und bleiben im Spiel.

a) Spieler 1 beginnt und dreht auf gut Glück nacheinander zwei Karten um. Bestimmen Sie die Wahrscheinlichkeit dafür, dass beide Karten einen Sportler zeigen. 1

b) Der zweite Spieler hat gerade nicht aufgepasst, welche beiden Karten Spieler 1 umgedreht hatte, und dreht nun selbst auf gut Glück zwei Karten um. Ermitteln Sie die Wahrscheinlichkeit, mit der er ein zusammengehörendes Paar aus einem Sportler und der Sportart, die dieser Sportler betreibt, umdreht. 1

c) Das Memory-Spiel wird insgesamt n-mal (aber mindestens viermal) gespielt. Geben Sie einen Term für die Wahrscheinlichkeit an, mit der bei vier von diesen n Spielen die jeweils erste zufällig umgedrehte Karte eine Sportart zeigt. Vereinfachen Sie diesen Term. 3

15

---

*Abitur Brandenburg 2017 (Nachschreibtermin) Aufgabe 1; gekennzeichnete Aufgaben (Rauten) sind für den Grundkurs nicht relevant

Tipps und Hinweise zur Lösung von Übungsaufgabe 4

Tipps zu Teil 1

a) Für Schnittpunkte mit der y-Achse muss g(0) berechnet werden.

b) Allgemein lautet eine Funktionsgleichung für eine ganzrationale Funktion 3. Grades:

$$f(x) = ax^3 + bx^2 + cx + d$$

Der Punkt (0 | 1) liegt auf dem Graphen der Funktion f(x).

Für Extrempunkte gilt: $f'(x_E) = 0$ und $f''(x_E) > 0$ für ein lokales Minimum bzw. $f''(x_E) < 0$ für ein lokales Maximum

Es gibt mehrere mögliche Lösungen.

Tipps zu Teil 2

a) Weisen Sie nach, dass die Spannvektoren der Ebene linear unabhängig sind, d. h. einer sich nicht als ein Vielfaches des anderen darstellen lässt.

b) Bilden Sie das Skalarprodukt aus den beiden Spannvektoren.

Tipps zu Teil 3

a) Erstellen Sie ein Baumdiagramm und berechnen Sie die gesuchte Wahrscheinlichkeit mithilfe der Pfadregeln.

b) Wird ein Sportler gezogen, gibt es nur eine passende Sportart in den restlichen Karten. Wird eine Sportart gezogen, gibt es nur einen passenden Sportler in den übrigen Karten.

c) Es handelt sich um eine Bernoulli-Kette der Länge n mit $k = 4$ Treffern und der Trefferwahrscheinlichkeit $p = 0{,}5$.

Lösungen zur Übungsaufgabe 4

Teil 1 – Analysis

a) Für Schnittpunkte mit der y-Achse muss g(0) berechnet werden.

$$g(0) = e^{3\cdot 0} - 0 = e^0 = 1 \quad \Rightarrow \quad \underline{\underline{S_y(0\,|\,1)}}$$

b) Allgemein lautet eine Funktionsgleichung für eine ganzrationale Funktion 3. Grades:

$$f(x) = ax^3 + bx^2 + cx + d$$

Der Punkt $(0\,|\,1)$ liegt auf dem Graphen der Funktion $f(x)$.

$$f(0) = 1$$
$$d = 1$$

Für Extrempunkte gilt: $f'(x_E) = 0$ und $f''(x_E) > 0$ für ein lokales Minimum bzw. $f''(x_E) < 0$ für ein lokales Maximum

$$f'(x) = 3ax^2 + 2bx + c$$
$$f''(x) = 6ax + 2b$$

$$f'(0) = 0$$
$$c = 0$$

$$f''(0) = 2b$$

Damit im Punkt $(0\,|\,1)$ ein Extrempunkt vorliegt, muss $b \neq 0$ sein. Ebenso gilt $a \neq 0$, da es sich sonst nicht um eine Funktion 3. Grades handelt.
Wählt man beispielsweise $a = 1$, $b = 1$, so erhält man:

$$\underline{\underline{f(x) = x^3 + x^2 + 1}}$$

Teil 2 – Analytische Geometrie

a) Diese Gleichung beschreibt für alle a eine Ebene, wenn die beiden Spannvektoren linear unabhängig sind, d. h. einer nicht ein Vielfaches des anderen ist.

$$\begin{pmatrix} 2 \\ 3 \\ -4 \end{pmatrix} = k \cdot \begin{pmatrix} a^2 \\ 6 \\ a-4 \end{pmatrix} \quad \text{mit } k \in \mathbb{R}$$

Aus der Gleichung für die y-Koordinate ergibt sich:

$$3 = k \cdot 6 \quad \Rightarrow \quad k = \frac{3}{6} = \frac{1}{2}$$

Für die z-Koordinate folgt:

$$-4 = \frac{1}{2} \cdot (a - 4)$$

$$-4 = \frac{1}{2}a - 2 \qquad |+2$$

$$-2 = \frac{1}{2}a \;\Rightarrow\; a = -4$$

Für die x-Koordinate gilt:

$$2 = \frac{1}{2} \cdot (-4)^2$$

$$2 = 8$$

Es ergibt sich ein Widerspruch, d. h., die Spannvektoren sind keine Vielfachen voneinander und daher linear unabhängig.

b) Die Spannvektoren verlaufen orthogonal, wenn deren Skalarprodukt null ist.

$$\begin{pmatrix} 2 \\ 3 \\ -4 \end{pmatrix} \circ \begin{pmatrix} a^2 \\ 6 \\ a-4 \end{pmatrix} = 2a^2 + 18 - 4a + 16 = 2a^2 - 4a + 34$$

$$2a^2 - 4a + 34 = 0 \qquad |:2$$

$$a^2 - 2a + 17 = 0$$

$$a_{1/2} = 1 \pm \sqrt{1-17}$$

Diese Gleichung hat für reelle Werte von a keine Lösung. Daher sind die Spannvektoren nicht orthogonal.

Teil 3 – Stochastik

a) SP ≙ Sportler; SA ≙ Sportart

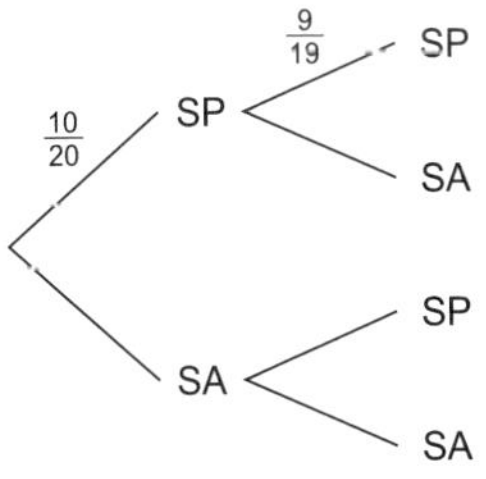

$$P(SP, SP) = \frac{10}{20} \cdot \frac{9}{19} = \frac{1}{2} \cdot \frac{9}{19}$$

$$= \underline{\underline{\frac{9}{38}}}$$

b)

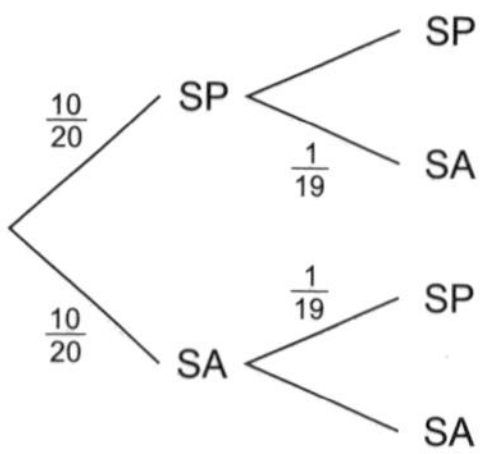

$$P = P(SP, SA) + P(SA, SP)$$
$$= \frac{10}{20} \cdot \frac{1}{19} + \frac{10}{20} \cdot \frac{1}{19} = \frac{1}{19} \cdot \left(\frac{10}{20} + \frac{10}{20}\right)$$
$$= \frac{1}{19} \cdot \frac{20}{20} = \frac{1}{19} \cdot 1 = \underline{\underline{\frac{1}{19}}}$$

Wird ein Sportler gezogen, gibt es nur eine passende Sportart in den restlichen 19 Karten.
Wird eine Sportart gezogen, gibt es nur einen passenden Sportler in den übrigen 19 Karten.

c) Es handelt sich um eine Bernoulli-Kette der Länge n mit $k = 4$ Treffern und der Trefferwahrscheinlichkeit $p = 0{,}5$.

$$P(C) = \binom{n}{k} \cdot p^k \cdot (1-p)^{n-k}$$
$$= \binom{n}{4} \cdot 0{,}5^4 \cdot (1-0{,}5)^{n-4}$$
$$= \binom{n}{4} \cdot 0{,}5^4 \cdot (0{,}5)^{n-4}$$
$$= \binom{n}{4} \cdot 0{,}5^{4+n-4}$$
$$= \underline{\underline{\binom{n}{4} \cdot 0{,}5^n}} \qquad (n \geq k \geq 4)$$

Skisprunganlage

BE

Die Abbildung zeigt das Profil einer Skisprunganlage.
Die Anlaufbahn ist die Oberseite des Bauwerks ABCS. Sie wird von A bis S durch den Graphen der Funktion h beschrieben. Die Punkte S und C liegen auf der y-Achse. Die Strecke von B nach C liegt waagerecht und ist 20 m lang.
Der Aufsprunghang beginnt am Punkt C und wird durch den Graphen der Funktion g beschrieben.

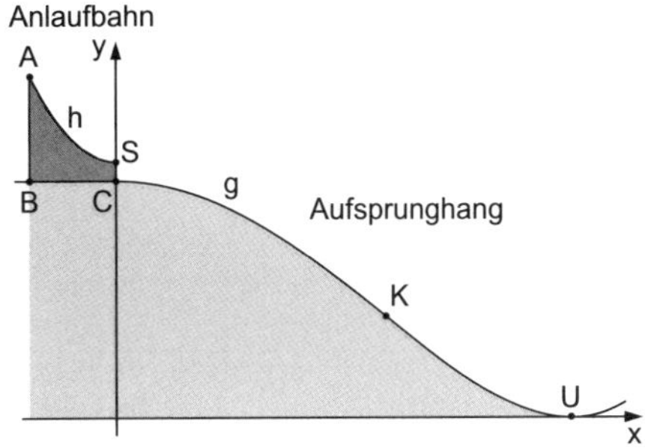

Die Funktionen g und h sind gegeben durch

$$g(x) = \frac{1}{1\,000} \cdot \left(\frac{1}{2\,000} x^4 - 10x^2 + 50\,000 \right) \quad \text{und} \quad h(x) = 0{,}05x^2 + 54.$$

Maßstab: 1 LE = 1 m

a) Berechnen Sie, wie viel höher der Punkt S als der Punkt C liegt.
Berechnen Sie den Abstand zwischen den Punkten A und B. 3

b) Ermitteln Sie den Inhalt der Querschnittsfläche des Bauwerks ABCS. 5

c) Der Punkt U liegt an der tiefsten Stelle des Aufsprunghangs g.
Ermitteln Sie rechnerisch Lage und Art aller lokalen Extrempunkte des Graphen von g und entscheiden Sie, welcher der Extrempunkte dem Punkt U entspricht.
[*Kontrollergebnis:* $g'(x) = \frac{1}{1\,000} \cdot \left(\frac{1}{500} x^3 - 20x \right)$] 6

d) Von besonderer Bedeutung für die Konstruktion einer Skisprunganlage ist der Punkt K, in dem der Aufsprunghang sein stärkstes Gefälle aufweist.
Berechnen Sie die Koordinaten von K. Für die Ermittlung der x-Koordinate von K genügt die Verwendung der notwendigen Bedingung. 4

e) Die Flugbahn eines Skispringers wird durch eine quadratische Funktion f beschrieben. Im Punkt S geht die Anlaufbahn h ohne Knick in diese Flugbahn über. Bei x = 60 m hat der Springer eine vertikale Höhe von 4,72 m über dem Aufsprunghang.
Bestimmen Sie rechnerisch die Funktionsgleichung der Flugbahn.
[*Zur Kontrolle:* $f(x) = -0{,}008x^2 + 54$] 6

f) Berechnen Sie die Koordinaten des Punktes L, in dem der Springer auf dem Aufsprunghang landet.
Skizzieren Sie die Flugbahn in dem gegebenen Koordinatensystem (siehe unten).
[*Zur Kontrolle:* L(73,9 | 10,3)] 10

g) Aus Sicherheitsgründen darf der vertikale Abstand des Springers zum Aufsprunghang während des Sprunges nicht zu groß werden.
Weisen Sie nach, dass der maximale vertikale Abstand zum Hang während des Fluges höchstens 6 m beträgt.
Auf die Verwendung einer hinreichenden Bedingung kann verzichtet werden.

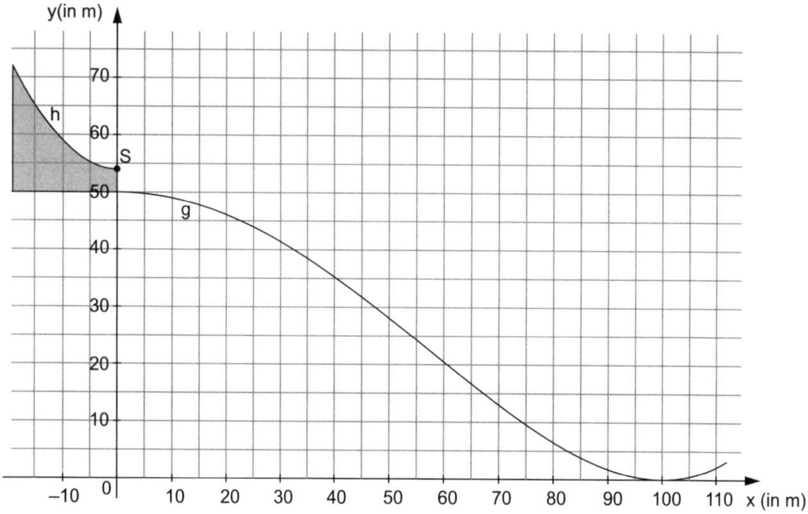

$\frac{6}{40}$

Tipps und Hinweise zur Lösung von Aufgabe 1.1

Tipps zu Teilaufgabe a

- Die x-Koordinate der Punkte $S(x_S \mid y_S)$ und $C(x_C \mid y_C)$ ist durch deren Lage auf der y-Achse bekannt: $x_S = x_C = 0$
- Berechnen Sie die y-Koordinaten der Punkte S und C.
- Die Differenz der y-Koordinaten $y_S - y_C$ ergibt den Höhenunterschied zwischen den Punkten S und C.
- Laut Aufgabenstellung ist auch die x-Koordinate der Punkte $A(x_A \mid y_A)$ und $B(x_B \mid y_B)$ bekannt: $x_A = x_B = -20$
- Berechnen Sie die y-Koordinaten der Punkte A und B.
- Die Differenz der y-Koordinaten $y_A - y_B$ ergibt den Abstand der Punkte A und B.

Tipp zu Teilaufgabe b

- Die Querschnittsfläche A_Q des Bauwerks ABCS lässt sich mit dem Integral
  $A_Q = \int_{x_B}^{x_C} (h(x) - y_C)\, dx = \int_{-20}^{0} (0{,}05x^2 + 4)\, dx$ berechnen.

Tipps zu Teilaufgabe c

- Bilden Sie die erste und zweite Ableitung der Funktion g(x).
- Bestimmen Sie die Extremalstellen x_E mithilfe der notwendigen Bedingung für relative Extrema: $g'(x_E) = 0$
- Untersuchen Sie die Extremalstellen mithilfe der hinreichenden Bedingung:
  Wenn $g''(x_E) < 0$ ist, liegt ein relatives Maximum vor.
  Wenn $g''(x_E) > 0$ ist, liegt ein relatives Minimum vor.
- Bestimmen Sie die y-Koordinaten der Extrempunkte.
- Entscheiden Sie anhand der Lage von U im Koordinatensystem, welcher der Extrempunkte dem Punkt U entspricht.

Tipps zu Teilaufgabe d

- Der Punkt K ist der Wendepunkt des Graphen von g im ersten Quadranten.
- Für eine Wendestelle x_W der Funktion g gilt die notwendige Bedingung: $g''(x_W) = 0$
- Entscheiden Sie, bei welcher der ermittelten Wendestellen es sich um die x-Koordinate des Punktes K handelt. Beachten Sie dazu, dass der Punkt K im ersten Quadranten liegt.
- Berechnen Sie die y-Koordinate des Punktes K.

Tipps zu Teilaufgabe e

- Eine quadratische Funktion f(x) hat die Form:
  $f(x) = ax^2 + bx + c$ mit $a, b, c \in \mathbb{R}$
- Die erste Ableitung einer quadratischen Funktion f(x) hat die Form:
  $f'(x) = 2ax + b$ mit $a, b \in \mathbb{R}$
- Bestimmen Sie die Koeffizienten a, b und c der quadratischen Funktion f(x).
  Bedenken Sie dabei, dass in der Aufgabenstellung drei Bedingungen genannt sind:
  - Der Graph der Funktion f hat mit dem Graphen der Funktion h den Punkt $S(0\,|\,54)$ gemeinsam.
  - Der Graph der Funktion h geht im Punkt S ohne Knick in den Graphen der Funktion f(x) über. Daher haben die Funktionsgraphen der Funktionen h und f an der Stelle $x_S = 0$ dieselbe Steigung.
  - An der Stelle $x = 60$ [m] hat der Springer eine vertikale Höhe von 4,72 [m] über dem Aufsprunghang. Der Aufsprunghang wird durch die Funktion g(x) beschrieben.

Tipps zu Teilaufgabe f

- Der Punkt $L(x_L\,|\,y_L)$ ist ein Schnittpunkt der Graphen von g und von f.
  Es gilt also an der Stelle x_L die Gleichung: $g(x_L) = f(x_L)$
- Verwenden Sie zur Lösung der Gleichung das Substitutionsverfahren.
- Berechnen Sie die y-Koordinate des Punktes L.

Tipps zu Teilaufgabe g

- Der vertikale Abstand zwischen Springer und Hang kann im Intervall $0 \le x \le x_L$ mit der Funktion $d(x) = f(x) - g(x)$ berechnet werden.
- Bestimmen Sie die Extremalstellen mithilfe der notwendigen Bedingung: $d'(x_E) = 0$
- Entscheiden Sie mithilfe der Flugbahn des Springers, welche der Extremalstellen als lokales Maximum infrage kommt.
- Durch Einsetzen der maximalen Extremalstelle in die Funktionsgleichung d(x) kann der maximale Abstand zwischen Springer und Hang berechnet werden.

Lösungen zu Aufgabe 1.1

a) Die x-Koordinate der Punkte $S(x_S\,|\,y_S)$ und $C(x_C\,|\,y_C)$ ist bekannt durch die Lage auf der y-Achse:

$$x_S = x_C = 0$$

Die y-Koordinate des Punktes S ergibt sich durch Einsetzen von $x_S = 0$ in die Funktionsgleichung h(x):

$$y_S = h(x_S) = h(0) = 0{,}05 \cdot 0^2 + 54 = 54$$

Die y-Koordinate des Punktes C ergibt sich durch Einsetzen von $x_C = 0$ in die Funktionsgleichung g(x):

$$y_C = g(x_C) = g(0) = \frac{1}{1\,000} \cdot \left(\frac{1}{2\,000} \cdot 0^4 - 10 \cdot 0^2 + 50\,000\right) = \frac{50\,000}{1\,000} = 50$$

Der Höhenunterschied zwischen den Punkten S und C berechnet sich durch die Differenz ihrer y-Koordinaten:

$$y_S - y_C = 54 - 50 = 4$$

Der Punkt $S(0\,|\,54)$ liegt 4 m höher als der Punkt $C(0\,|\,50)$.

Der Punkt $B(x_B\,|\,y_B)$ liegt auf der gleichen Höhe wie der Punkt C. Da $x_B < 0$ ist und die Strecke $\overline{BC}$ waagerecht zur x-Achse verläuft und 20 m lang ist, lässt sich der Punkt B angeben mit: $B(-20\,|\,50)$

Die x-Koordinate des Punktes $A(x_A\,|\,y_A)$ stimmt mit der x-Koordinate des Punktes $B(x_B\,|\,y_B)$ überein:

$$x_A = x_B = -20$$

Die y-Koordinate des Punktes A ergibt sich durch Einsetzen von $x_A = -20$ in die Funktionsgleichung h(x):

$$y_A = h(-20) = 0{,}05 \cdot (-20)^2 + 54 = 0{,}05 \cdot 400 + 54 = 20 + 54 = 74$$

Der Abstand der Punkte A und B berechnet sich durch die Differenz ihrer y-Koordinaten:

$$y_A - y_B = 74 - 50 = 24$$

Der Abstand der Punkte $A(-20\,|\,74)$ und $B(-20\,|\,50)$ beträgt 24 m.

b) Die Querschnittsfläche A_Q des Bauwerks ABCS lässt sich über ein Integral berechnen:

$$A_Q - \int_{x_B}^{x_C} (h(x) - y_C)\,dx = \int_{-20}^{0} (0{,}05x^2 + 54 - 50)\,dx = \int_{-20}^{0} (0{,}05x^2 + 4)\,dx$$

$$= \left[\frac{1}{60}x^3 + 4x\right]_{-20}^{0} = \frac{1}{60} \cdot (0)^3 + 4 \cdot 0 - \left(\frac{(-20)^3}{60} + 4 \cdot (-20)\right) = \frac{8\,000}{60} + 80$$

$$= \frac{640}{3} \approx 213{,}3$$

Die Querschnittsfläche A_Q des Bauwerks ABCS beträgt ungefähr $213{,}3\ m^2$.

c) Zur Bestimmung der lokalen Extrempunkte des Graphen von g müssen die erste und die zweite Ableitung von g gebildet werden.

$$g'(x) = \frac{1}{1\,000} \cdot \left(\frac{4}{2\,000} x^3 - 2 \cdot 10x \right) = \frac{1}{1\,000} \cdot \left(\frac{1}{500} x^3 - 20x \right)$$

$$g''(x) = \frac{1}{1\,000} \cdot \left(\frac{3}{500} x^2 - 20 \right)$$

Aus der notwendigen Bedingung für relative Extrema, $g'(x_E) = 0$, ergibt sich die Gleichung:

$$\frac{1}{1\,000} \cdot \left(\frac{1}{500} x_E^3 - 20x_E \right) = 0$$

Ein Produkt ist null, wenn mindestens einer der Faktoren null ist.

$$\frac{1}{500} x_E^3 - 20x_E = 0$$

$$x_E \cdot \left(\frac{1}{500} x_E^2 - 20 \right) = 0$$

$$x_{E_1} = 0 \vee \left(\frac{1}{500} x_{E_{2/3}}^2 - 20 \right) = 0$$

$$x_{E_1} = 0 \vee x_{E_{2/3}}^2 = 10\,000$$

$$x_{E_1} = 0 \vee x_{E_2} = 100 \vee x_{E_3} = -100$$

Die Lösungen x_{E_1}, x_{E_2} und x_{E_3} müssen nun mit dem hinreichenden Kriterium für relative Extrema getestet werden.

Wenn $g''(x_E) < 0$ ist, liegt ein relatives Maximum vor.
Wenn $g''(x_E) > 0$ ist, liegt ein relatives Minimum vor.

$$g''(x_{E_1}) = g''(0) = \frac{1}{1\,000} \cdot \left(\frac{3}{500} \cdot 0^2 - 20 \right) = -\frac{2}{100} = -0{,}02 < 0$$

$\Rightarrow$ An der Stelle x_{E_1} liegt ein relatives Maximum vor.

Da $g''(x)$ nur gerade Terme besitzt, ist der Funktionswert für x_{E_2} und x_{E_3} gleich.

$$g''(x_{E_2}) = g''(x_{E_3}) = g''(\pm 100) = \frac{1}{1\,000} \cdot \left(\frac{3}{500} \cdot (\pm 100)^2 - 20 \right)$$

$$= \frac{1}{25} = 0{,}04 > 0$$

$\Rightarrow$ An den Stellen x_{E_2} und x_{E_3} liegen relative Minima vor.

Da nach den lokalen Extrempunkten gefragt ist, müssen auch die y-Koordinaten des lokalen Hochpunktes H und der beiden lokalen Tiefpunkte T_1 und T_2 durch Einsetzen von x_{E_1}, x_{E_2} und x_{E_3} in die Funktionsgleichung g(x) bestimmt werden.

$$g(x_{E_1}) = g(0) = 50 \qquad \text{(Teilaufgabe a)}$$

$$g(x_{E_2}) = g(x_{E_3}) = \frac{1}{1\,000} \cdot \left(\frac{1}{2\,000} \cdot (\pm 100)^4 - 10 \cdot (\pm 100)^2 + 50\,000 \right)$$

$$= \frac{1}{1\,000} \cdot (50\,000 - 100\,000 + 50\,000) = \frac{1}{1\,000} \cdot 0 = 0$$

Der Graph der Funktion g weist einen lokalen Hochpunkt $H(0\,|\,50)$ auf, der mit dem Punkt C identisch ist (siehe Teilaufgabe a), und zwei lokale Tiefpunkte $T_1(-100\,|\,0)$ und $T_2(100\,|\,0)$.

Da die x-Koordinate des Punktes U positiv sein muss, ist $U = T_2$, also $U(100\,|\,0)$.

d) Wenn nach Stellen mit maximaler Steigung oder stärkstem Gefälle gefragt ist, wird eine Wendestelle gesucht. Denn an dieser Stelle mit maximaler Steigung oder stärkstem Gefälle muss die erste Ableitung eine Extremalstelle haben, d. h., die zweite Ableitung muss an dieser Stelle null sein. Der Punkt K ist also Wendepunkt des Graphen von g und liegt, wie man der Skizze in der Aufgabenstellung entnehmen kann, im ersten Quadranten.

Für eine Wendestelle x_W der Funktion g gilt die notwendige Bedingung: $g''(x_W) = 0$

Zur Bestimmung der Wendestellen x_W der Funktion g ergibt sich folgende Gleichung:

$$\frac{1}{1\,000} \cdot \left(\frac{3}{500} x_W^2 - 20 \right) = 0$$

Ein Produkt ist null, wenn mindestens einer der Faktoren null ist.

$$\frac{3}{500} x_W^2 - 20 = 0$$

$$\frac{3}{500} x_W^2 = 20$$

$$x_W^2 = \frac{10\,000}{3}$$

$$x_{W_{1/2}} = \pm\sqrt{\frac{10\,000}{3}} = \pm\frac{100}{\sqrt{3}} \approx \pm 57{,}7$$

Da der Punkt K im ersten Quadranten liegt, muss seine x-Koordinate positiv sein. Folglich ist $x_K = +\frac{100}{\sqrt{3}} \approx +57{,}7$.

Die y-Koordinate des Punktes K lässt sich durch Einsetzen von x_K in die Funktionsgleichung g(x) berechnen:

$$g(x_K) = \frac{1}{1\,000} \cdot \left(\frac{1}{2\,000} \cdot \left(\frac{100}{\sqrt{3}} \right)^4 - 10 \cdot \left(\frac{100}{\sqrt{3}} \right)^2 + 50\,000 \right)$$

$$= \frac{1}{1\,000} \cdot \left(\frac{50\,000}{9} - \frac{100\,000}{3} + 50\,000 \right) = \frac{200}{9} \approx 22{,}2$$

Der Punkt K hat die Koordinaten $K\left(\frac{100}{\sqrt{3}} \,\middle|\, 22\frac{2}{9} \right)$ bzw. gerundet $K(57{,}7\,|\,22{,}2)$.

e) Eine quadratische Funktion f(x) hat die Form:

$$f(x) = ax^2 + bx + c \quad \text{mit } a, b, c \in \mathbb{R}$$

Die erste Ableitung einer quadratischen Funktion f(x) hat die Form:

$$f'(x) = 2ax + b \qquad \text{mit } a, b \in \mathbb{R}$$

Folgende Bedingungen sind gegeben:

(i) Der Graph der Funktion f hat mit dem Graphen der Funktion h den Punkt S (0 | 54) gemeinsam.

$$f(0) = h(0) = 54$$

$$f(0) = c \qquad \Rightarrow \quad c = 54$$

(ii) Der Graph der Funktion h geht im Punkt S ohne Knick in den Graphen der Funktion f(x) über.
Die Funktion f ist an der Stelle $x_S = 0$ differenzierbar. Die Funktionsgraphen der Funktionen h und f haben an der Stelle $x_S = 0$ dieselbe Steigung.

$$h'(x) = 0{,}1x$$

$$f'(0) = h'(0) = 0$$

$$f'(0) = b \qquad \Rightarrow \quad b = 0$$

(iii) An der Stelle x = 60 [m] hat der Springer eine vertikale Höhe von 4,72 [m] über dem Aufsprunghang.

$$f(60) = g(60) + 4{,}72 = \frac{1}{1\,000} \cdot \left(\frac{1}{2\,000} \cdot 60^4 - 10 \cdot 60^2 + 50\,000 \right)$$

$$= 20{,}48 + 4{,}72 = 25{,}2$$

Aus (i), (ii) und (iii) folgt:

$$f(60) = 25{,}2$$

$$60^2 a + 60b + c = 25{,}2$$

$$3\,600a + 60 \cdot 0 + 54 = 25{,}2$$

$$a = -0{,}008$$

Die Funktionsgleichung f(x) lautet:

$$\underline{\underline{f(x) = -0{,}008x^2 + 54}}$$

f) Der Punkt $L(x_L \mid y_L)$ ist ein Schnittpunkt der Graphen von g und von f.
Es gilt an der Stelle x_L: $g(x_L) = f(x_L)$

$$\frac{1}{1\,000} \cdot \left(\frac{1}{2\,000} x_L^4 - 10 x_L^2 + 50\,000 \right) = -0{,}008 x_L^2 + 54$$

$$\frac{1}{2\,000\,000} x_L^4 - 0{,}002 x_L^2 - 4 = 0$$

$$x_L^4 - 4\,000 x_L^2 - 8\,000\,000 = 0$$

Durch Substitution von $u = x^2$ kann man die Gleichung mit der p-q-Formel lösen:

$$u^2 - 4\,000u - 8\,000\,000 = 0$$

$$u_{1/2} = 2\,000 \pm \sqrt{4\,000\,000 + 8\,000\,000}$$

$$u_{1/2} = 2\,000 \pm \sqrt{12\,000\,000}$$

$$u_1 \approx 5\,464{,}1 \;\vee\; u_2 \approx -1\,464{,}1$$

Durch Resubstitution erhält man in $\mathbb{R}$ die Lösungen:

$$x_{L_1} \approx +73{,}9 \;\vee\; x_{L_2} \approx -73{,}9$$

Da der Landepunkt L im ersten Quadranten liegt, ist nur die positive Lösung x_{L_1} sinnvoll.

Die y-Koordinate des Punktes L lässt sich durch Einsetzen von x_{L_1} in die Funktionsgleichung f(x) berechnen:

$$y_L = f(73{,}9) = -0{,}008 \cdot (73{,}9)^2 + 54 = 10{,}31032 \approx 10{,}3$$

Der Landepunkt L hat die ungefähren Koordinaten $\underline{\underline{L(73{,}9\,|\,10{,}3)}}$.

Wenn Zeit bleibt, kann man zur Kontrolle x_{L_1} in die Funktionsgleichung g(x) einsetzen und erhält ebenfalls: $g(73{,}9) \approx 10{,}3$

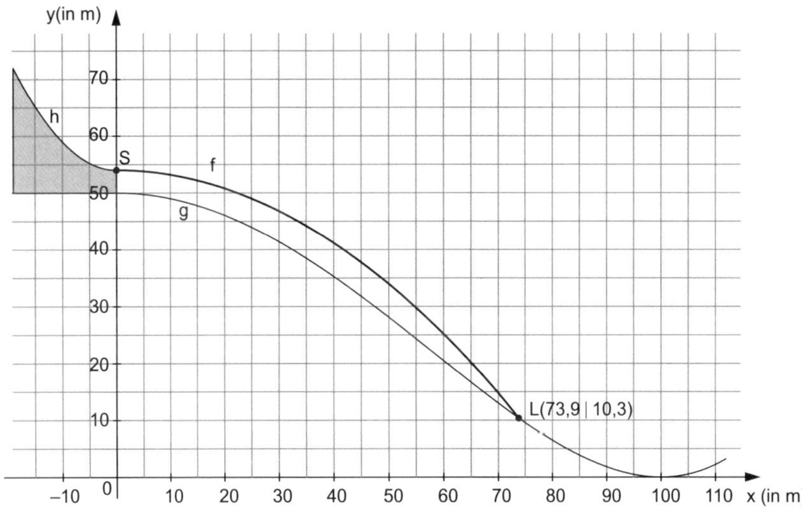

g) Der vertikale Abstand zwischen Springer und Hang kann im Intervall $0 \le x \le x_L$ mit der Funktion $d(x) = f(x) - g(x)$ berechnet werden.

$$d(x) = -0{,}008x^2 + 54 - \left(\frac{1}{1000} \cdot \left(\frac{1}{2\,000}x^4 - 10x^2 + 50\,000\right)\right)$$

$$= -\frac{1}{2\,000\,000}x^4 + \frac{1}{500}x^2 + 4$$

Die erste Ableitung d'(x) lautet:

$$d'(x) = -\frac{4}{2\,000\,000}x^3 + \frac{2}{500}x = -\frac{1}{500\,000}x^3 + \frac{1}{250}x$$

Notwendige Bedingung für ein lokales Extremum ist $d'(x_E) = 0$.

Die Extremalstellen der Funktion d lassen sich mit folgender Gleichung berechnen:

$$-\frac{1}{500\,000}x_E^3 + \frac{1}{250}x_E = 0$$

$$x_E^3 - 2\,000x_E = 0$$

$$x_E \cdot (x_E^2 - 2\,000) = 0$$

Ein Produkt ist null, wenn mindestens einer der Faktoren null ist.

$$x_{E_1} = 0 \lor x_{E_2} = \sqrt{2\,000} = 20\sqrt{5} \lor x_{E_3} = -\sqrt{2\,000} = -20\sqrt{5}$$

Von den drei Lösungen der Gleichung kommt nur $x_{E_2} = 20\sqrt{5} \approx 44{,}7$ als lokales Maximum infrage. x_{E_1} ist der Absprungpunkt und von dort bewegt sich der Springer in positive x-Richtung.

Auf die Überprüfung des hinreichenden Kriteriums $f''(x_{E_2}) < 0$ für ein lokales Maximum kann laut Aufgabenstellung verzichtet werden.

Durch Einsetzen von x_{E_2} in die Funktionsgleichung d(x) lässt sich der maximale Abstand zwischen Springer und Hang berechnen:

$$d(20\sqrt{5}) = -\frac{1}{2\,000\,000} \cdot (20\sqrt{5})^4 + \frac{1}{500} \cdot (20\sqrt{5})^2 + 4 = -2 + 4 + 4 = \underline{\underline{6}}$$

Der maximale Abstand zwischen Springer und Hang beträgt <u>6 m</u>.

Berlin – Mathematik Grundkurs
2018 – Aufgabe 1.2: Analysis

Höhenprofil BE

Gegeben sind die Funktionen f und g durch ihre Gleichungen

$$f(x) = (x+1) \cdot e^{-0{,}5x} \text{ sowie } g(x) = x+1.$$

Die Graphen der Funktionen sind in der Anlage dargestellt.

a) Untersuchen Sie das Verhalten der Funktionswerte von f für $x \to +\infty$. 2

b) Die Graphen der Funktionen f und g schneiden die y-Achse im Punkt $S(0\,|\,1)$.
Berechnen Sie den Winkel, unter dem sich die Tangente an den Graphen der Funktion f und die Gerade g im Punkt S schneiden.
[*Zur Kontrolle:* $f'(x) = \left(-\frac{1}{2}x + \frac{1}{2}\right) \cdot e^{-0{,}5x}$] 7

c) Weisen Sie nach, dass die Funktion F mit der Gleichung $F(x) = (-2x-6) \cdot e^{-0{,}5x}$ eine Stammfunktion von f ist.
Die Graphen der Funktionen f und g schließen im 2. Quadranten eine Fläche mit dem Flächeninhalt A vollständig ein.
Zeigen Sie, dass beide Funktionen nur an der Stelle $x = -1$ eine Nullstelle besitzen.
Berechnen Sie den Wert von A. 9

Die Abbildung zeigt das Höhenprofil für einen Wanderweg im Mittelgebirge. Vereinfacht soll das Höhenprofil durch die Funktion f mit $f(x) = (x+1) \cdot e^{-0{,}5x}$, $0 \le x \le 6$, beschrieben werden. (1 LE = 1 km)

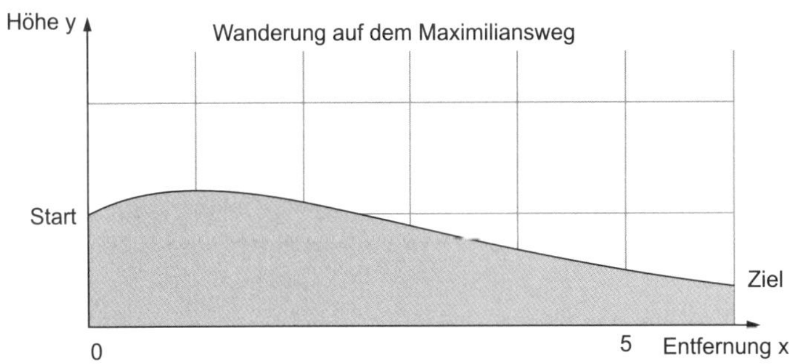

d) Berechnen Sie die Koordinaten des höchsten Punktes des Höhenprofils.
(Die Untersuchung einer hinreichenden Bedingung ist nicht erforderlich.) 4

e) Im Intervall [2; 6] kann das Höhenprofil näherungsweise durch eine Gerade ersetzt werden. Ermitteln Sie die Gleichung der Geraden durch die Punkte $(2\,|\,f(2))$ und $(6\,|\,f(6))$. 4

f) Weisen Sie nach, dass es im Intervall [2; 6] eine Stelle gibt, an der die Steigung des durch f beschriebenen Höhenprofils kleiner als $-0{,}222$ ist. 5

g) Ähnlich verlaufende Höhenprofile können allgemein durch Gleichungen der Form $h(x) = (x + a) \cdot e^{b \cdot x}$, ($a > 0$, $b < 0$), beschrieben werden. Von einem bestimmten solchen Höhenprofil h_W sind die folgenden Angaben bekannt:

x in km	0	6
Höhe $h_W(x)$ in km	1,2	0,3

Untersuchen Sie, bei welchem der beiden Höhenprofile f und h_W der Betrag der mittleren Steigung im Intervall [0; 6] größer ist.
Ermitteln Sie für den vorliegenden Fall a und b. $\frac{9}{40}$

Anlage

Darstellung der Graphen der Funktionen f und g

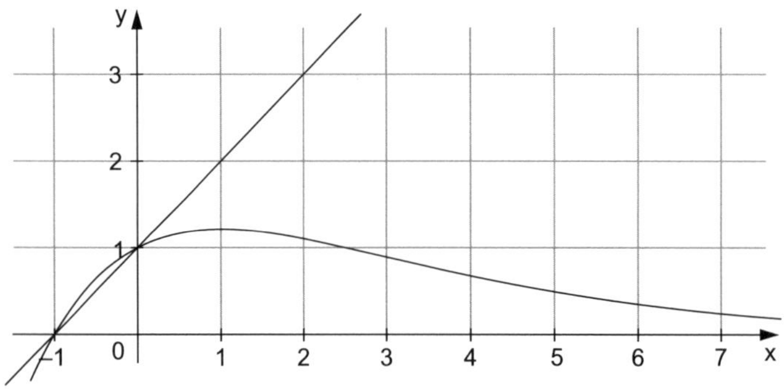

Tipps und Hinweise zur Lösung von Aufgabe 1.2

Tipp zu Teilaufgabe a

- Untersuchen Sie das Verhalten von $f(x)$ für $x \to +\infty$ durch Einsetzen großer x-Werte.

Tipps zu Teilaufgabe b

- Zur Bestimmung der Tangentensteigung muss die erste Ableitung von f gebildet werden. Wenden Sie die Produktregel an und vereinfachen Sie den Term.
- Für den Steigungswinkel der Tangente an der Stelle x_S gilt: $\tan\alpha = f'(x_S)$
- Bestimmen Sie die Steigung der Geraden g und berechnen Sie den Steigungswinkel der Geraden g an der Stelle x_S.
- Der Schnittwinkel der Tangente an f und der Geraden g ergibt sich aus dem Betrag der Differenz der beiden Steigungswinkel.

Tipps zu Teilaufgabe c

- Für den Nachweis, dass F(x) eine Stammfunktion von f(x) ist, muss gezeigt werden: $F'(x) = f(x)$
  Wenden Sie die Produktregel an und vereinfachen Sie den Term.
- Ermitteln Sie $x_N = -1$ als einzige Nullstelle der Funktionen f und g, indem Sie die Gleichungen $f(x_N) = 0$ und $g(x_N) = 0$ lösen.
- Betrachten Sie die Darstellung der Graphen in der Anlage, um das nötige Integral aufzustellen.
- Für den Flächeninhalt A gilt: $A = \int_{-1}^{0} f(x)\,dx - \int_{-1}^{0} g(x)\,dx$
- Zur Berechnung des Flächeninhalts A müssen Sie eine Stammfunktion zu g(x) bestimmen.

Tipps zu Teilaufgabe d

- Untersuchen Sie die Funktion f(x) auf Extremalstellen mithilfe der notwendigen Bedingung: $f'(x_E) = 0$
- Begründen Sie am Graphen von f, dass es sich bei der ermittelten Extremalstelle um ein lokales Maximum handelt.
- Berechnen Sie die y-Koordinate des Hochpunktes.

Tipps zu Teilaufgabe e

- Berechnen Sie die y-Koordinaten der beiden Punkte mit f(2) und f(6).
- Eine Geradengleichung hat die Form $k(x) = mx + b$ mit $m, b \in \mathbb{R}$.
- Berechnen Sie die Steigung m. Für m gilt: $m = \frac{f(6) - f(2)}{6 - 2}$
- Bestimmen Sie b. Hierfür gilt: $k(2) = f(2)$ bzw. $k(6) = f(6)$

Tipps zu Teilaufgabe f

- Untersuchen Sie die Steigung an der Wendestelle x_W.
- Notwendige Bedingung für eine Wendestelle ist $f''(x_W)=0$.
- Zur Bestimmung der zweiten Ableitung wenden Sie die Produktregel an und vereinfachen den Term.
- Berechnen Sie die Steigung an der Wendestelle x_W: $f'(x_W)$

Tipps zu Teilaufgabe g

- Die mittlere Steigung entspricht der mittleren Änderungsrate.
- Untersuchen Sie bei den Höhenprofilen f und h_W jeweils den Betrag der mittleren Steigung.
- Zur Bestimmung von a und b stellen Sie ein Gleichungssystem auf. Verwenden Sie die Informationen aus der Tabelle: $h_W(0)=1{,}2$ und $h_W(6)=0{,}3$

Lösungen zu Aufgabe 1.2

a) Durch Testeinsetzung großer x-Werte lässt sich das Verhalten für f(x) für $x \to +\infty$ untersuchen.

z. B.

$x_1 = 10 \qquad f(x_1) \approx 0{,}0741$

$x_2 = 100 \qquad f(x_2) \approx 1{,}9 \cdot 10^{-20} \approx 0$

$x_3 = 1\,000 \qquad f(x_3) \approx 0$

$$\underline{\underline{\lim_{x \to \infty} f(x) \to 0}}$$

b) Zur Berechnung der Tangentensteigung muss die erste Ableitung der Funktion f bestimmt werden:

$$f'(x) = e^{-0{,}5x} \cdot 1 + (x+1) \cdot (-0{,}5) \cdot e^{-0{,}5x} \qquad \text{(Produktregel)}$$
$$= (1 - 0{,}5x - 0{,}5) \cdot e^{-0{,}5x} = (0{,}5 - 0{,}5x) \cdot e^{-0{,}5x}$$

Für den Steigungswinkel der Tangente an der Stelle x_S gilt: $\tan\alpha = f'(x_S)$

Die Steigung der Tangente an der Stelle $x_S = 0$ ergibt sich durch Einsetzen von x_S in die Funktionsgleichung der ersten Ableitung:

$$f'(x_S) = f'(0) = 0{,}5$$
$$\Rightarrow \ \alpha = \tan^{-1} 0{,}5 \approx 26{,}6°$$

Die Steigung der Geraden g ist 1, da $g'(x) = 1$ für alle $x \in \mathbb{R}$.

$$\beta = \tan^{-1} 1 = 45°$$

Der Schnittwinkel ergibt sich aus dem Betrag der Differenz der beiden Steigungswinkel:

$$\gamma \approx |45° - 26{,}6°| = 18{,}4°$$

Die Tangente an den Graphen der Funktion f an der Stelle x_S und die Gerade g schneiden sich im Punkt $S(0\,|\,1)$ in einem Winkel von ungefähr $\underline{\underline{18{,}4°}}$.

c) Für den Nachweis, dass $F(x) = (-2x - 6) \cdot e^{-0{,}5x}$ eine Stammfunktion von f(x) ist, muss gezeigt werden: $F'(x) = f(x)$

Zur Bestimmung von $F'(x)$ muss man die Produktregel anwenden und anschließend den Faktor $e^{-0{,}5x}$ ausklammern.

$$F'(x) = (-2) \cdot e^{-0{,}5x} + (-2x - 6) \cdot (-0{,}5) \cdot e^{-0{,}5x}$$
$$= (-2 + x + 3) \cdot e^{-0{,}5x} = (1 + x) \cdot e^{-0{,}5x} = f(x)$$

<u>Daher ist F eine Stammfunktion von f.</u>

Nullstellen x_N der Funktion f(x) müssen das Kriterium erfüllen: $f(x_N) = 0$

$$(x_N + 1) \cdot e^{-0{,}5x_N} = 0$$

Ein Produkt ist null, wenn mindestens einer der Faktoren null ist.
Die e-Funktion wird niemals null.

$$x_N + 1 = 0$$
$$x_N = -1$$

Dies ist die einzige Nullstelle der Funktion $f(x)$, da für alle $x \in \mathbb{R}$ der Faktor $e^{-0,5x} \neq 0$ ist.

Nullstellen x_N der Funktion g(x) müssen das Kriterium erfüllen: $g(x_N) = 0$

$$x_N + 1 = 0 \quad \Leftrightarrow \quad x_N = -1$$

$\underline{\underline{x_N = -1}}$ ist folglich die <u>einzige Nullstelle der beiden Funktionen f und g.</u>

Zur Berechnung des Flächeninhalts A muss zunächst eine Stammfunktion zu g bestimmt werden, für die gilt: $G'(x) = g(x)$

$G(x) = \frac{1}{2}x^2 + x$ ist eine Stammfunktion zu g.

Anhand der Darstellung der Graphen in der Anlage lässt sich ein Integral aufstellen, mit dem der Flächeninhalt A berechnet werden kann:

$$A = \int_{-1}^{0} f(x)\,dx - \int_{-1}^{0} g(x)\,dx = \left[(-2x-6)\cdot e^{-0,5x} - \left(\frac{1}{2}x^2 + x\right)\right]_{-1}^{0}$$

$$= (0-6)\cdot 1 - 0 - \left((2-6)\cdot e^{0,5} - \left(\frac{1}{2} - 1\right)\right)$$

$$= -6 - \left(-4\cdot e^{0,5} + \frac{1}{2}\right) = 4\cdot e^{0,5} - 6,5 \approx 0,095\,[\text{FE}]$$

Der Flächeninhalt A beträgt ungefähr $\underline{\underline{0,095 \text{ FE}}}$.

d) Notwendiges Kriterium für die Existenz von Extremalstellen ist $f'(x_E) = 0$.

$$(0,5 - 0,5x_E)\cdot e^{-0,5x_E} = 0 \qquad \text{(1. Ableitung aus Teilaufgabe b)}$$

Da $e^{-0,5x} \neq 0$ für alle $x \in \mathbb{R}$ ist, muss nur noch der Faktor $(0,5 - 0,5x_E)$ untersucht werden.

$$0,5 - 0,5x_E = 0 \quad \Leftrightarrow \quad x_E = 1$$

Bei der Extremalstelle $x_E = 1$ handelt es sich um ein Maximum, wie man aus dem Graphen der Abbildung ablesen kann.

Auf die Überprüfung des hinreichenden Kriteriums für ein Maximum, $f''(x_E) < 0$, kann laut Aufgabenstellung verzichtet werden.

Da nach dem Hochpunkt gefragt ist, muss auch dessen y-Koordinate durch Einsetzen von x_E in die Funktionsgleichung $f(x)$ berechnet werden:

$$f(x_E) = f(1) = (1+1)\cdot e^{-0,5\cdot 1} = 2\cdot e^{-0,5} \approx 1,21$$

Der höchste Punkt P hat die ungefähren Koordinaten $\underline{\underline{P(1\,|\,1,21)}}$.

e) Zunächst müssen die y-Koordinaten der beiden Punkte berechnet werden:

$$f(2) = (2+1) \cdot e^{-0,5 \cdot 2} = 3 \cdot e^{-1} \approx 1,10$$

$$f(6) = (6+1) \cdot e^{-0,5 \cdot 6} = 7 \cdot e^{-3} \approx 0,35$$

Eine Geradengleichung hat die Form $k(x) = mx + b$ mit $m, b \in \mathbb{R}$.

Für die Steigung der gesuchten Geraden gilt:

$$m = \frac{f(6) - f(2)}{6-2} \approx \frac{0,35 - 1,1}{4} = -0,1875$$

Durch Einsetzen der Koordinaten eines auf der Geraden liegenden Punktes, z. B. $(2\,|\,1,1)$, in $k(x) = -0,1875x + b$ lässt sich b bestimmen:

$$-0,1875 \cdot 2 + b = 1,1$$

$$b = 1,475$$

Die Geradengleichung durch die Punkte $(2\,|\,f(2))$ und $(6\,|\,f(6))$ lautet:

$$\underline{\underline{k(x) = -0,1875x + 1,475}}$$

f) Der Graph der Funktion geht im Intervall [2; 6] von einer Rechts- in eine Linkskurve über, d. h., es muss eine Rechts-links-Wendestelle existieren. An Rechts-links-Wendestellen ist die Steigung minimal. Denn für eine Rechts-links-Wendestelle x_W gilt die hinreichende Bedingung $f''(x_W) = 0$ und $f'''(x_W) > 0$, d. h., an der Stelle x_W liegt in der ersten Ableitung, die die Steigung angibt, ein Minimum vor.
Wenn es im Intervall [2; 6] eine Stelle gibt, an der die in der Aufgabenstellung geforderte Bedingung, dass die Steigung kleiner als –0,222 sein soll, erfüllt ist, so muss sie auf jeden Fall an der Rechts-links-Wendestelle gelten.

Für die Bestimmung der Wendestelle muss die zweite Ableitung gebildet werden. Dazu wendet man die Produktregel an und klammert im zweiten Schritt den Faktor $e^{-0,5x}$ aus:

$$f''(x) = (-0,5) \cdot e^{-0,5x} + (0,5 - 0,5x) \cdot (-0,5) \cdot e^{-0,5x}$$
$$= (-0,5 - 0,25 + 0,25x) \cdot e^{-0,5x} = (-0,75 + 0,25x) \cdot e^{-0,5x}$$

Notwendiges Kriterium für Wendestellen ist $f''(x_W) = 0$.

$$f''(x_W) = -0,75 + 0,25x_W = 0 \quad \Leftrightarrow \quad x_W = 3$$

Die Steigung an der Stelle x_W ergibt sich durch Einsetzen in die Funktionsgleichung der ersten Ableitung:

$$f'(x_W) = f'(3) = (-0,5 \cdot 3 + 0,5) \cdot e^{-0,5 \cdot 3} = -1 \cdot e^{-1,5} \approx -0,223 < -0,222$$

An der Stelle $\underline{\underline{x_W = 3}}$ ist die $\underline{\underline{\text{Steigung}}}$ des durch die Funktion f beschriebenen Höhenprofils $\underline{\underline{\text{kleiner als } -0,222}}$.

g) Die mittlere Steigung entspricht der mittleren Änderungsrate.

Für die Funktion f beträgt die mittlere Änderungsrate im Intervall [0; 6]:

$$m_f = \frac{f(6) - f(0)}{6-0} = \frac{7 \cdot e^{-3} - 1}{6} \approx -0,109, \text{ d. h. } |m_f| = 0,109$$

Für die Funktion h_w beträgt die mittlere Änderungsrate im Intervall [0; 6]:

$$m_{h_w} = \frac{h_W(6) - h_W(0)}{6-0} = \frac{0{,}3 - 1{,}2}{6} = -0{,}15, \text{ d. h. } |m_{h_w}| = 0{,}15$$

Beim Höhenprofil h_W ist der Betrag der mittleren Steigung größer: $\underline{\underline{|m_{h_w}| > |m_f|}}$

Mit den Werten aus der Tabelle lässt sich als Lösungsansatz zur Bestimmung von a und b folgendes Gleichungssystem formulieren:

$$\text{I} \quad 1{,}2 = a \cdot e^{b \cdot 0} \quad \Leftrightarrow \quad a = 1{,}2$$

$$\text{II} \quad 0{,}3 = (6 + a) \cdot e^{b \cdot 6}$$

Mit I erhält man $a = 1{,}2$.

Durch Einsetzen von $a = 1{,}2$ in II kann man b bestimmen:

$$0{,}3 = 7{,}2 \cdot e^{6 \cdot b}$$

$$\frac{1}{24} = e^{6 \cdot b}$$

$$\ln \frac{1}{24} = 6 \cdot b$$

$$b = \frac{\ln \frac{1}{24}}{6}$$

$$b \approx -0{,}53$$

Man erhält $\underline{\underline{a = 1{,}2}}$ und $\underline{\underline{b \approx -0{,}53}}$.

Brücke BE

Die Abbildung zeigt die Seitenansicht einer Brücke über die Autobahn.
Der Verlauf der seitlichen Streben kann modellhaft im Koordinatensystem durch die Punkte $A(0|0|5)$, $B(4{,}4|44|5)$, $C(0{,}2|2|7)$ und $D(4{,}8|48|9)$ beschrieben werden.
Die Fahrbahn unterhalb der Brücke liegt in der x-y-Ebene. [1 Längeneinheit = 1 m]

a) Die Punkte A, B und C liegen in der Ebene E.
Ermitteln Sie einen Normalenvektor der Ebene E und geben Sie eine Gleichung der Ebene E in Koordinatenform an.
[*Zur Kontrolle:* E: $-10x + y = 0$] 4

b) Weisen Sie nach, dass der Punkt D in der Ebene E liegt.
Zeigen Sie, dass die Ebene E orthogonal zur x-y-Ebene liegt. 3

c) Die Punkte A und B liegen auf der Geraden g, die Punkte C und D liegen auf der Geraden h.
Begründen Sie, dass die Geraden g und h einen Schnittpunkt haben müssen.
Berechnen Sie den Winkel, unter dem sich die Geraden g und h schneiden. 6

Ein Fahrzeug bewegt sich mit konstanter Geschwindigkeit auf einer geradlinigen Bahn auf die Brücke zu. Zunächst befindet es sich im Punkt $P(82|40|0)$ und 1,5 s später im Punkt $Q(42|36|0)$.

d) Berechnen Sie, welche Strecke das Fahrzeug in diesen 1,5 s zurückgelegt hat.
Berechnen Sie die Geschwindigkeit des Fahrzeugs und geben Sie diese in $\frac{\text{km}}{\text{h}}$ an. 2

e) Das Fahrzeug fährt unverändert geradlinig weiter.
Ermitteln Sie, wie lange das Fahrzeug benötigt, um vom Punkt Q bis zu dem Punkt zu gelangen, der genau vertikal unter der Strebe durch A und B liegt. 5

20

Tipps und Hinweise zur Lösung von Aufgabe 2.1

Tipps zu Teilaufgabe a

- Für die Bestimmung des Normalenvektors haben Sie zwei Möglichkeiten.
  Bilden Sie das Kreuz-/Vektorprodukt zweier Spannvektoren der Ebene (z. B. $\overrightarrow{AB}$, $\overrightarrow{AC}$).
  Stellen Sie mithilfe der Orthogonalitätsbedingung, dass zwei Vektoren senkrecht aufeinander stehen, wenn das Skalarprodukt null ist, ein geeignetes Lineares Gleichungssystem auf.
- Stellen Sie mithilfe dieses Normalenvektors eine Ebenengleichung in Koordinatenform auf.
- Ermitteln Sie den noch freien Parameter, indem Sie die Koordinaten eines der drei gegebenen Punkte A, B oder C einsetzen.

Tipps zu Teilaufgabe b

- Führen Sie eine Punktprobe durch, indem Sie die Koordinaten des Punktes D in die Ebenengleichung einsetzen.
- Zum Nachweis, dass die Ebene E senkrecht auf der x-y-Ebene steht, zeigen Sie, dass die Orthogonalitätsbedingung erfüllt ist, d. h. das Skalarprodukt eines Normalenvektors zur Ebene E und eines Normalenvektors zur x-y-Ebene null ist: $\vec{n}_E \circ \vec{n}_{xy} = 0$

Tipps zu Teilaufgabe c

- Bestimmen Sie einen Richtungsvektor der Geraden g und einen Richtungsvektor der Geraden h.
- Untersuchen Sie die Richtungsvektoren auf Kollinearität.
- Für den Winkel zwischen den Richtungsvektoren $\overrightarrow{AB}$ und $\overrightarrow{CD}$ gilt:

$$\cos\alpha = \frac{\overrightarrow{AB} \circ \overrightarrow{CD}}{|\overrightarrow{AB}| \cdot |\overrightarrow{CD}|}$$

Tipps zu Teilaufgabe d

- Die Länge der vom Auto zurückgelegten Strecke entspricht der Länge des Vektors $\overrightarrow{PQ}$.
- Rechnen Sie die Geschwindigkeit von $\frac{m}{s}$ in $\frac{km}{h}$ um.

Tipps zu Teilaufgabe e

- Stellen Sie eine Gleichung für die Gerade g durch P und Q auf.
- Berechnen Sie den Schnittpunkt S der Geraden g mit der Ebene E.
- Die Länge des Vektors $\overrightarrow{QS}$ entspricht der gesuchten Entfernung vom Punkt Q bis zu dem Punkt, der genau vertikal unter der Strebe durch A und B liegt.
- Berechnen Sie mithilfe der in Teilaufgabe d berechneten Geschwindigkeit, wie lange das Auto für die Strecke $\overline{QS}$ benötigt.

Lösungen zu Aufgabe 2.1

a) Aus den gegebenen Punkten A, B und C lassen sich zunächst zwei Spannvektoren der Ebene E bestimmen:

$$\overrightarrow{AC} = \begin{pmatrix} 0{,}2 \\ 2 \\ 2 \end{pmatrix} \text{ und } \overrightarrow{AB} = \begin{pmatrix} 4{,}4 \\ 44 \\ 0 \end{pmatrix}$$

Zur Bestimmung des Normalenvektors gibt es zwei Möglichkeiten.

1. Möglichkeit: Bildung des Kreuz-/Vektorprodukts

$$\overrightarrow{AC} \times \overrightarrow{AB} = \begin{pmatrix} 0{,}2 \\ 2 \\ 2 \end{pmatrix} \times \begin{pmatrix} 4{,}4 \\ 44 \\ 0 \end{pmatrix} = \begin{pmatrix} 2 \cdot 0 - 44 \cdot 2 \\ 2 \cdot 4{,}4 - 0{,}2 \cdot 0 \\ 0{,}2 \cdot 44 - 2 \cdot 4{,}4 \end{pmatrix} = \begin{pmatrix} -88 \\ 8{,}8 \\ 0 \end{pmatrix} = 8{,}8 \cdot \begin{pmatrix} -10 \\ 1 \\ 0 \end{pmatrix}$$

Ein Normalenvektor ist z. B. $\vec{n} = \begin{pmatrix} -10 \\ 1 \\ 0 \end{pmatrix}$.

2. Möglichkeit: Aufstellen eines Linearen Gleichungssystems

Gemäß der Orthogonalitätsbedingung, dass zwei Vektoren aufeinander senkrecht stehen, wenn ihr Skalarprodukt null ist, muss für einen Normalenvektor $\vec{n}$ gelten:

$$\vec{n} \circ \overrightarrow{AC} = \begin{pmatrix} x_n \\ y_n \\ z_n \end{pmatrix} \circ \begin{pmatrix} 0{,}2 \\ 2 \\ 2 \end{pmatrix} = 0 \text{ und } \vec{n} \circ \overrightarrow{AB} = \begin{pmatrix} x_n \\ y_n \\ z_n \end{pmatrix} \circ \begin{pmatrix} 4{,}4 \\ 44 \\ 0 \end{pmatrix} = 0$$

Das zugehörige Lineare Gleichungssystem lautet:

$$\begin{array}{ll} \text{I} & 0{,}2 \cdot x_n + 2 \cdot y_n + 2 \cdot z_n = 0 \\ \text{II} & 4{,}4 \cdot x_n + 44 \cdot y_n = 0 \quad \Rightarrow \quad x_n = -10 y_n \end{array}$$

$$\text{II in I: } 0{,}2 \cdot (-10 \cdot y_n) + 2 \cdot y_n + 2 \cdot z_n = 0 \quad \Rightarrow \quad z_n = 0$$

Folglich ist ein Normalenvektor zur Ebene E z. B. $\vec{n} = \begin{pmatrix} -10 \\ 1 \\ 0 \end{pmatrix}$.

Als Ansatz für die Ebenengleichung in Koordinatenform ergibt sich: E: $-10x + y = k$

Durch Einsetzen der Koordinaten eines der drei gegebenen Punkte, z. B. Punkt A, erhält man:

$$-10 \cdot 0 + 0 = k \quad \Rightarrow \quad k = 0$$

Die Ebenengleichung in Koordinatenform lautet:

$$\underline{\underline{E\colon -10x + y = 0}}$$

b) Zum Nachweis, dass der Punkt D in der Ebene E liegt, führt man eine Punktprobe durch. Wenn das Einsetzen der Koordinaten des Punktes D in die Ebenengleichung auf die wahre Aussage $0 = 0$ führt, dann gilt $D \in E$.

$$-10 \cdot 4{,}8 + 48 = 0 \quad \Leftrightarrow \quad 0 = 0 \quad \Rightarrow \quad D \in E$$

Um zu zeigen, dass die Ebene E und die x-y-Ebene senkrecht aufeinander stehen, muss die Orthogonalitätsbedingung erfüllt sein. Es muss gelten: $\vec{n}_E \circ \vec{n}_{xy} = 0$

Es ist:

$$\begin{pmatrix}-10\\1\\0\end{pmatrix}\circ\begin{pmatrix}0\\0\\1\end{pmatrix}=-10\cdot 0+1\cdot 0+0\cdot 1=0$$

Die Bedingung ist erfüllt. Die Ebene E und die x-y-Ebene sind orthogonal zueinander.

c) Beide Geraden liegen in einer Ebene, da alle Punkte A, B, C und D in einer Ebene liegen. Die Geraden können demnach nicht windschief sein.

Ein Richtungsvektor von g ist z. B.:

$$\vec{u}=\overrightarrow{AB}=\begin{pmatrix}4,4\\44\\5\end{pmatrix}-\begin{pmatrix}0\\0\\5\end{pmatrix}=\begin{pmatrix}4,4\\44\\0\end{pmatrix}$$

Ein Richtungsvektor von h ist z. B.:

$$\vec{v}=\overrightarrow{CD}=\begin{pmatrix}4,8\\48\\9\end{pmatrix}-\begin{pmatrix}0,2\\2\\7\end{pmatrix}=\begin{pmatrix}4,6\\46\\2\end{pmatrix}$$

Zur Prüfung, ob die Geraden parallel sind, müssen die Richtungsvektoren auf Kollinearität untersucht werden:

$$\begin{pmatrix}4,6\\46\\2\end{pmatrix}=\ell\cdot\begin{pmatrix}4,4\\44\\0\end{pmatrix}$$

Die Gleichung für die z-Koordinate ist für kein $\ell \in \mathbb{R}$ erfüllt. Daher sind die beiden Vektoren nicht kollinear.
Folglich sind die Geraden nicht parallel zueinander, sondern haben einen Schnittpunkt.

Der Winkel, unter dem sich die Geraden schneiden, entspricht dem Winkel zwischen den Richtungsvektoren $\overrightarrow{AB}$ und $\overrightarrow{CD}$, für den gilt:

$$\cos\alpha=\frac{\overrightarrow{AB}\circ\overrightarrow{CD}}{|\overrightarrow{AB}|\cdot|\overrightarrow{CD}|}=\frac{\begin{pmatrix}4,4\\44\\0\end{pmatrix}\circ\begin{pmatrix}4,6\\46\\2\end{pmatrix}}{\sqrt{4,4^2+44^2}\cdot\sqrt{4,6^2+46^2+2^2}}=\frac{4,4\cdot 4,6+44\cdot 46+0\cdot 2}{\sqrt{1\,955,36}\cdot\sqrt{2\,141,16}}$$

$$\approx 0,999 \Rightarrow \alpha\approx 2,6°$$

Die Geraden g und h schneiden sich unter einem Winkel von ungefähr 2,6°.

d) Die Länge der Strecke s entspricht der Länge des Vektors $\overrightarrow{PQ}$.

$$s=|\overrightarrow{PQ}|=\left|\begin{pmatrix}-40\\-4\\0\end{pmatrix}\right|=\sqrt{(-40)^2+(-4)^2}=\sqrt{1\,616}\approx 40,2$$

Das Auto fährt in 1,5 s ungefähr 40,2 m weit.

Die Geschwindigkeit des Autos beträgt:

$$v \approx \frac{40{,}2\ \text{m}}{1{,}5\ \text{s}} \approx 26{,}8\ \frac{\text{m}}{\text{s}} \approx 3{,}6 \cdot 26{,}8\ \frac{\text{km}}{\text{h}} \approx \underline{\underline{96{,}5\ \frac{\text{km}}{\text{h}}}}$$

e) Aufgrund der Koordinatenform der Ebene E weiß man, dass diese parallel zur z-Achse verläuft. Daher ist der gesuchte vertikale Punkt der Schnittpunkt der Geraden durch die Punkte P und Q mit der Ebene E.

Eine Gleichung für die Gerade durch P und Q ist:

$$g_{PQ}\colon\ \vec{x} = \overrightarrow{OP} + r \cdot \overrightarrow{PQ} = \begin{pmatrix} 82 \\ 40 \\ 0 \end{pmatrix} + r^* \cdot \begin{pmatrix} -10 \\ -1 \\ 0 \end{pmatrix} \quad \text{mit } r, r^* \in \mathbb{R}$$

Einsetzen von g_{PQ} in die Koordinatenform für E liefert:

$$-10 \cdot (82 - 10r_S) + 40 - r_S = 0$$

$$-780 + 99r_S = 0 \quad \Leftrightarrow \quad r_S = \frac{260}{33}$$

Durch Einsetzen von r_S in die Geradengleichung g_{PQ} lässt sich der Schnittpunkt berechnen:

$$S\left(\frac{106}{33}\ \middle|\ \frac{1\,060}{33}\ \middle|\ 0\right) \approx S(3\,|\,32\,|\,0)$$

Der Abstand d zwischen den Punkten Q und S entspricht der Länge des Vektors $\overrightarrow{QS}$:

$$d = |\overrightarrow{QS}| = \left|\begin{pmatrix} \frac{106}{33} - 42 \\ \frac{1\,060}{33} - 36 \\ 0 - 0 \end{pmatrix}\right| = \left|\begin{pmatrix} -\frac{1\,280}{33} \\ -\frac{128}{33} \\ 0 \end{pmatrix}\right|$$

$$= \sqrt{\left(-\frac{1\,280}{33}\right)^2 + \left(-\frac{128}{33}\right)^2 + 0^2} \approx 39$$

Für die benötigte Zeit ergibt sich:

$$t = \frac{s}{v} \approx \frac{39\ \text{m}}{26{,}8\ \frac{\text{m}}{\text{s}}} \approx 1{,}5\ \text{s}$$

Da das Fahrzeug mit konstanter Geschwindigkeit fährt, benötigt es für die ungefähr 39 m lange Strecke ca. $\underline{\underline{1{,}5\ \text{s}}}$.

Kletteranlage BE

Die Abbildung zeigt modellhaft wesentliche Elemente einer Kletteranlage: zwei Plattformen, die jeweils um einen vertikal stehenden Pfahl gebaut sind, sowie eine Kletterwand, die an einer der beiden Plattformen angebracht ist.

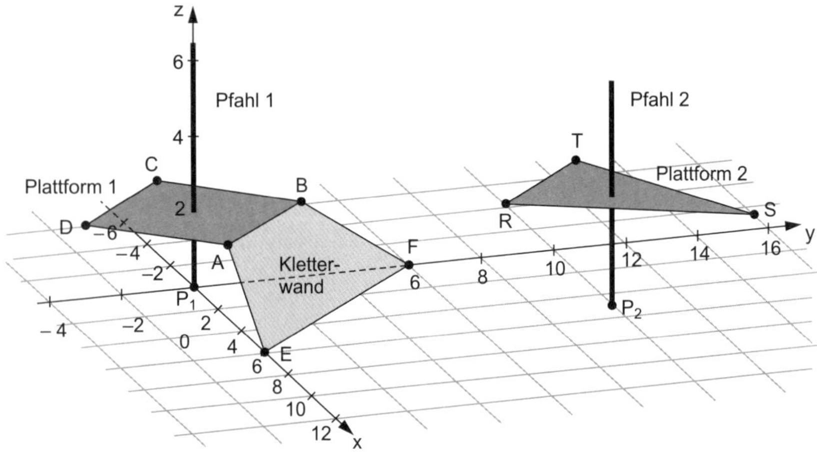

Im verwendeten Koordinatensystem beschreibt die x-y-Ebene den horizontalen Untergrund; eine Längeneinheit entspricht 1 m in der Wirklichkeit. Die Punkte, in denen die Pfähle aus dem Untergrund austreten, werden durch $P_1(0\,|\,0\,|\,0)$ und $P_2(5\,|\,10\,|\,0)$ dargestellt.

Außerdem sind die Koordinaten der Eckpunkte $A(3\,|\,0\,|\,2)$, $B(0\,|\,3\,|\,2)$, $E(6\,|\,0\,|\,0)$, $F(0\,|\,6\,|\,0)$, $R(5\,|\,7\,|\,3)$, $S(8\,|\,13\,|\,3)$ und $T(2\,|\,10\,|\,3)$ gegeben. Die Materialstärke aller Bauteile der Anlage soll vernachlässigt werden.

a) In den Mittelpunkten der oberen und unteren Kante der Kletterwand sind die Enden eines Seils befestigt, das 20 % länger ist als der Abstand der genannten Mittelpunkte.
Berechnen Sie die Länge des Seils. 3

b) Zeigen Sie, dass die Kletterwand die Form eines Trapezes hat, in dem zwei gegenüberliegende Seiten gleich lang sind. 3

Die Punkte A, B, E und F liegen in der Ebene L: $2x + 2y + 3z - 12 = 0$.

c) Bestimmen Sie die Größe des Winkels, den die Kletterwand mit dem Untergrund einschließt. 3

Auf die Anlage treffendes Sonnenlicht kann im Modell durch parallele Geraden beschrieben werden. Die Eckpunkte der Plattform 2 werden durch R, S und T dargestellt, die zugehörigen Eckpunkte des Schattens dieser Plattform durch $R'(4|2|0)$, S' bzw. $T'(1|5|0)$.

d) Zeigen Sie rechnerisch, dass T' auf der Strecke $\overline{EF}$ liegt.
Berechnen Sie die Koordinaten von S' und stellen Sie den Schatten der Plattform 2 in der obigen Abbildung grafisch dar. 6

e) Über ein Drahtseil kann man von einer Plattform zur anderen gelangen. Der eine Endpunkt dieses Seils ist am Pfahl 1 auf der Höhe der Plattform 1 befestigt, der andere am Pfahl 2 oberhalb der Plattform 2. Das Seil ist so gespannt, dass davon ausgegangen werden kann, dass es geradlinig verläuft. Es berührt die Plattform 2 an der Seite, die durch $\overline{RT}$ dargestellt wird.
Bestimmt werden soll der Punkt am Pfahl 2 oberhalb der Plattform 2, in dem das Seil befestigt ist. Beschreiben Sie, wie man den Abstand dieses Punkts von der Plattform 2 berechnen könnte, wenn bekannt wäre, in welchem Verhältnis die durch $\overline{RT}$ dargestellte Seite der Plattform durch den Berührpunkt des Seils geteilt wird. 5

20

Tipps und Hinweise zur Lösung von Aufgabe 2.2

Tipps zu Teilaufgabe a

- Berechnen Sie mithilfe der Koordinaten der Punkte A und B den Mittelpunkt M_1 der oberen Kante $\overline{AB}$.
- Berechnen Sie mithilfe der Koordinaten der Punkte E und F den Mittelpunkt M_2 der unteren Kante $\overline{EF}$.
- Der Abstand der Punkte M_1 und M_2 entspricht der Länge des Vektors $\overrightarrow{M_1M_2}$.
- Die Seillänge ist 20 % länger, d. h., das Seil ist 1,2-mal so lang wie die Strecke $\overline{M_1M_2}$.

Tipps zu Teilaufgabe b

- Zeigen Sie, dass die Strecken $\overline{AB}$ und $\overline{EF}$ parallel sind, indem Sie die Vektoren $\overrightarrow{AB}$ und $\overrightarrow{EF}$ auf Kollinearität prüfen.
- Zeigen Sie, dass die Strecken $\overline{AE}$ und $\overline{BF}$ gleich lang sind, indem Sie die Länge der Vektoren $\overrightarrow{AE}$ und $\overrightarrow{BF}$ berechnen.

Tipps zu Teilaufgabe c

- Bestimmen Sie aus der angegebenen Ebenengleichung E einen Normalenvektor $\vec{m}$ zur Ebene E.
- Geben Sie einen Normalenvektor $\vec{n}$ zur x-y-Ebene an.
- Für den Winkel α, den die Ebene L mit der x-y-Ebene einschließt, gilt:

$$\cos\alpha = \frac{\vec{m} \circ \vec{n}}{|\vec{m}| \cdot |\vec{n}|}$$

Tipps zu Teilaufgabe d

- Stellen Sie eine Geradengleichung für die Gerade durch die Punkte E und F auf mit dem Stützvektor $\overrightarrow{OF}$ und dem Richtungsvektor $\overrightarrow{EF}$.
- Führen Sie eine Punktprobe für T' durch. Zeigen Sie dabei, dass T' nicht nur auf der Geraden EF, sondern insbesondere auch auf der Strecke $\overline{EF}$ liegt.
- Der Richtungsvektor der Sonnenstrahlen ist $\overrightarrow{RR'}$.
- Berechnen Sie die Koordinaten des Punktes S' durch Aufstellen eines geeigneten Gleichungssystems. Bedenken Sie dabei, dass der Punkt S' auf der Geraden mit dem Richtungsvektor $\overrightarrow{RR'}$ und in der x-y-Ebene liegt.

Tipps zu Teilaufgabe e

- Bedenken Sie, dass Sie mithilfe des Teilungsverhältnisses die Koordinaten des Punktes U bestimmen können, in dem das Seil die Strecke zwischen R und T berührt.
- Betrachten Sie dann die durch den Befestigungspunkt am Pfahl 1 und den Punkt U gegebene Gerade, auf der das Seil verläuft.

Lösungen zu Aufgabe 2.2

a) Der Mittelpunkt der oberen Kante $\overline{AB}$ ist $M_1\left(\frac{3+0}{2}\,\middle|\,\frac{0+3}{2}\,\middle|\,\frac{2+2}{2}\right) = (1{,}5\,|\,1{,}5\,|\,2)$.

Der Mittelpunkt der unteren Kante $\overline{EF}$ ist $M_2\left(\frac{6+0}{2}\,\middle|\,\frac{0+6}{2}\,\middle|\,\frac{0+0}{2}\right) = (3\,|\,3\,|\,0)$.

Der Abstand der Punkte M_1 und M_2 entspricht der Länge des Vektors $\overrightarrow{M_1M_2}$:

$$|\overrightarrow{M_1M_2}| = \sqrt{1{,}5^2 + 1{,}5^2 + (-2)^2} \approx 2{,}9$$

Für die Seillänge ℓ gilt: $\ell = 1{,}2 \cdot |\overrightarrow{M_1M_2}| \approx 1{,}2 \cdot 2{,}9 \approx 3{,}5$

Das Seil ist etwa $\underline{\underline{3{,}5\text{ m}}}$ lang.

b) Der Nachweis, dass die Kletterwand die Form eines Trapezes hat, in dem zwei gegenüberliegende Seiten gleich lang sind, erfolgt in zwei Schritten:

(i) Prüfen auf Parallelität

$$\overrightarrow{AB} = \begin{pmatrix} -3 \\ 3 \\ 0 \end{pmatrix}$$

$$\overrightarrow{EF} = \begin{pmatrix} -6 \\ 6 \\ 0 \end{pmatrix} = 2 \cdot \overrightarrow{AB}$$

Also sind $\overrightarrow{AB}$ und $\overrightarrow{EF}$ parallel. Folglich ist das von den Punkten A, B, E und F gebildete Viereck ein Trapez.

(ii) Untersuchen der Streckenlängen

Bestimmen der Längen der Vektoren $\overrightarrow{AE}$ und $\overrightarrow{BF}$:

$$|\overrightarrow{AE}| = \left|\begin{pmatrix} 3 \\ 0 \\ -2 \end{pmatrix}\right| = \sqrt{3^2 + 0^2 + (-2)^2} = \sqrt{13}$$

$$|\overrightarrow{BF}| = \left|\begin{pmatrix} 0 \\ 3 \\ -2 \end{pmatrix}\right| = \sqrt{0^2 + 3^2 + (-2)^2} = \sqrt{13}$$

Die gegenüberliegenden Seiten $\overline{AE}$ und $\overline{BF}$ sind gleich lang.

c) Aus der angegebenen Ebenengleichung lässt sich ein Normalenvektor zur Ebene L bestimmen:

$$\vec{m} = \begin{pmatrix} 2 \\ 2 \\ 3 \end{pmatrix}$$

Ein Normalenvektor der x-y-Ebene (Untergrund) ist $\vec{n} = \begin{pmatrix} 0 \\ 0 \\ 1 \end{pmatrix}$.

Für den Winkel α, den die Ebene L mit der x-y-Ebene einschließt, gilt:

$$\cos\alpha = \frac{\vec{m}\circ\vec{n}}{|\vec{m}|\cdot|\vec{n}|} = \frac{\begin{pmatrix}2\\2\\3\end{pmatrix}\circ\begin{pmatrix}0\\0\\1\end{pmatrix}}{\sqrt{2^2+2^2+3^2}\cdot\sqrt{1^2}} = \frac{2\cdot 0+2\cdot 0+3\cdot 1}{\sqrt{17}} \approx \frac{3}{\sqrt{17}}$$

$$\alpha = \cos^{-1}\frac{3}{\sqrt{17}} \approx 43^\circ$$

Die Kletterwand schließt mit dem Untergrund einen Winkel von ca. $\underline{\underline{43^\circ}}$ ein.

Denkbar ist es auch, den Nebenwinkel 137° anzugeben.

d) Eine Geradengleichung für die Gerade durch E und F lautet:

$$g_{EF}\colon \vec{x} = \overrightarrow{OE} + r\cdot\overrightarrow{EF} = \begin{pmatrix}6\\0\\0\end{pmatrix} + r\cdot\begin{pmatrix}-6\\6\\0\end{pmatrix} \quad \text{mit } r\in\mathbb{R}$$

Für $0 \le r \le 1$ erhält man die Punkte der Strecke $\overline{EF}$.
Die Punktprobe für T' ergibt:

$$\begin{pmatrix}1\\5\\0\end{pmatrix} = \begin{pmatrix}6\\0\\0\end{pmatrix} + r_{T'}\cdot\begin{pmatrix}-6\\6\\0\end{pmatrix}$$

$$\begin{array}{ll} \text{I} & 1 = 6 - 6r_{T'} \\ \text{II} & 5 = 0 + 6r_{T'} \quad\Rightarrow\quad r_{T'} = \dfrac{5}{6} \\ \text{III} & 0 = 0 + 0r_{T'} \end{array}$$

Mit $r_{T'} = \frac{5}{6}$ in I erhält man:

$$1 = 6 - 6\cdot\frac{5}{6}$$

$$1 = 1$$

Für III folgt:

$$0 = 0 - 0\cdot\frac{5}{6}$$

$$0 = 0$$

Das Gleichungssystem ist für $r_{T'} = \frac{5}{6}$ erfüllt und $0 \le r_{T'} \le 1$, also liegt T' auf der Strecke $\overline{EF}$.

Ein Richtungsvektor der Sonnenstrahlen ist:

$$\overrightarrow{RR'} = \begin{pmatrix}-1\\-5\\-3\end{pmatrix}$$

S' liegt auf der Geraden mit dem Stützvektor $\overrightarrow{OS}$ und dem Richtungsvektor $\overrightarrow{RR'}$:

$$g\colon \vec{x} = \begin{pmatrix}8\\13\\3\end{pmatrix} + r\cdot\begin{pmatrix}-1\\-5\\-3\end{pmatrix} \quad \text{mit } r\in\mathbb{R}$$

Außerdem liegt S' auch in der x-y-Ebene, d. h. $z = 0$.

Damit ergibt sich folgendes Gleichungssystem:

$$\begin{pmatrix} x_{S'} \\ y_{S'} \\ 0 \end{pmatrix} = \begin{pmatrix} 8 \\ 13 \\ 3 \end{pmatrix} + r_{S'} \cdot \begin{pmatrix} -1 \\ -5 \\ -3 \end{pmatrix}$$

Die Gleichung für die z-Koordinate ist für $r_{S'} = 1$ erfüllt.

Damit ergibt sich für die x- und y-Koordinate:

$x_{S'}$: $8 - 1 = 7$

$y_{S'}$: $13 - 5 = 8$

$\underline{\underline{S'(7 \mid 8 \mid 0)}}$

Nun können die Punkte $S'(7 \mid 8 \mid 0)$, $R'(4 \mid 2 \mid 0)$ und $T'(1 \mid 5 \mid 0)$ eingezeichnet werden.

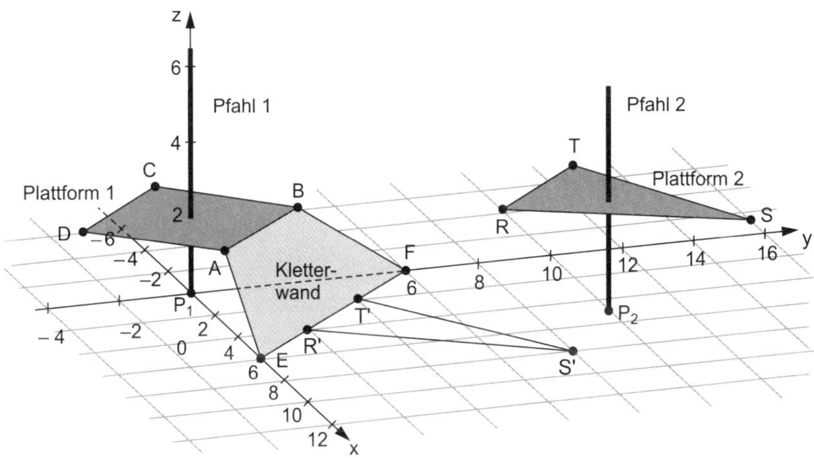

e) Mithilfe des Teilungsverhältnisses lassen sich die Koordinaten des Punktes U bestimmen, in dem das Seil die Strecke zwischen R und T berührt.
Durch den Befestigungspunkt am Pfahl 1 und U ist dann die Gerade gegeben, auf der das Seil verläuft. Den Befestigungspunkt am Pfahl 2 erhält man als Schnittpunkt dieser Geraden mit der Geraden durch P_2, die senkrecht zur x-y-Ebene verläuft. Aus der z-Koordinate erhält man den Abstand zur Plattform 2.

Gewinnspiel BE

Bei einem Schulfest wird ein Gewinnspiel angeboten. Dafür befinden sich in einem Topf äußerlich nicht sichtbar 2 schwarze Kugeln und 4 weiße Kugeln.
Bei einem Spiel werden zwei Kugeln mit einem Griff, also ohne Zurücklegen, aus dem Topf gezogen.
Der Einsatz für ein Spiel beträgt 1 €. Nur wenn unter den zwei gezogenen Kugeln keine schwarze Kugel ist, gewinnt der Spieler. In diesem Fall werden ihm 2 € ausgezahlt. In allen anderen Fällen ist der Einsatz verloren.
Nach jedem Spiel werden die beiden Kugeln wieder in den Topf gelegt.

a) Weisen Sie nach, dass die Wahrscheinlichkeit für einen Gewinn $p = 0{,}4$ beträgt. 2

b) Ein Spieler spielt das Spiel 10-mal.
Berechnen Sie die Wahrscheinlichkeit der folgenden Ereignisse.
A: Er gewinnt genau 4 der 10 Spiele.
B: Er gewinnt das erste Spiel und von den übrigen 9 noch höchstens eins. 5

c) Die Wahrscheinlichkeit für das Ereignis
C: „Wenigstens eins von n Spielen wird gewonnen" ist P(C).
Eine Spielerin behauptet, dass P(C) kleiner wird, wenn n größer wird.
Entscheiden Sie anhand der Berechnung von zwei gewählten Wahrscheinlichkeiten, ob die Behauptung richtig ist. 5

d) Zeigen Sie, dass das Spiel aus Sicht des Anbieters auf lange Sicht gewinnbringend ist. 2

e) Ein Teilnehmer schlägt vor, die Anzahl der Kugeln so zu erhöhen, dass das Spiel fair wird. Dazu soll die Anzahl der weißen Kugeln um 11 erhöht werden und die der schwarzen Kugeln um die Anzahl x.
Gezogen werden jetzt wieder 2 Kugeln mit einem Griff und gewonnen wird nur, wenn keine schwarze Kugel unter den zwei gezogenen Kugeln ist.
Zeigen Sie, dass mit der Zugabe von $x = 2$ schwarzen Kugeln die Gewinnwahrscheinlichkeit nicht $q = 0{,}5$ beträgt, das Spiel also nicht fair ist.
Ermitteln Sie, wie viele schwarze Kugeln in den Topf zugegeben werden müssen, damit das Spiel fair wird. 6

20

Tipps und Hinweise zur Lösung von Aufgabe 3.1

Tipp zu Teilaufgabe a

- Die Gewinnwahrscheinlichkeit entspricht der Wahrscheinlichkeit, zwei weiße Kugeln zu ziehen. Berechnen Sie also P(weiß, weiß).

Tipps zu Teilaufgabe b

- Die Zufallsgröße X: „Anzahl der gewonnenen Spiele“ ist binomialverteilt mit $n=10$ und $p=0{,}4$.
- Berechnen Sie die Wahrscheinlichkeit des Ereignisses A: $P(A)=P(X=4)$
- Zur Berechnung der Wahrscheinlichkeit des Ereignisses B muss man das Ereignis als zweistufiges Zufallsexperiment modellieren: $P(A)=0{,}4\cdot P(X\leq 1)$

Tipps zu Teilaufgabe c

- Die Wahrscheinlichkeit des Ereignisses C lässt sich mithilfe des Gegenereignisses („von n Spielen werden alle verloren“) berechnen: $P(C)=P(X\geq 1)=1-P(X=0)$
- Die Behauptung der Spielerin lässt sich durch ein Gegenbeispiel entkräften. Berechnen Sie P(C) z. B. für $n=5$ und $n=10$.

Tipp zu Teilaufgabe d

- Berechnen Sie den Erwartungswert E(Y) der Zufallsgröße Y: „Gewinn“. Zeigen Sie, dass $E(Y)>0$ ist.

Tipps zu Teilaufgabe e

- Berechnen Sie die Gewinnwahrscheinlichkeit q, d. h. die Wahrscheinlichkeit, zwei weiße Kugeln zu ziehen. Zeigen Sie, dass $q\neq 0{,}5$ ist.
- Stellen Sie für die Gewinnwahrscheinlichkeit q eine Gleichung auf, in der die Variable x die Anzahl der hinzuzugebenden schwarzen Kugeln bezeichnet.
- Berechnen Sie für $q=0{,}5$ den Wert von x.

Lösungen zu Aufgabe 3.1

a) Der Spieler erhält genau dann einen Gewinn, wenn er zwei weiße Kugeln zieht. Die Wahrscheinlichkeit, einen Gewinn zu erzielen, beträgt also:

$$P(\text{weiß, weiß}) = \frac{4}{6} \cdot \frac{3}{5} = \underline{\underline{0,4}} = \underline{\underline{40\ \%}}$$

b) Die Zufallsgröße X: „Anzahl der gewonnenen Spiele" ist binomialverteilt mit der Anzahl n = 10 und der Wahrscheinlichkeit p = 0,4.

Die Wahrscheinlichkeit des Ereignisses A: „Der Spieler gewinnt genau 4 der 10 Spiele" beträgt:

$$P(A) = P(X = 4) = \binom{10}{4} \cdot 0,4^4 \cdot 0,6^6 \approx \underline{\underline{0,251}} = \underline{\underline{25,1\ \%}}$$

Die Wahrscheinlichkeit des Ereignisses B: „Der Spieler gewinnt das erste Spiel und von den übrigen 9 noch höchstens eins" lässt sich berechnen, indem man das Ereignis als zweistufiges Zufallsexperiment modelliert.

$$P(B) = 0,4 \cdot P(X \le 1) = 0,4 \cdot (P(X = 0) + P(X = 1))$$

$$= 0,4 \cdot \left(\binom{9}{0} \cdot 0,4^0 \cdot 0,6^9 + \binom{9}{1} \cdot 0,4^1 \cdot 0,6^8 \right) \approx \underline{\underline{0,028}} = \underline{\underline{2,8\ \%}}$$

c) Die Wahrscheinlichkeit, dass wenigstens eines von n Spielen gewonnen wird, lässt sich mithilfe der Gegenwahrscheinlichkeit („von n Spielen werden alle verloren") berechnen:

$$P(C) = P(X \ge 1) = 1 - P(X = 0)$$

Die Behauptung der Spielerin lässt sich durch ein Gegenbeispiel entkräften:

Für n = 5 ergibt sich: $P(C) = 1 - 0,6^5 \approx 0,922$

Für n = 10 ergibt sich: $P(C) = 1 - 0,6^{10} \approx 0,994$

Da 0,994 > 0,922, wird P(C) bei größerem n nicht kleiner. Die Behauptung ist falsch.

d) Für den Erwartungswert der Zufallsgröße Y: „Gewinn" gilt:

$$E(Y) = 0,4 \cdot (-1\ €) + 0,6 \cdot 1\ € = 0,20\ €$$

Der Anbieter gewinnt also durchschnittlich 0,20 € pro Spiel. Somit ist das Spiel aus Sicht des Anbieters auf lange Sicht gewinnbringend.

e) Nach Erhöhung der Anzahl der weißen Kugeln um 11 und der Zugabe von x = 2 schwarzen Kugeln befinden sich in dem Topf 15 weiße und 4 schwarze Kugeln, also insgesamt 19 Kugeln.

Die Gewinnwahrscheinlichkeit, d. h. die Wahrscheinlichkeit, zwei weiße Kugeln zu ziehen, beträgt:

$$q = \frac{15}{19} \cdot \frac{14}{18} = \underline{\underline{\frac{35}{57} \ne 0,5}}$$

Das Spiel ist also nicht fair.

Um zu ermitteln, wie viele schwarze Kugeln hinzugegeben werden müssen, damit das Spiel fair wird, bezeichne x die Anzahl der hinzuzugebenden schwarzen Kugeln. Neben 15 weißen Kugeln befinden sich also $2+x$ schwarze Kugeln im Topf.
Die Gewinnwahrscheinlichkeit beträgt dann:

$$q=\frac{15}{17+x}\cdot\frac{14}{16+x}$$

Für $q=0{,}5$ ergibt sich also folgende Gleichung:

$$\frac{15}{17+x}\cdot\frac{14}{16+x}=0{,}5$$

$$0{,}5\cdot(17+x)\cdot(16+x)=210$$

$$272+33x+x^2=420$$

$$x^2+33x-148=0$$

$$x_{1/2}=-16{,}5\pm\sqrt{(16{,}5)^2+148}=-16{,}5\pm 20{,}5$$

$$x_1=4 \lor x_2=-37$$

Von den Lösungen dieser Gleichung ist im Sachzusammenhang nur $x_1=4$ sinnvoll.
Somit müssen vier schwarze Kugeln hinzugegeben werden, damit das Spiel fair wird.

Berlin – Mathematik Grundkurs
2018 – Aufgabe 3.2: Stochastik

Bildschirme BE

Eine Firma stellt Flachbildschirme her. Im Mittel ist einer von fünf hergestellten Bildschirmen fehlerhaft. Es soll angenommen werden, dass die Anzahl fehlerhafter Geräte unter zufällig ausgewählten Bildschirmen durch eine binomialverteilte Zufallsgröße beschrieben werden kann.

a) 50 Bildschirme werden zufällig ausgewählt. Bestimmen Sie die Wahrscheinlichkeiten der folgenden Ereignisse:
A: Von den ausgewählten Bildschirmen sind höchstens 8 fehlerhaft.
B: Von den ausgewählten Bildschirmen sind mehr als 10 und weniger als 15 fehlerhaft. 4

b) Bestimmen Sie die Anzahl fehlerhafter Bildschirme, die unter 250 zufällig ausgewählten Geräten mit der größten Wahrscheinlichkeit auftritt. 2

c) Beurteilen Sie die folgende Aussage:
„Wird eine Stichprobe von Bildschirmen um einen zufällig ausgewählten Bildschirm ergänzt, so ist die Wahrscheinlichkeit dafür, dass alle Geräte fehlerfrei sind, nach der Ergänzung geringer als vorher." 3

d) Der Herstellungsprozess soll verbessert werden. Damit soll erreicht werden, dass die Wahrscheinlichkeit dafür, dass unter 25 zufällig ausgewählten Bildschirmen keiner fehlerhaft ist, mindestens 10 % beträgt.
Ermitteln Sie, wie groß der Anteil fehlerhafter Geräte nach der Verbesserung höchstens sein darf. 4

Fehler der Bildschirme treten am häufigsten in Form eines defekten Displays sowie in Form eines defekten Netzteils auf. Für einen zufällig ausgewählten Bildschirm beträgt die Wahrscheinlichkeit dafür, dass

- das Display defekt ist, 10,7 %,
- weder das Display noch das Netzteil defekt ist, 87,3 %,
- das Netzteil defekt ist, 3,0 %.

e) Stellen Sie den Sachverhalt in einer vollständig ausgefüllten Vierfeldertafel dar. 3

f) Berechnen Sie die Wahrscheinlichkeit dafür, dass ein zufällig ausgewählter Bildschirm mit defektem Display ein defektes Netzteil besitzt. 2

g) Jeder Bildschirm wird vor der Auslieferung abschließend geprüft. Von vierzig abschließend geprüften Bildschirmen, unter denen sechs fehlerhaft sind, werden nacheinander zehn zufällig ausgewählt.
Beurteilen Sie, ob die Anzahl fehlerhafter Bildschirme unter den ausgewählten binomialverteilt ist. 2

20

Summierte Binomialverteilungen

Gerundet auf vier Nachkommastellen, weggelassen ist „0,“,
alle freien Plätze links unten enthalten 1,0000, rechts oben 0,0000.
Wird die Tabelle „von unten“ gelesen (p > 0,5), ist der richtige Wert 1 – (abgelesener Wert).

n	k	p: 0,05	0,10	$\frac{1}{6}$	0,20	0,25	0,30	$\frac{1}{3}$	0,40	0,45	0,50	k	n
50	**0**	0769	0052	0001								**49**	50
	1	2794	0338	0012	0002							**48**	
	2	5405	1117	0066	0013	0001						**47**	
	3	7604	2503	0238	0057	0005						**46**	
	4	8964	4312	0643	0185	0021	0002					**45**	
	5	9622	6161	1388	0480	0070	0007	0001				**44**	
	6	9882	7702	2506	1034	0194	0025	0005				**43**	
	7	9968	8779	3911	1904	0453	0073	0017				**42**	
	8	9992	9421	5421	3073	0916	0183	0050	0002			**41**	
	9	9998	9755	6830	4437	1637	0402	0127	0008	0001		**40**	
	10		9906	7986	5836	2622	0789	0284	0022	0002		**39**	
	11		9968	8827	7107	3816	1390	0570	0057	0006		**38**	
	12		9990	9373	8139	5110	2229	1035	0133	0018	0002	**37**	
	13		9997	9693	8894	6370	3279	1715	0280	0045	0005	**36**	
	14		9999	9862	9393	7481	4468	2612	0540	0104	0013	**35**	
	15			9943	9692	8369	5692	3690	0955	0220	0033	**34**	
	16			9978	9856	9017	6839	4868	1561	0427	0077	**33**	
	17			9992	9937	9449	7822	6046	2369	0765	0164	**32**	
	18			9997	9975	9713	8594	7126	3356	1273	0325	**31**	
	19			9999	9991	9861	9152	8036	4465	1974	0595	**30**	
	20				9997	9937	9522	8741	5610	2862	1013	**29**	
	21				9999	9974	9749	9244	6701	3900	1611	**28**	
	22					9990	9877	9576	7660	5019	2399	**27**	
	23					9996	9944	9778	8438	6134	3359	**26**	
	24					9999	9976	9892	9022	7160	4439	**25**	
	25						9991	9951	9427	8034	5561	**24**	
	26						9997	9979	9686	8721	6641	**23**	
	27						9999	9992	9840	9220	7601	**22**	
	28							9997	9924	9556	8389	**21**	
	29							9999	9966	9765	8987	**20**	
	30								9986	9884	9405	**19**	
	31								9995	9947	9675	**18**	
	32								9998	9978	9836	**17**	
	33								9999	9991	9923	**16**	
	34									9997	9967	**15**	
	35									9999	9987	**14**	
	36										9995	**13**	
	37										9998	**12**	
n	k	0,95	0,90	$\frac{5}{6}$	0,80	0,75	0,70	$\frac{2}{3}$	0,60	0,55	0,50: p	k	n

Tipps und Hinweise zur Lösung von Aufgabe 3.2

Tipps zu Teilaufgabe a

- Die Zufallsgröße X: „Anzahl der fehlerhaften Bildschirme“ ist binomialverteilt. Da 50 Bildschirme ausgewählt werden, beträgt $n = 50$. Die Wahrscheinlichkeit, einen defekten Bildschirm auszuwählen, ist $p = \frac{1}{5} = 0{,}2$.
- Die gesuchten Wahrscheinlichkeiten lassen sich mithilfe der Anlage zu Aufgabe 3.2 („Summierte Binomialverteilungen“) bestimmen.

Tipps zu Teilaufgabe b

- Der Erwartungswert μ berechnet sich bei der Binomialverteilung mit der Formel $\mu = n \cdot p$.
- Da hier aus 250 Bildschirmen zufällig ausgewählt wird, beträgt $n = 250$.

Tipps zu Teilaufgabe c

- Geben Sie einen Term für die Wahrscheinlichkeit, dass bei n Bildschirmen alle Geräte fehlerfrei sind, an.
- Untersuchen Sie, wie sich dieser Term für die Wahrscheinlichkeit, dass bei $n + 1$ Bildschirmen alle Geräte defekt sind, verändert.

Tipps zu Teilaufgabe d

- Stellen Sie mithilfe der Bernoulli-Formel eine Gleichung für $P(X = 0)$ mit $n = 25$ auf.
- Berechnen Sie unter der Voraussetzung, dass $P(X = 0) \geq 0{,}1$ ist, den Anteil der fehlerhaften Geräte.

Tipp zu Teilaufgabe e

- Stellen Sie eine Vierfeldertafel auf. Dabei bezeichnen die Spalten die Ereignisse D: „Das Display ist defekt.“ und $\overline{D}$: „Das Display ist nicht defekt.“. Die Zeilen bezeichnen die Ereignisse N: „Das Netzteil ist defekt.“ und $\overline{N}$: „Das Netzteil ist nicht defekt.“.

Tipps zu Teilaufgabe f

- Berechnen Sie die bedingte Wahrscheinlichkeit $P_D(N) = \frac{P(N \cap D)}{P(D)}$.
- Ziehen Sie zur Berechnung die in Teilaufgabe e erstellte Vierfeldertafel heran.

Tipp zu Teilaufgabe g

- Betrachten Sie, ob unter den angegebenen Versuchsbedingungen die Wahrscheinlichkeit, einen fehlerhaften Bildschirm zu finden, konstant bleibt.

Lösungen zu Aufgabe 3.2

a) Die Zufallsgröße X: „Anzahl der fehlerhaften Bildschirme" ist binomialverteilt. Da im Mittel einer von fünf Bildschirmen fehlerhaft ist, beträgt die Wahrscheinlichkeit, einen defekten Bildschirm auszuwählen, $p = \frac{1}{5} = 0,2$.

Da 50 Bildschirme ausgewählt werden, beträgt $n = 50$.
Die gesuchten Wahrscheinlichkeiten lassen sich mithilfe der Anlage zu Aufgabe 3.2 („Summierte Binomialverteilungen") bestimmen.

Die Wahrscheinlichkeit des Ereignisses A: „Von den ausgewählten Bildschirmen sind höchstens 8 fehlerhaft" beträgt:

$$P(A) = P(X \leq 8) = \underline{\underline{0,3073}} = \underline{\underline{30,73\ \%}}$$

Die Wahrscheinlichkeit des Ereignisses B: „Von den ausgewählten Bildschirmen sind mehr als 10 und weniger als 15 fehlerhaft" beträgt:

$$P(B) = P(10 < X < 15) = P(11 \leq X \leq 14) = P(X \leq 14) - P(X \leq 10)$$
$$= 0,9393 - 0,5836 = \underline{\underline{0,3557}} = \underline{\underline{35,57\ \%}}.$$

b) Der Erwartungswert μ ist bei der Binomialverteilung $\mu = n \cdot p$.

Da zufällig aus 250 Bildschirmen ausgewählt wird, ist $n = 250$.

Die Anzahl fehlerhafter Bildschirme unter 250 zufällig ausgewählten Geräten beträgt:

$$\mu = n \cdot p = 250 \cdot 0,2 = \underline{\underline{50}}$$

c) Die Wahrscheinlichkeit, dass bei n Bildschirmen alle Geräte fehlerfrei sind, beträgt $(1 - 0,2)^n = 0,8^n$. Erhöht man die Anzahl der Bildschirme um eins, beträgt die Wahrscheinlichkeit, dass alle Geräte fehlerfrei sind, $(1 - 0,2)^{n+1} = 0,8^{n+1}$.

Es gilt $0,8^{n+1} < 0,8^n$. Daher ist die zu beurteilende Aussage $\underline{\underline{\text{richtig}}}$.

d) Wenn x den Anteil der fehlerhaften Geräte bezeichnet, dann ist für $n = 25$:

$$P(X - 0) - \binom{25}{0} \cdot x^0 \cdot (1 - x)^{25} - 1 \cdot 1 \cdot (1 - x)^{25}$$

Da die Wahrscheinlichkeit, dass unter 25 zufällig ausgewählten Bildschirmen keiner fehlerhaft ist, mindestens 10 % (d. h. 10 % oder mehr) betragen soll, muss gelten:

$$(1 - x)^{25} \geq 0,1$$
$$1 - x \geq \sqrt[25]{0,1}$$
$$x \leq 1 - \sqrt[25]{0,1}$$
$$x \leq 0,088$$

Der Anteil der fehlerhaften Geräte darf also $\underline{\underline{\text{höchstens } 8,8\ \%}}$ betragen.

e) Für die Ereignisse werden folgende Bezeichnungen gewählt:

D: „Das Display ist defekt.“ ($\overline{D}$: „Das Display ist nicht defekt.“)

N: „Das Netzteil ist defekt.“ ($\overline{N}$: „Das Netzteil ist nicht defekt.“)

	D	$\overline{D}$	Summe
N	1,0 %	2,0 %	**3,0 %**
$\overline{N}$	9,7 %	**87,3 %**	97,0 %
Summe	**10,7 %**	89,3 %	100 %

Die fett gedruckten Zahlenwerte können direkt aus der Aufgabenstellung entnommen werden. Der Rest wird berechnet mit dem Wissen, dass die Gesamtsumme 100 % sein muss.

f) Die bedingte Wahrscheinlichkeit, dass ein zufällig ausgewählter Bildschirm mit defektem Display auch ein defektes Netzteil besitzt, beträgt:

$$P_D(N) = \frac{P(N \cap D)}{P(D)} = \frac{0{,}01}{0{,}107} = \underline{\underline{9{,}3\,\%}}$$

Die benötigten Werte $P(N \cap D) = 0{,}01$ und $P(D) = 0{,}107$ lassen sich aus der Vierfeldertafel (Teilaufgabe e) leicht ablesen.

g) Die Anzahl fehlerhafter Bildschirme unter den ausgewählten ist nicht binomialverteilt.

Denn beim Auswählen von Bildschirmen aus den 40 Bildschirmen ändert sich die Wahrscheinlichkeit, einen fehlerhaften zu ziehen, bei jedem Zug.

Berlin – Mathematik Grundkurs
2019 – Aufgabe 1: hilfsmittelfreier Teil

Analysis 1 BE

Eine Funktion f ist gegeben durch $f(x) = -5x^4 - 3x^2 + x;\ x \in \mathbb{R}$.

a) Ermitteln Sie die Gleichung der Ableitungsfunktion f'.
Geben Sie die Gleichung einer Stammfunktion F von f an. 2

b) Der Graph von f hat ein Maximum an der Stelle x_{Max}.
Geben Sie ein Intervall der Länge 1 an, in dem die Stelle x_{Max} liegen muss.
Begründen Sie Ihre Angabe. 3

Analysis 2

Gegeben sind die in $\mathbb{R}$ definierten Funktionen g mit $g(x) = x^2 - 3$ und h mit $h(x) = -x^2 + 2x + 1$.

a) Zeigen Sie, dass sich die Graphen von g und h nur für $x = -1$ und $x = 2$ schneiden. 2

b) Berechnen Sie den Inhalt der Fläche, die die Graphen von g und h einschließen. 3

Geometrie

Gegeben ist eine Gerade g durch die Gleichung

$$g\colon\ \vec{x} = \begin{pmatrix} 5 \\ 3 \\ 6 \end{pmatrix} + r \cdot \begin{pmatrix} 2 \\ -5 \\ -1 \end{pmatrix};\ r \in \mathbb{R}.$$

a) • Geben Sie eine Gleichung einer Geraden p an, die echt parallel zu g verläuft.
• Geben Sie eine Gleichung einer Geraden s an, die g senkrecht schneidet. 3

b) Entscheiden Sie begründet, ob jede mögliche Gerade s auch die Gerade p schneidet. 2

Stochastik

Ein Chor besteht aus zwölf Frauen und neun Männern; eine der Frauen leitet den Chor. An einer Preisverleihung dürfen zwei Mitglieder des Chors teilnehmen.

a) Zunächst geht man davon aus, dass die Leiterin des Chors an der Preisverleihung teilnimmt und das zweite Mitglied zufällig ausgewählt wird. Geben Sie für diesen Fall die Wahrscheinlichkeit dafür an, dass das zweite Mitglied eine Frau ist. 1

Da die Leiterin an der Preisverleihung nicht teilnehmen kann, werden zwei der anderen Mitglieder zufällig ausgewählt.

b) Begründen Sie, ohne zu rechnen, dass die Wahrscheinlichkeit dafür, dass zwei Frauen ausgewählt werden, größer ist als die Wahrscheinlichkeit dafür, dass zwei Männer ausgewählt werden. 1

c) Geben Sie einen Term an für die Wahrscheinlichkeit, dass eine Frau und ein Mann ausgewählt werden. 3

20

Tipps und Hinweise zur Lösung von Aufgabe 1

Tipps zu Analysis 1

a) Mögliche Stammfunktionen erhält man wie folgt:

$$F(x) = \int f(x)\,dx$$

Beachten Sie, dass nach *einer* und nicht *der* Stammfunktion gefragt ist. Es gibt mehrere Lösungsmöglichkeiten und man kann auftretende Parameter frei wählen.

b) Notwendiges Kriterium für eine Extremstelle x_E ist $f'(x_E) = 0$.

Versuchen Sie nicht, die Extremstelle x_E exakt zu berechnen, sondern finden Sie durch geschicktes Einsetzen geeigneter x-Werte ein Intervall, in dem eine Nullstelle der ersten Ableitung liegen muss. Grundsätzlich eignen sich zum Einsetzen kleine, ganzzahlige x-Werte. Insbesondere sollten Sie bei dieser und vergleichbaren Aufgaben stets die Werte $x_1 = 0$, $x_2 = 1$, $x_3 = -1$, $x_4 = 2$ und $x_5 = -2$ ausprobieren.

Vergessen Sie nicht, mithilfe eines hinreichenden Kriteriums zu erklären, warum es sich bei der Extremstelle um ein Maximum handelt.

Tipps zu Analysis 2

a) Grundsätzlich kann es sinnvoll sein, sich vor dem Lösen einer Analysisaufgabe zu überlegen, von welcher Art die gegebenen Funktionen sind und wie ihre Graphen ungefähr verlaufen.

Für eine Stelle x_S, an der sich die Graphen der Funktionen g und h schneiden, gilt: $g(x_S) = h(x_S)$

b) Zu berechnen ist der Inhalt der Fläche, die die Funktionen g und h im Intervall $[-1; 2]$ einschließen.

Prüfen Sie zunächst, wie die Graphen der Funktionen g und h im Intervall $[-1; 2]$ verlaufen.

Berechnen Sie dann den Flächeninhalt mithilfe eines bestimmten Integrals.

Tipps zu Geometrie

a) Zur Aufstellung der Gleichung einer zu g echt parallelen Geraden p müssen Sie für p einen zum Richtungsvektor von g kollinearen Vektor als Richtungsvektor (Bedingung der Parallelität) und einen Stützvektor zu einem Punkt wählen, der nicht auf der Geraden g liegt (Bedingung der echten Parallelität).

Zur Aufstellung der Gleichung einer Geraden s, die g senkrecht schneidet, müssen Sie für s einen zum Richtungsvektor von g senkrechten Vektor als Richtungsvektor (Bedingung der Orthogonalität) wählen.

Für zwei zueinander senkrechte Vektoren gilt, dass ihr Skalarprodukt null ist. Außerdem müssen Sie durch die Wahl eines geeigneten Stützvektors sicherstellen, dass sich die Geraden schneiden und nicht windschief zueinander verlaufen.

b) Bedenken Sie, dass zwei Geraden, die sich schneiden oder echt parallel zueinander verlaufen, eine Ebene aufspannen.

Beachten Sie, dass lediglich eine Begründung und keine Berechnung verlangt ist.

Tipps zu Stochastik

a) Überlegen Sie, aus wie vielen Personen das zweite Mitglied, das an der Preisverleihung teilnehmen darf, ausgewählt wird und wie viele Frauen es unter diesen Personen gibt.

Der Quotient aus der Anzahl der Frauen und der Gesamtanzahl der zur Auswahl stehenden Personen gibt die Wahrscheinlichkeit dafür an, dass als zweites Mitglied, das an der Preisverleihung teilnimmt, eine Frau ausgewählt wird.

b) Verwenden Sie die Anzahl der Männer und Frauen innerhalb der Gruppe für Ihre Begründung.

c) Zur Aufstellung eines Terms zur Angabe der Wahrscheinlichkeit, dass eine Frau und ein Mann ausgewählt werden, kann man das Modell des Ziehens ohne Zurücklegen anwenden.

Die Aufgabe ist ganz analog zur Fragestellung, wie wahrscheinlich es ist, beim zweimaligen Ziehen ohne Zurücklegen eine rote und eine grüne Kugel aus einer Urne mit elf roten und neun grünen Kugeln zu ziehen.

Es ist keine Berechnung des Terms verlangt.

Lösungen zu Aufgabe 1

Analysis 1

a) Die Gleichung der Ableitungsfunktion f'(x) lautet:

$$f'(x) = -20x^3 - 6x + 1$$

Die Gleichung aller möglichen Stammfunktionen F(x) lautet:

$$F(x) = \int (-5x^4 - 3x^2 + x)\,dx = -x^5 - x^3 + \frac{1}{2}x^2 + C; \quad C \in \mathbb{R}$$

Da nur nach *einer* Stammfunktion gefragt ist, lässt sich C beliebig wählen.

Mit $C = 0$ erhält man:

$$F(x) = -x^5 - x^3 + \frac{1}{2}x^2$$

b) Notwendiges Kriterium für eine Extremstelle x_E ist $f'(x_E) = 0$.

Durch Einsetzen von $x_1 = 0$ und $x_2 = 1$ lässt sich zeigen, dass die Ableitungsfunktion f'(x) im Intervall [0; 1] eine Nullstelle haben muss. Denn $f'(0) = 1 > 0$ und $f'(1) = -25 < 0$.

Wichtiger Hinweis: Versuchen Sie nicht, im hilfsmittelfreien Teil die Nullstelle exakt zu berechnen!

Die Funktion f(x) hat also im Intervall [0; 1] eine Extremstelle. Da der Vorzeichenwechsel der Ableitungsfunktion von + nach – erfolgt, handelt es sich um ein Maximum.

Alternativ lässt sich auch mit der zweiten Ableitung argumentieren:
Da $f''(x) = -60x^2 - 6$ für alle $x \in \mathbb{R}$ negativ ist, gilt für eine Extremstelle x_E im Intervall [0; 1]: $f''(x_E) < 0$. Folglich handelt es sich um ein Maximum.

Analysis 2

a) Man kann folgende Vorüberlegung anstellen: Bei den Funktionen g und h handelt es sich um zwei Parabeln, die höchstens zwei Schnittpunkte haben können.

Für eine Stelle x_S, an der sich die Graphen der Funktionen g und h schneiden, gilt:
$g(x_S) = h(x_S)$
Daher reicht es, wenn Sie zeigen, dass an den in der Aufgabenstellung gegebenen Stellen $x_1 = -1$ und $x_2 = 2$ die Funktionswerte der Funktionen g und h gleich sind.

$$g(-1) = (-1)^2 - 3 = -2$$
$$h(-1) = -(-1)^2 + 2 \cdot (-1) + 1 = -1 - 2 + 1 = -2$$
$$g(2) = 2^2 - 3 = 1$$
$$h(2) = -2^2 + 2 \cdot 2 + 1 = 1$$

Alternativ können Sie die Gleichung mithilfe der p-q-Formel lösen:

$$x_S{}^2 - 3 = -x_S{}^2 + 2x_S + 1$$
$$2x_S{}^2 - 2x_S - 4 = 0$$
$$x_S{}^2 - x_S - 2 = 0$$

$$x_{S_{1/2}} = \frac{1}{2} \mp \sqrt{\left(-\frac{1}{2}\right)^2 + 2} = \frac{1}{2} \mp \sqrt{\frac{1}{4} + \frac{8}{4}} = \frac{1}{2} \mp \sqrt{\frac{9}{4}} = \frac{1}{2} \mp \frac{3}{2}$$

$$x_{S_1} = -1; \quad x_{S_2} = 2$$

b) Gesucht ist der Inhalt der Fläche, die im Intervall [–1; 2] von den Graphen der Funktionen g und h eingeschlossen wird. Im Intervall [–1; 2] verläuft der Graph von h oberhalb des Graphen von g. Für alle $x \in [-1; 2]$ gilt also: $h(x) \geq g(x)$

Der Flächeninhalt A lässt sich folglich mit dem bestimmten Integral $\int_{-1}^{2} (h(x) - g(x))\,dx$ berechnen:

$$A = \int_{-1}^{2} (h(x) - g(x))\,dx = \int_{-1}^{2} ((-x^2 + 2x + 1) - (x^2 - 3))\,dx = \int_{-1}^{2} (-2x^2 + 2x + 4)\,dx$$

$$= \left[-\frac{2}{3}x^3 + x^2 + 4x\right]_{-1}^{2} = -\frac{2}{3} \cdot 2^3 + 2^2 + 4 \cdot 2 - \left(-\frac{2}{3} \cdot (-1)^3 + (-1)^2 + 4 \cdot (-1)\right)$$

$$= -\frac{16}{3} + 4 + 8 - \left(\frac{2}{3} + 1 - 4\right) = -\frac{16}{3} + 4 + 8 - \frac{2}{3} - 1 + 4 = -\frac{18}{3} + 15$$

$$= -6 + 15 = 9\,[\text{FE}]$$

Der Inhalt der Fläche, die von den Graphen von g und h eingeschlossen wird, beträgt 9 FE.

Geometrie

a) Die Gleichung einer Geraden p, die echt parallel zur Geraden g verläuft, muss zwei Bedingungen erfüllen:

- Der Richtungsvektor muss kollinear zum Richtungsvektor der Geraden g sein. Man kann demnach einfach den Richtungsvektor der Geraden g verwenden.
- Der Endpunkt des Stützvektors darf nicht auf der Geraden g liegen.

Eine mögliche Gleichung einer Geraden p, die echt parallel zur Geraden g verläuft, ist z. B.:

$$p: \vec{x} = \begin{pmatrix} 5 \\ 4 \\ 6 \end{pmatrix} + k \cdot \begin{pmatrix} 2 \\ -5 \\ -1 \end{pmatrix}; \quad k \in \mathbb{R}$$

Die Gleichung einer Geraden s, die g senkrecht schneidet, muss zwei Bedingungen erfüllen:

- Der Richtungsvektor muss senkrecht zum Richtungsvektor der Geraden g sein. Das Skalarprodukt zweier senkrechter Vektoren ist null.
  Entsprechend muss gelten:

$$\begin{pmatrix} 2 \\ -5 \\ -1 \end{pmatrix} \circ \begin{pmatrix} x_s \\ y_s \\ z_s \end{pmatrix} = 2x_s - 5y_s - z_s = 0$$

  Dies trifft z. B. auf den Vektor $\begin{pmatrix} 1 \\ 0 \\ 2 \end{pmatrix}$ zu.

- Die Gerade s muss einen Schnittpunkt mit der Geraden g haben. Als Stützvektor kann man den Ortsvektor zu diesem Schnittpunkt wählen (d. h. Stützvektor der Geraden g).

  Eine mögliche Gleichung einer Geraden s, die die Gerade g senkrecht schneidet, ist z. B.:

  $$s: \vec{x} = \begin{pmatrix} 5 \\ 3 \\ 6 \end{pmatrix} + t \cdot \begin{pmatrix} 1 \\ 0 \\ 2 \end{pmatrix}; \quad t \in \mathbb{R}$$

b) Die Geraden p und g legen eine Ebene fest. Man kann die Gerade s so wählen, dass s nicht in dieser Ebene liegt und trotzdem die Gerade g im rechten Winkel schneidet. Dann hat sie keinen Schnittpunkt mit der Geraden p. Also schneidet nicht jede mögliche Gerade s auch die Gerade p.

Stochastik

a) Der Chor besteht aus $12 + 9 = 21$ Personen. Ohne Chorleiterin sind es 20 Personen, elf Frauen und neun Männer. Die Wahrscheinlichkeit, dass als zweites Mitglied, das an der Preisverleihung teilnimmt, eine Frau ausgewählt wird, beträgt:

$$p = \frac{\text{Anzahl der Frauen}}{\text{Gesamtanzahl der zur Auswahl stehenden Personen}} = \frac{11}{20}$$

b) In der Gruppe der auszuwählenden Personen gibt es mehr Frauen als Männer. Daher ist die Wahrscheinlichkeit dafür, dass zwei Frauen ausgewählt werden, größer als die Wahrscheinlichkeit dafür, dass zwei Männer ausgewählt werden.

c) Zur Aufstellung eines Terms zur Angabe der Wahrscheinlichkeit, dass bei der Auswahl von zwei Personen aus einer Gruppe von elf Frauen und neun Männern genau eine Frau und ein Mann ausgewählt werden, kann man das Modell des Ziehens ohne Zurücklegen (hypergeometrische Verteilung) zugrunde legen:

$$p = \frac{\binom{11}{1} \cdot \binom{9}{1}}{\binom{20}{2}}$$

Berlin – Mathematik Grundkurs
2019 – Aufgabe 2.1: Analysis

Kiri-Bäume

BE

Kiri-Bäume wachsen außergewöhnlich schnell. Die Holzmasse eines Kiri-Baums nimmt ca. 10-mal so schnell zu wie die einer Eiche. Ursprünglich kommt der Kiri-Baum aus Südost-Asien, aber er wird auch in Europa zur Holzproduktion gepflanzt. Zurzeit wird untersucht, unter welchen Bedingungen Kiri-Bäume besonders gut wachsen.

Darstellung der Prüfungskommission

Das Wachstum eines Baums A kann für $t \geq 0$ bis zum Erreichen der maximalen Höhe näherungsweise durch die Funktion h mit $h(t) = -0{,}1 \cdot t^4 + 20 \cdot t^2$ beschrieben werden. Dabei gibt t die Zeit in Jahren und h(t) die Höhe in cm an.

a) Bestimmen Sie die Höhe des Baums A nach 2 Jahren und nach 8 Jahren. Berechnen Sie die maximale Höhe des Baums A. Geben Sie an, wie viele Jahre der Baum A wächst. 10

b) Berechnen Sie die höchste Wachstumsgeschwindigkeit des Baums A in cm/Jahr. Es genügt die Bearbeitung mit dem notwendigen Kriterium. 4

Das Wachstum eines anderen Baums B kann für $t \geq 0$ bis zum Erreichen der maximalen Höhe näherungsweise durch die Funktion g mit $g(t) = at^3 + bt^2$ beschrieben werden.
Dabei gibt t die Zeit in Jahren und g(t) die Höhe in cm an.

c) Der Baum B ist nach 5 Jahren 500 cm hoch und seine Wachstumsgeschwindigkeit beträgt zu diesem Zeitpunkt 150 cm/Jahr. Ermitteln Sie die Funktionsgleichung der Funktion g.
[*Kontrollergebnis:* $g(t) = -2t^3 + 30t^2$] 5

d) Die Bäume A und B beginnen gleichzeitig mit ihrem Wachstum (bei $t = 0$). Geben Sie die Höhe der Bäume A und B zum Beobachtungsbeginn an. Berechnen Sie, zu welchen Zeiten der Baum A und der Baum B die gleichen Wachstumsgeschwindigkeiten besitzen. 7

e) Untersuchen Sie, zu welchen Zeiten die Wachstumsgeschwindigkeiten der Bäume A und B am stärksten voneinander abweichen. Die Anwendung einer hinreichenden Bedingung wird nicht gefordert. 4

f) In dem Koordinatensystem in der Anlage ist der Graph der Funktion h' bereits eingezeichnet.
Ergänzen Sie die Wertetabelle und zeichnen Sie den Graphen von g' für $0 \le t \le 10$ in dem Koordinatensystem in der Anlage ein.

t	0	2	4	5	6	8	10
g'(t)		96		150		96	

4

g) Die Graphen von g' und h' schließen im I. Quadranten zwei Teilflächen vollständig ein.
Berechnen Sie den Flächeninhalt der Teilfläche, die im Intervall $I = [0; 5]$ liegt.
Interpretieren Sie das Ergebnis im Sachzusammenhang unter Einbeziehung von Lösungen aus den Aufgabenteilen d) und f).

6

40

Anlage

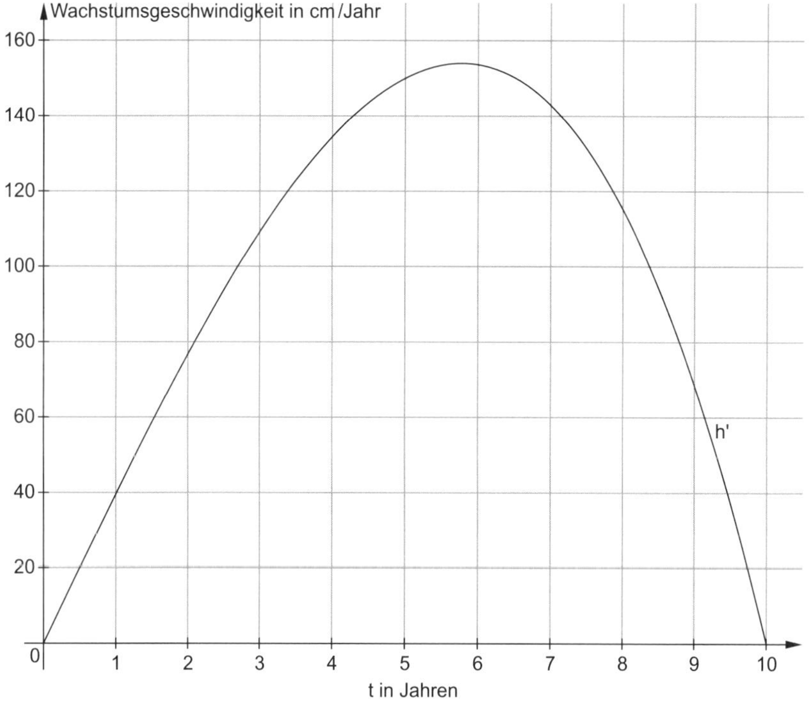

Tipps und Hinweise zur Lösung von Aufgabe 2.1

Tipps zu Teilaufgabe a

- Die Höhe des Baumes nach zwei und acht Jahren entspricht den Funktionswerten h(2) und h(8).
- Bestimmen Sie die lokalen Maxima der Funktion h(t). Notwendiges Kriterium für eine Extremstelle t_E ist $h'(t_E)=0$. Hinreichendes Kriterium für ein lokales Maximum t_{max} ist $h''(t_{max})<0$.
- Bedenken Sie, dass gemäß der Aufgabenstellung nur Werte für $t \geq 0$ sinnvoll sind.
- Berechnen Sie die maximale Höhe des Baumes A, indem Sie t_{max} in die Funktionsgleichung h(t) einsetzen.
- t_{max} gibt die Zeitspanne in Jahren an, innerhalb derer der Baum seine maximale Höhe erreicht hat, d. h., t_{max} gibt an, wie viele Jahre der Baum wächst.

Tipps zu Teilaufgabe b

- Die Wachstumsgeschwindigkeit wird durch die erste Ableitung h'(t) beschrieben. Zur Berechnung der höchsten Wachstumsgeschwindigkeit müssen Sie das Maximum t_m der Funktion h'(t) bestimmen. Notwendiges Kriterium für eine lokale Extremstelle t_E der ersten Ableitung h'(t) ist $h''(t_E)=0$.
- Auf die Anwendung eines hinreichenden Kriteriums für den Nachweis eines lokalen Maximums kann gemäß der Aufgabenstellung verzichtet werden.
- Die höchste Wachstumsgeschwindigkeit berechnen Sie, indem Sie t_m in die Funktionsgleichung der ersten Ableitung h'(t) einsetzen.

Tipps zu Teilaufgabe c

- Der Aufgabentext enthält folgende Informationen: $g(5)=500$ und $g'(5)=150$
- Bestimmen Sie die erste Ableitung g'(t) der Funktion $g(t)=at^3+bt^2$.
- Stellen Sie aus den beiden gegebenen Informationen ein lineares Gleichungssystem (LGS) auf. Durch Lösen des LGS können Sie die Koeffizienten a und b bestimmen.

Tipps zu Teilaufgabe d

- Die Höhe der Bäume A und B zu Beobachtungsbeginn entspricht den Funktionswerten h(0) und g(0).
- Die Wachstumsgeschwindigkeit des Baumes A wird durch die erste Ableitung h'(t) beschrieben, die Wachstumsgeschwindigkeit des Baumes B durch die erste Ableitung g'(t). Für die Zeiten t, zu welchen der Baum A und der Baum B die gleichen Wachstumsgeschwindigkeiten besitzen, muss gelten: $h'(t)=g'(t)$

Tipp zu Teilaufgabe e

- Wie stark die Wachstumsgeschwindigkeiten der Bäume A und B voneinander abweichen, gibt die Differenzfunktion $d(t)=g'(t)-h'(t)$ an. Für den Zeitpunkt t_A, an dem die Wachstumsgeschwindigkeiten am stärksten voneinander abweichen, muss die Differenzfunktion eine Extremstelle aufweisen. Es muss also die notwendige Bedingung für eine Extremstelle erfüllt sein $d'(t_A)=[g'(t_A)-h'(t_A)]'=0$.

Tipps zu Teilaufgabe f

- Berechnen Sie die Funktionswerte g'(0), g'(4), g'(6) und g'(10).
- Zeichnen Sie den Graphen von g'(t) für $0 \leq t \leq 10$ in das Koordinatensystem in der Anlage ein. Zur Kontrolle enthält die Teilaufgabe g die Information, dass die Graphen von g' und h' im I. Quadranten zwei Teilflächen vollständig einschließen.

Tipps zu Teilaufgabe g

- Berechnen Sie den Flächeninhalt mithilfe des bestimmten Integrals

$$\int_0^5 [d(t)]\,dt = \int_0^5 [g'(t) - h'(t)]\,dt.$$

- Betrachten Sie den Verlauf der Graphen von g'(t) und h'(t) im Intervall $0 \leq t \leq 5$ (Teilaufgabe f). Überlegen Sie, welche Bedeutung die Intervallgrenzen $t_1 = 0$ und $t_2 = 5$ haben (Teilaufgabe d).

Lösungen zu Aufgabe 2.1

a) Die Höhe des Baumes nach zwei und acht Jahren entspricht den Funktionswerten h(2) und h(8).

$$h(2) = -0{,}1 \cdot 2^4 + 20 \cdot 2^2 = -1{,}6 + 80 = 78{,}4\,[\text{cm}]$$

$$h(8) = -0{,}1 \cdot 8^4 + 20 \cdot 8^2 = -409{,}6 + 1\,280 = 870{,}4\,[\text{cm}]$$

Die Höhe des Baumes A beträgt nach zwei Jahren ca. 78 cm und nach acht Jahren ca. 870 cm.

Hinweis: Da die Funktion das Wachstum des Baumes nur näherungsweise beschreibt, können im Antwortsatz die Nachkommastellen unberücksichtigt bleiben.

$$h'(t) = -0{,}4t^3 + 40t$$

Notwendiges Kriterium für eine Extremstelle t_E ist $h'(t_E) = 0$.

$$-0{,}4t_E{}^3 + 40t_E = 0$$
$$t_E \cdot \left(-0{,}4t_E{}^2 + 40\right) = 0$$

Ein Produkt ist dann null, wenn mindestens einer der Faktoren null ist.

$$t_{E_1} = 0$$
$$t_{E_{2/3}} = \pm\sqrt{\frac{40}{0{,}4}} = \pm\sqrt{100} = \pm 10$$
$$t_{E_2} = 10; \quad t_{E_3} = -10$$

Die Lösung t_{E_3} ist nicht sinnvoll, da $t \geq 0$ sein muss.

Hinreichendes Kriterium für ein lokales Maximum ist $h''(t_{max}) < 0$.

$$h''(t) = -1{,}2t^2 + 40$$

$h''(t_{E_1}) = -1{,}2 \cdot 0^2 + 40 = 40 > 0 \quad \Rightarrow$ Bei $t_{E_1} = 0$ liegt ein lokales Minimum vor.

$h''(t_{E_2}) = -1{,}2 \cdot 10^2 + 40 = -80 < 0 \quad \Rightarrow$ Bei $t_{E_2} = 10$ liegt ein lokales Maximum vor.

Der Baum A wächst 10 Jahre.

Die maximale Höhe h_{max} des Baumes A wird durch den Funktionswert $h(t_{E_2}) = h(10)$ angegeben:

$$h_{max} = h(10) = -0{,}1 \cdot 10^4 + 20 \cdot 10^2 = -1\,000 + 2\,000 = 1\,000\,[\text{cm}]$$

Der Baum A erreicht eine Höhe von ca. 1 000 cm bzw. ca. 10 m.

b) Die Wachstumsgeschwindigkeit wird durch die erste Ableitung h'(t) beschrieben. Zur Berechnung der höchsten Wachstumsgeschwindigkeit muss das lokale Maximum t_m der Funktion h'(t) bestimmt werden.

Notwendiges Kriterium für ein lokales Maximum t_m der ersten Ableitung h'(t) ist $h''(t_m) = 0$.

$$-1{,}2t_m{}^2 + 40 = 0$$

$$t_m{}^2 = \frac{40}{1{,}2} = \frac{100}{3}$$

$$t_{m_1} = \sqrt{\frac{100}{3}}\ ;\ \ t_{m_2} = -\sqrt{\frac{100}{3}}$$

Die Lösung $t_{m_2} = -\sqrt{\frac{100}{3}}$ entfällt, da nur Werte für $t \geq 0$ sinnvoll sind.

Durch Einsetzen von $t_{m_1} = \sqrt{\frac{100}{3}}$ in die Funktionsgleichung der ersten Ableitung h'(t) erhält man die Wachstumsgeschwindigkeit:

$$h'\left(\sqrt{\frac{100}{3}}\right) = -0{,}4 \cdot \left(\sqrt{\frac{100}{3}}\right)^3 + 40 \cdot \sqrt{\frac{100}{3}} \approx 154\left[\frac{\text{cm}}{\text{Jahr}}\right]$$

Die höchste Wachstumsgeschwindigkeit beträgt ungefähr $\underline{\underline{154\,\frac{\text{cm}}{\text{Jahr}}}}$.

c) Dass der Baum B nach fünf Jahren 500 cm hoch ist, bedeutet: $g(5) = 500$
Dass die Wachstumsgeschwindigkeit zu diesem Zeitpunkt $150\frac{\text{cm}}{\text{Jahr}}$ beträgt, bedeutet: $g'(5) = 150$
Die erste Ableitung der Funktion g(t) ist $g'(t) = 3at^2 + 2bt$.
Aus den gegebenen Informationen lässt sich folgendes lineares Gleichungssystem (LGS) aufstellen:

$$\text{(I)}\quad g(5) = a \cdot 5^3 + b \cdot 5^2 = 125a + 25b = 500$$

$$\text{(II)}\quad g'(5) = 3 \cdot a \cdot 5^2 + 2 \cdot b \cdot 5 = 75a + 10b = 150$$

$\frac{2}{5} \cdot \text{(I)} - \text{(II)}$ ergibt:

$$-25a = 50$$

$$a = -2$$

Für b folgt z. B. durch Einsetzen von $a = -2$ in (II):

$$75 \cdot (-2) + 10b = 150$$

$$10b = 300$$

$$b = 30$$

Die Funktionsgleichung g(t) lautet also:

$$\underline{\underline{g(t) = -2t^3 + 30t^2}}$$

d) Die Höhe der Bäume zu Beobachtungsbeginn ($t = 0$) wird durch $h(0) = 0$ und $g(0) = 0$ beschrieben.
Die Bäume haben zu Beobachtungsbeginn jeweils die Höhe 0 cm.

Die gleichen Wachstumsgeschwindigkeiten haben die Bäume zu den Zeiten, zu denen gilt:

$$h'(t) = g'(t)$$

$$h'(t) = -0,4t^3 + 40t$$

$$g'(t) = -6t^2 + 60t$$

$$-0,4t^3 + 40t = -6t^2 + 60t$$

$$t \cdot (t^2 - 15t + 50) = 0$$

$$t_1 = 0$$

$$t_{2/3}{}^2 - 15t_{2/3} + 50 = 0$$

$$t_{2/3} = \frac{15}{2} \mp \sqrt{\left(-\frac{15}{2}\right)^2 - 50}$$

$$t_2 = 5;\ t_3 = 10$$

Die Bäume besitzen zu Beobachtungsbeginn sowie nach fünf und zehn Jahren die gleichen Wachstumsgeschwindigkeiten.

e) Die Abweichung der Wachstumsgeschwindigkeit wird durch die Differenzfunktion $d(t) = g'(t) - h'(t) = -6t^2 + 60t - (-0,4t^3 + 40t) = 0,4t^3 - 6t^2 + 20t$ beschrieben.

Hinweis: Bei der Interpretation der Funktionswerte der Differenzfunktion ist es wichtig, dass Sie sich den Verlauf der Graphen $g'(x)$ und $h'(x)$ verdeutlichen. Positive Funktionswerte $d(t)$ bedeuten, dass die Wachstumsgeschwindigkeit des Baumes B größer ist als die Wachstumsgeschwindigkeit des Baumes A. In Intervallen mit $d(t) > 0$ erwarten wir für die stärkste Abweichung ein lokales Maximum. Negative Funktionswerte $d(t)$ bedeuten, dass die Wachstumsgeschwindigkeit des Baumes B kleiner ist als die Wachstumsgeschwindigkeit des Baumes A. In Intervallen mit $d(t) < 0$ erwarten wir für die stärkste Abweichung ein lokales Minimum. Wenn Sie als Differenzfunktion $d_1(t)$ die Differenz $d_1(t) = h'(t) - g'(t)$ gebildet haben, ist der Sachverhalt genau umgekehrt. Wenn Sie als Differenzfunktion die Betragsfunktion $d_2(t) = |g'(t) - h'(t)|$ aufgestellt haben, gibt es nur positive Funktionswerte und Sie können nicht unterscheiden, welcher der Bäume zu einem Zeitpunkt t die höhere Wachstumsgeschwindigkeit aufweist.

An den Stellen der stärksten Abweichung t_A muss die notwendige Bedingung für eine lokale Extremstelle erfüllt sein:

$$d'(t_A) = [g'(t) - h'(t)]' = 0$$

$$1,2t_A{}^2 - 12t_A + 20 = 0$$

$$t_A{}^2 - 10t_A + \frac{50}{3} = 0$$

$$t_{A_{1/2}} = 5 \mp \sqrt{\frac{25}{3}}$$

$$t_{A_1} \approx 2{,}1; \quad t_{A_2} \approx 7{,}9$$

Nach 2,1 Jahren bzw. 7,9 Jahren weichen die Wachstumsgeschwindigkeiten am stärksten voneinander ab.

Hinweis: Auf die Anwendung eines hinreichenden Kriteriums kann laut Aufgabenstellung verzichtet werden. Aus dem Verlauf der Graphen von g'(t) und h'(t) wird aber deutlich, dass zum Zeitpunkt t_{A_1} der Baum B schneller wächst als der Baum A, an der Stelle t_{A_1} also ein lokales Maximum der Differenzfunktion d(x) liegt, dass zum Zeitpunkt t_{A_2} der Baum B langsamer als der Baum A wächst, an der Stelle t_{A_2} also ein lokales Minimum liegt.

f)

t	0	2	4	5	6	8	10
g'(t)	**0**	96	**144**	150	**144**	96	**0**

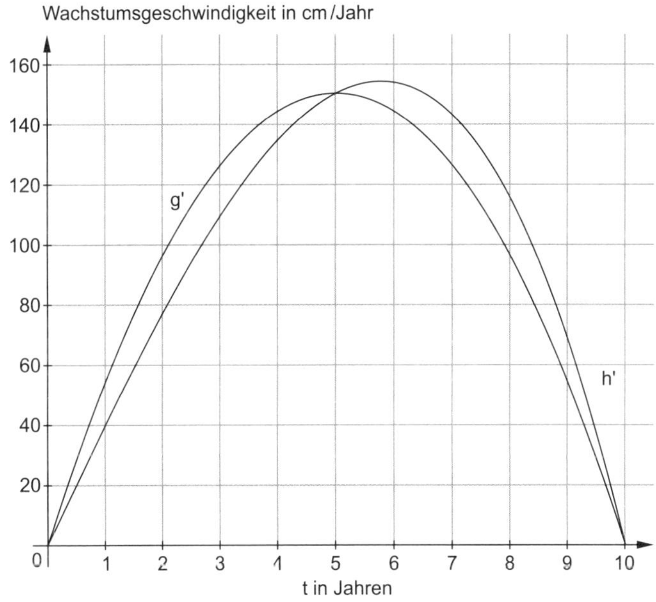

g) Da in dem zu untersuchenden Intervall $I = [0; 5]$ der Graph von g'(t) oberhalb des Graphen von h'(t) verläuft, für alle $t \in [0; 5]$ also $g'(t) \geq h'(t)$ gilt, kann die von den beiden Graphen eingeschlossene Fläche mit folgendem Integral berechnet werden.

$$\int_0^5 [g'(t) - h'(t)]\,dt = \int_0^5 (0{,}4t^3 - 6t^2 + 20t)\,dt = [0{,}1t^4 - 2t^3 + 10t^2]_0^5$$

$$= 0{,}1 \cdot 5^4 - 2 \cdot 5^3 + 10 \cdot 5^2 = \underline{\underline{62{,}5}}$$

Zu Beobachtungsbeginn haben beide Bäume die gleiche Höhe.

Das Integral $\int_0^5 [g'(t) - h'(t)]\,dt = 62{,}5$ beschreibt somit den Höhenunterschied der Bäume nach fünf Jahren.

Da der Graph von g'(t) im betrachteten Intervall oberhalb des Graphen von h'(t) verläuft, ist der Baum B nach fünf Jahren ca. 63 cm höher als der Baum A.

Hormonpflaster BE

Mit einem Pflaster können einer Person durch die Haut Medikamente zugeführt werden, z. B. Hormone. Diese Pflaster geben über einen langen Zeitraum hinweg Hormone ab.
Eine Arzneimittelfirma hat solche Pflaster an Personen getestet, deren körpereigene Hormonproduktion lediglich 50 % des Sollwertes beträgt. Der Sollwert liegt bei 100 %.
Bei der Messung der Hormonwerte zeigt sich, dass die Messergebnisse durch folgende Funktion h beschrieben werden können:

$$h(t) = 8t \cdot e^{-0{,}04 \cdot t} + 50; \quad t \geq 0.$$

Dabei ist t die Zeit in Tagen ab Beginn der Behandlung.

Die Funktionswerte von h werden als Hormonspiegel bezeichnet.

Der Hormonspiegel gibt in Abhängigkeit von t den Anteil bezüglich des Sollwerts in Prozent an.

Funktionswerte größer als 100 sind möglich, wenn der Hormonwert über dem Sollwert liegt.

Nebenstehend sehen Sie eine Abbildung des Graphen von h für $t \geq 0$.

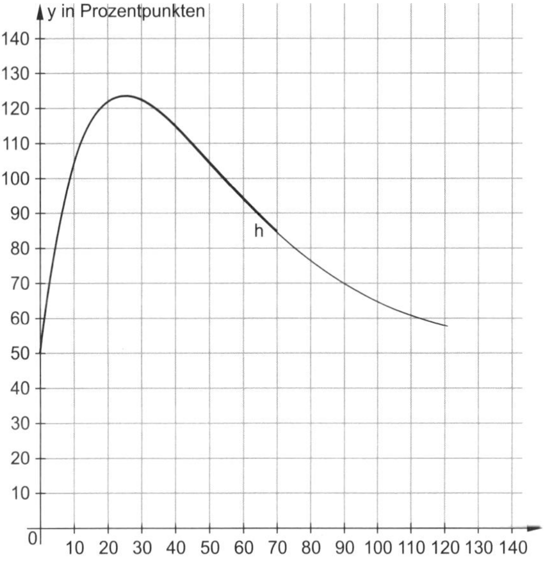

a) Untersuchen Sie das Verhalten der Funktionswerte von h für $t \to +\infty$. 3

b) Ermitteln Sie, wann der maximale Wert des Hormonspiegels erreicht wird, und berechnen Sie diesen Wert.
Es genügt die Verwendung der notwendigen Bedingung.
[*Kontrollergebnis:* $h'(t) = (8 - 0{,}32t) \cdot e^{-0{,}04 \cdot t}$] 7

c) Wenn der Hormonspiegel stark abfällt, werden vermehrt Nebenwirkungen beobachtet.
Ermitteln Sie den Zeitpunkt, an dem der Hormonspiegel am stärksten fällt.
(Es genügt die Verwendung der notwendigen Bedingung.)
Berechnen Sie für diesen Zeitpunkt den Wert des Hormonspiegels.
Geben Sie für diesen Zeitpunkt die lokale Änderungsrate in % pro Tag an.
Ohne Nachweis dürfen Sie verwenden: $h''(t) = (-0{,}64 + 0{,}0128t) \cdot e^{-0{,}04 \cdot t}$. 5

d) Berechnen Sie die mittlere Änderungsrate des Hormonspiegels in den ersten sieben Tagen nach Beginn der Behandlung. 3

e) Ohne Nachweis dürfen Sie verwenden, dass durch
$H(t) = -(200 \cdot t + 5\,000) \cdot e^{-0{,}04 \cdot t} + 50 \cdot t$ eine Stammfunktion H von h gegeben ist.

Weisen Sie nach, dass $\frac{1}{70} \cdot \int\limits_0^{70} h(t)\,dt > 100$ gilt. 4

f) Bei einem Patienten wird das Pflaster nach 70 Tagen entfernt. Der Hormonspiegel kann danach durch eine Gerade g beschrieben werden, die im Punkt $P(70 \mid h(70))$ tangential zum Graphen von h verläuft.
Ermitteln Sie eine Gleichung für g.
[*Kontrollergebnis:* $g(t) \approx -0{,}88 \cdot t + 145{,}7$]
Ermitteln Sie rechnerisch, ab welchem Zeitpunkt $g(t) \leq 50$ gilt. 6

g) Der Hersteller möchte die Wirkstoffmenge in den Pflastern erhöhen und geht davon aus, dass der Hormonspiegel dann durch eine Funktion h_k mit folgender Gleichung beschrieben werden kann:

$$h_k(t) = k \cdot t \cdot e^{-0{,}04 \cdot t} + 50, \quad t \geq 0 \text{ und } k \geq 0.$$

Ermitteln Sie, ab welchem Wert von k der Hormonspiegel am 70. Tag noch mindestens den Wert 100 erreicht. 6

h) Vergleichen Sie den Verlauf des Graphen von

$$h(t) = 8t \cdot e^{-0{,}04 \cdot t} + 50$$

mit einem Graphen von

$$h_k(t) = kt \cdot e^{-0{,}04 \cdot t} + 50, \quad k > 8,$$

indem Sie mindestens drei Gemeinsamkeiten oder Unterschiede angeben.
Die Abbildung unten zeigt zusätzlich zum Graphen h exemplarisch den Graphen von h_k für $k = 10$.

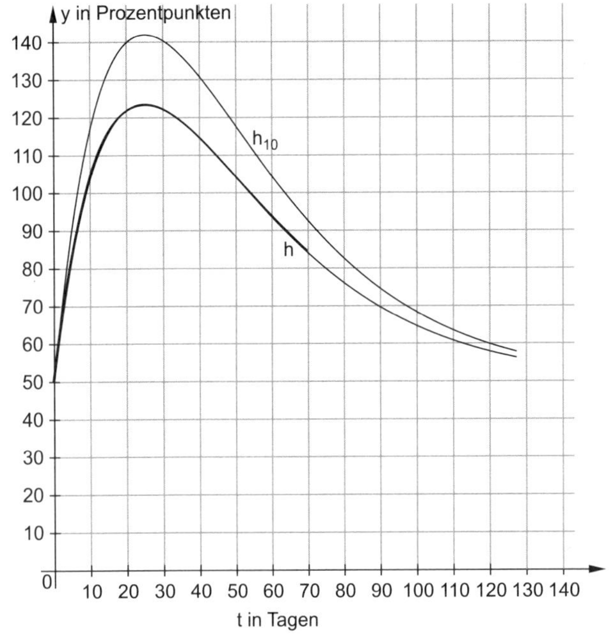
y in Prozentpunkten
140
130
120
110
100
90
80
70
60
50
40
30
20
10
0
10 20 30 40 50 60 70 80 90 100 110 120 130 140
t in Tagen
h10
h

$\frac{6}{40}$

Tipps und Hinweise zur Lösung von Aufgabe 2.2

Tipps zu Teilaufgabe a

- Untersuchen Sie das Verhalten von h(t) durch Einsetzen großer Werte für t.
- Alternativ können Sie verbal argumentieren. Gehen Sie in diesem Fall insbesondere auf den Grenzwert des Teilterms $8t \cdot e^{-0,04 \cdot t}$ ein.

Tipps zu Teilaufgabe b

- Untersuchen Sie die Funktion h(t) auf Maxima. Für relative Extremstellen t_E der Funktion h(t) gilt die notwendige Bedingung $h'(t_E) = 0$.
- Auf die Verwendung einer hinreichenden Bedingung kann laut Aufgabenstellung verzichtet werden.
- Zur Überprüfung Ihrer Lösung betrachten Sie den Graphen der Funktion h(t), der in der Aufgabenstellung abgebildet ist.
- Bestimmen Sie den maximalen Wert des Hormonspiegels, indem Sie zur ermittelten Extremstelle t_E den Funktionswert $h(t_E)$ berechnen.

Tipps zu Teilaufgabe c

- An einer Wendestelle ist die Steigung einer Funktion maximal bzw. minimal. Untersuchen Sie die Funktion also auf Wendestellen. Für eine Wendestelle t_W gilt die notwendige Bedingung $h''(t_W) = 0$.
- Zur Überprüfung Ihrer Lösung betrachten Sie den Graphen der Funktion h(t), der in der Aufgabenstellung abgebildet ist.
- Die lokale bzw. momentane Änderungsrate an einer Stelle x_0 entspricht dem Funktionswert der ersten Ableitung $h'(x_0)$.

Tipps zu Teilaufgabe d

- Als mittlere bzw. durchschnittliche Änderungsrate einer Funktion f(x) bezeichnet man den Differenzenquotienten $\frac{f(x_2) - f(x_1)}{x_2 - x_1}$.
- Zur Bestimmung der mittleren Änderungsrate des Hormonspiegels in den ersten sieben Tagen nach Beginn der Behandlung berechnen Sie den Differenzenquotienten für die Zeitpunkte $t_0 = 0$ und $t_1 = 7$.

Tipp zu Teilaufgabe e

- Zum geforderten Nachweis berechnen Sie mithilfe der gegebenen Stammfunktion H(t) das bestimmte Integral $\frac{1}{70} \cdot \int_0^{70} h(t)\,dt$.

Tipps zu Teilaufgabe f

- Die Gleichung der Tangente hat die Form $g(t) = m \cdot t + n$ mit $m, n, t \in \mathbb{R}$.
- Die Steigung m der Tangente entspricht der Steigung der Funktion h(t) an der Stelle $t_P = 70$, also $h'(t_P)$.
- Zur Bestimmung von n stellen Sie mithilfe der Koordinaten des Punktes P eine geeignete Gleichung auf. Dafür müssen Sie vorher die y-Koordinate des Punktes P, also h(70), berechnen.
- Um den Zeitpunkt t zu bestimmen, ab dem $g(t) \leq 50$ gilt, lösen Sie die Ungleichung. Beachten Sie dabei die Rechenregeln für Ungleichungen.

Tipp zu Teilaufgabe g

- Um den Wert von k zu ermitteln, ab dem der Hormonspiegel am 70. Tag noch mindestens den Wert 100 erreicht, muss man die Ungleichung $h_k(70) \geq 100$ lösen.

Tipp zu Teilaufgabe h

- Versuchen Sie durch die Betrachtung eines konkreten Wertes für k, z. B. für $k = 10$, und der Abbildung, Aussagen zum Startwert und zum Grenzwert der Funktionenschar $h_k(t)$, zum Verlauf der Graphen von h_k im Vergleich zum Graphen von h und zur Lage des Maximums zu formulieren.

Lösungen zu Aufgabe 2.2

a) Eine Untersuchung mit großen Testwerten für t ergibt, dass die Funktion h(t) den Grenzwert $\lim\limits_{t\to\infty} h(t) = 50$ hat:

$$h(100) = 8 \cdot 100 \cdot e^{-0{,}04 \cdot 100} + 50 \approx 64{,}65$$
$$h(300) = 8 \cdot 300 \cdot e^{-0{,}04 \cdot 300} + 50 \approx 50{,}01$$
$$h(1\,000) = 8 \cdot 1\,000 \cdot e^{-0{,}04 \cdot 1\,000} + 50 \approx 50{,}00$$

Alternative:
In der Funktionsgleichung $h(t) = 8 \cdot t \cdot e^{-0{,}04 \cdot t} + 50$ hat der Teilterm $8 \cdot t \cdot e^{-0{,}04 \cdot t}$ den Grenzwert $\lim\limits_{t\to\infty} (8 \cdot t \cdot e^{-0{,}04 \cdot t}) = 0$, da im Produkt $8 \cdot t \cdot e^{-0{,}04 \cdot t}$ der im Hinblick auf das Grenzwertverhalten überwiegende exponentielle Faktor $e^{-0{,}04 \cdot t}$ für $t \to \infty$ gegen null geht.

Es gilt allgemein: $e^{-x} \to 0$ für $t \to \infty$

Für $t \to \infty$ gilt: $\underline{\underline{h(t) \to 50}}$

b) Durch Ableiten von h erhält man die Funktionsgleichung der ersten Ableitung h'(t):

$$h'(t) = 8 \cdot e^{-0{,}04 \cdot t} + 8t \cdot (-0{,}04) \cdot e^{-0{,}04 \cdot t} = (8 - 0{,}32 \cdot t) \cdot e^{-0{,}04 \cdot t}$$

Für relative Extremstellen t_E gilt die notwendige Bedingung $h'(t_E) = 0$.

$$(8 - 0{,}32 \cdot t_E) \cdot e^{-0{,}04 \cdot t_E} = 0$$

Ein Produkt ist null, wenn mindestens einer der Faktoren null ist.
Die e-Funktion wird niemals null. Für alle $t \in \mathbb{R}$ gilt: $e^{-0{,}04 \cdot t} \neq 0$

$$8 - 0{,}32 \cdot t_E = 0$$
$$0{,}32 \cdot t_E = 8$$
$$t_E = 25$$

Bei der ermittelten Extremstelle t_E handelt es sich, wie man am Graphen von h(t) ablesen kann (vgl. Abbildung in der Aufgabenstellung), um ein Maximum. Auf die Überprüfung einer hinreichenden Bedingung kann laut Aufgabenstellung verzichtet werden.

Durch Einsetzen von t_E erhält man das Maximum des Hormonspiegels:

$$h(25) = 8 \cdot 25 \cdot e^{-0{,}04 \cdot 25} + 50 \approx 123{,}6$$

Das Maximum des Hormonspiegels wird $\underline{\underline{\text{nach 25 Tagen}}}$ erreicht und beträgt $\underline{\underline{\text{ca. } 123{,}6\,\%}}$.

c) An einer Wendestelle ist die Steigung maximal bzw. minimal. Um den Zeitpunkt zu bestimmen, an dem der Hormonspiegel am stärksten abfällt, muss man die Funktion auf Wendestellen untersuchen. Für eine Wendestelle t_W gilt die notwendige Bedingung $h''(t_W) = 0$.

$$(-0{,}64 + 0{,}0128 t_W) \cdot e^{-0{,}04 \cdot t_W} = 0$$

Ein Produkt ist null, wenn mindestens einer der Faktoren null ist.
Da die e-Funktion niemals null wird, genügt es, den ersten Faktor zu betrachten.

$$-0{,}64 + 0{,}0128 \cdot t_W = 0$$
$$0{,}0128 \cdot t_W = 0{,}64$$
$$t_W = 50$$

Am Graphen der Funktion h(t) können Sie ablesen, dass es sich um eine Rechts-links-Wendestelle handelt, in der die Steigung minimal ist, d. h., dass zum Zeitpunkt t_W der Hormonspiegel am stärksten fällt.

Durch Einsetzen von t_W in die Funktionsgleichung h(t) erhält man den Wert des Hormonspiegels zum Zeitpunkt t_W:

$$h(50) = 8 \cdot 50 \cdot e^{-0{,}04 \cdot 50} + 50 \approx 104{,}1$$

Durch Einsetzen von t_W in die Funktionsgleichung der ersten Ableitung h'(t) erhält man die lokale Änderungsrate zum Zeitpunkt t_W:

$$h'(50) = (8 - 0{,}32 \cdot 50) \cdot e^{-0{,}04 \cdot 50} \approx -1{,}08$$

Nach 50 Tagen fällt der Hormonspiegel am stärksten. Zu diesem Zeitpunkt beträgt der Hormonspiegel ca. 104,1 % und die Änderungsrate ca. – 1,08 % pro Tag.

d) Die mittlere Änderungsrate des Hormonspiegels in den ersten sieben Tagen nach Beginn der Behandlung entspricht dem Differenzenquotienten für die Zeitpunkte $t_0 = 0$ und $t_1 = 7$:

$$\frac{h(t_1) - h(t_0)}{t_1 - t_0} = \frac{h(7) - h(0)}{7 - 0} \approx \frac{92{,}3 - 50}{7} \approx 6{,}04$$

NR:

$$h(7) = 8 \cdot 7 \cdot e^{-0{,}04 \cdot 7} + 50 \approx 92{,}3$$
$$h(0) = 8 \cdot 0 \cdot e^{-0{,}04 \cdot 0} + 50 = 50$$

Die mittlere Änderungsrate in den ersten sieben Tagen beträgt ca. 6 % pro Tag.

e) Zum Nachweis, dass $\frac{1}{70} \cdot \int_0^{70} h(t)\,dt > 100$ gilt, berechnet man das bestimmte Integral $\frac{1}{70} \cdot \int_0^{70} h(t)\,dt$ mithilfe der gegebenen Stammfunktion H(t).

$$\frac{1}{70} \cdot \int_0^{70} h(t)\,dt = \frac{1}{70} \cdot \left[-(200t + 5\,000)e^{-0{,}04t} + 50t\right]_0^{70}$$
$$= \frac{1}{70}\left[-(200 \cdot 70 + 5\,000) \cdot e^{-0{,}04 \cdot 70} + 50 \cdot 70 - (-5\,000) \cdot e^{-0{,}04 \cdot 0}\right]$$
$$= \frac{1}{70}(-19\,000 \cdot e^{-2{,}8} + 8\,500) \approx 104{,}9 > 100$$

f) Die Funktionsgleichung der Tangente hat die Form $g(t) = m \cdot t + n$ mit $m, n, t \in \mathbb{R}$.

Die Steigung der Tangente entspricht der Steigung der Funktion h(t) an der Stelle $t_P = 70$ (x-Koordinate des Punktes P):

$$m = h'(70) = (8 - 0{,}32 \cdot 70) \cdot e^{-0{,}04 \cdot 70} \approx -0{,}88$$

An der Stelle t_P haben die Funktion h(t) und die Tangentenfunktion g(t) den gleichen Funktionswert $h(t_P) = g(t_P)$. Es gilt also $h(70) = g(70)$.

$$h(70) = 8 \cdot 70 \cdot e^{-0{,}04 \cdot 70} + 50 \approx 84{,}1$$

Den fehlenden Wert für n in der Tangentengleichung $g(t) = -0{,}88 \cdot t + n$ kann man mithilfe des Funktionswertes $g(70) = 84{,}1$ berechnen:

$$-0{,}88 \cdot 70 + n = 84{,}1$$
$$n = 145{,}7$$

Die Tangente g hat die Gleichung $\underline{\underline{g(t) = -0{,}88t + 145{,}7.}}$

Hinweis: Durch Zwischenrundungen kann es sein, dass Sie geringfügig andere Werte für m und n ermittelt haben.

Die Bedingung $g(t) \leq 50$ ergibt:

$$-0{,}88 \cdot t + 145{,}7 \leq 50$$
$$-0{,}88 \cdot t \leq -95{,}7$$
$$t \geq 108{,}75$$

Für $t \geq 108{,}75$, also ab dem Zeitpunkt $\underline{\underline{t = 108{,}75 \text{ (Tage)},}}$ gilt $g(t) \leq 50$.

g) Um den Wert von k zu ermitteln, ab dem der Hormonspiegel am 70. Tag noch mindestens den Wert 100 erreicht, muss man die Ungleichung $h_k(70) \geq 100$ lösen.

$$50 + k \cdot 70 \cdot e^{-0{,}04 \cdot 70} \geq 100$$
$$k \geq \frac{50}{70 \cdot e^{-2{,}8}}$$
$$k \approx 11{,}75$$

Daher muss k $\underline{\underline{\text{mindestens } 11{,}75}}$ betragen.

h) Durch die Betrachtung eines konkreten Wertes für k, z. B. für $k = 10$, und der Abbildung kann man erkennen:

- Der Startwert beträgt stets 50: $h_k(0) = h(0) = 50$
- Der Grenzwert für $t \to \infty$ beträgt stets 50.
- Für $k > 8$ und $t > 0$ liegt der Graph von h_k oberhalb des Graphen von h.
- Das Maximum von h_k ist größer als das Maximum von h.
- Das Maximum von h_k liegt stets bei $t = 25$.

Hinweis: Zum Erreichen der vollen Punktzahl genügt die Angabe von drei Eigenschaften.

Tunnel BE

Ein Berg wird von seiner Südseite zu seiner Nordseite durch einen Autotunnel unterquert. Der Verlauf des Autotunnels kann als Teil einer Geraden modelliert werden. Die x-y-Ebene befindet sich auf der Höhe des Meeresspiegels. (1 LE = 100 m)
Auf der Südseite beginnt der Tunnel im Punkt $S(0\,|\,40\,|\,6)$ und endet auf der Nordseite im Punkt $N(30\,|\,65\,|\,7)$.

a) Geben Sie eine Gleichung der Geraden g an, mit deren Hilfe man den Verlauf des Autotunnels modellieren kann.
Berechnen Sie die Länge des Autotunnels.
Ermitteln Sie den Winkel, in dem die Gerade zur x-y-Ebene ansteigt. 5

b) Im Autotunnel befindet sich eine Nothaltebucht, die durch den Punkt L mit den Koordinaten $L(15\,|\,52{,}5\,|\,6{,}5)$ beschrieben werden kann. Von der Nothaltebucht führt ein Lüftungsrohr senkrecht zum Meeresspiegel nach oben. Das Lüftungsrohr ragt 2 m aus der Oberfläche des Berges hinaus. Die Oberfläche des Berges kann in diesem Bereich durch eine Ebene F beschrieben werden mit
$F\colon 10x + 5y + 7z = 475{,}5$.
Ermitteln Sie die Länge des Lüftungsrohrs. 5

Durch den Berg verläuft ein zweigleisiger Bahntunnel. Dieser Bahntunnel kann durch die Gerade zwischen den Punkten $A(20\,|\,60\,|\,6{,}5)$ und $B(60\,|\,65\,|\,6)$ beschrieben werden.

c) Untersuchen Sie, ob der Bahntunnel parallel zum Autotunnel verläuft.
Bestimmen Sie den Punkt P des Bahntunnels, der sich in 640 m Höhe über dem Meeresspiegel befindet. 5

d) Ein Güterzug und ein Personenzug fahren gleichzeitig in die verschiedenen Eingänge A und B des Bahntunnels hinein. Der Güterzug bewegt sich mit einer konstanten Geschwindigkeit von 80 km/h. Der Personenzug durchfährt den Tunnel mit einer konstanten Geschwindigkeit von 100 km/h.
Ermitteln Sie den Weg, den der Personenzug im Tunnel zurückgelegt hat, wenn die Loks der beiden Züge gerade aneinander vorbeifahren. 5

20

Tipps und Hinweise zur Lösung von Aufgabe 3.1

Tipps zu Teilaufgabe a

- Die Punkte S und N liegen auf der gesuchten Geraden. Die Ortsvektoren $\overrightarrow{OS}$ und $\overrightarrow{ON}$ sind also mögliche Stützvektoren. Der Verbindungsvektor $\overrightarrow{SN}$ ist ein möglicher Richtungsvektor.
- Die Länge des Autotunnels entspricht dem Abstand der Punkte S und N.
- Der Abstand der Punkte S und N ist gleich dem Betrag des Vektors $\overrightarrow{SN}$.
- Für den Schnittwinkel α einer Geraden g (mit dem Richtungsvektor $\vec{u}$) und einer Ebene (mit dem Normalenvektor $\vec{n}$) gilt:

$$\sin\alpha = \frac{\vec{u} \circ \vec{n}}{|\vec{u}| \cdot |\vec{n}|};\ 0° \leq \alpha \leq 90°$$

Tipps zu Teilaufgabe b

- Stellen Sie die Parametergleichung der Geraden auf, die den Verlauf des Lüftungsrohrs modelliert. Der Punkt $L(15\,|\,52{,}5\,|\,6{,}5)$ liegt auf der Geraden. Der Vektor $\overrightarrow{OL}$ ist also ein möglicher Stützvektor. Berücksichtigen Sie zur Ermittlung des Richtungsvektors die Angabe, dass das Lüftungsrohr senkrecht zum Meeresspiegel, also zur x-y-Ebene, verläuft.
- Der Punkt, an dem das Lüftungsrohr die Oberfläche des Berges durchstößt, ist der Schnittpunkt der Geraden, die das Lüftungsrohr modelliert, und der Ebene F. Bestimmen Sie zunächst die Koordinaten des Schnittpunktes in Abhängigkeit des Parameters t. Durch Einsetzen dieser Koordinaten in die Ebenengleichung erhalten Sie einen Wert für t. Berechnen Sie dann durch Einsetzen von t in die Geradengleichung die Koordinaten des Schnittpunktes.
- Da das Lüftungsrohr senkrecht zum Meeresspiegel verläuft, ist die Länge des Lüftungsrohrs innerhalb des Berges gleich der Differenz der z-Koordinaten des berechneten Schnittpunktes und des Punktes L, der die Nothaltebucht modelliert. Berücksichtigen Sie schließlich, dass das Lüftungsrohr 2 m aus dem Berg hinausragt.

Tipps zu Teilaufgabe c

- Stellen Sie die Parametergleichung der Geraden auf, die den Verlauf des Bahntunnels modelliert. Gehen Sie dabei vor wie in Teilaufgabe a.
- Um zu überprüfen, ob der Autotunnel und der Bahntunnel parallel verlaufen, untersuchen Sie die Richtungsvektoren der beiden Geradengleichungen, die den Autotunnel und den Bahntunnel modellieren, auf Kollinearität.
- Der Punkt $P(x_P\,|\,y_P\,|\,z_P)$ hat, da er 640 m über dem Meeresspiegel liegt, die z-Koordinate $z_P = 6{,}4$. Stellen Sie ein geeignetes lineares Gleichungssystem (LGS) auf, mit dem Sie die x-Koordinate x_P und die y-Koordinate y_P berechnen können.

Tipps zu Teilaufgabe d

- Berechnen Sie die Länge des Bahntunnels. Gehen Sie dabei wie bei der Bestimmung der Länge des Autotunnels in Teilaufgabe a vor.
- Für eine konstante Geschwindigkeit gilt folgender Zusammenhang:

$$v = \frac{s}{t}$$

- In der Zeit bis zum „Treffpunkt“ der beiden Züge hat der Personenzug die Strecke s und der Güterzug die Strecke „Tunnellänge – s“ zurückgelegt.

Lösungen zu Aufgabe 3.1

a) Der zu dem auf der Geraden liegenden Punkt S führende Ortsvektor $\overrightarrow{OS} = \begin{pmatrix} 0 \\ 40 \\ 6 \end{pmatrix}$ ist ein möglicher Stützvektor.

Der Vektor $\overrightarrow{SN} = \begin{pmatrix} 30 \\ 65 \\ 7 \end{pmatrix} - \begin{pmatrix} 0 \\ 40 \\ 6 \end{pmatrix} = \begin{pmatrix} 30 \\ 25 \\ 1 \end{pmatrix}$ ist ein möglicher Richtungsvektor.

Demnach ergibt sich folgende Geradengleichung in Parameterform:

$$\underline{\underline{g: \vec{x} = \begin{pmatrix} 0 \\ 40 \\ 6 \end{pmatrix} + r \cdot \begin{pmatrix} 30 \\ 25 \\ 1 \end{pmatrix}; \quad r \in \mathbb{R}}}$$

Die Länge des Autotunnels entspricht dem Abstand der Punkte S und N und ist gleich dem Betrag des Vektors $\overrightarrow{SN}$.

$$d(S, N) = |\overrightarrow{SN}| = \left| \begin{pmatrix} 30 \\ 25 \\ 1 \end{pmatrix} \right| = \sqrt{30^2 + 25^2 + 1^2} \approx 39{,}06 \text{ [LE]}$$

$$39{,}06 \text{ LE} \mathrel{\hat{=}} 3\,906 \text{ m}$$

Der Autotunnel ist ungefähr $\underline{\underline{3\,906 \text{ m}}}$ lang.

Für den Schnittwinkel α einer Geraden g (mit dem Richtungsvektor $\vec{u}$) und einer Ebene (mit dem Normalenvektor $\vec{n}$) gilt: $\sin\alpha = \frac{\vec{u} \circ \vec{n}}{|\vec{u}| \cdot |\vec{n}|}$; $0° \le \alpha \le 90°$

Ein Normalenvektor der x-y-Ebene ist $\vec{n} = \begin{pmatrix} 0 \\ 0 \\ 1 \end{pmatrix}$.

$$\sin\alpha = \frac{\begin{pmatrix} 30 \\ 25 \\ 1 \end{pmatrix} \circ \begin{pmatrix} 0 \\ 0 \\ 1 \end{pmatrix}}{\left| \begin{pmatrix} 30 \\ 25 \\ 1 \end{pmatrix} \right| \cdot \left| \begin{pmatrix} 0 \\ 0 \\ 1 \end{pmatrix} \right|} = \frac{1}{\sqrt{30^2 + 25^2 + 1^2} \cdot \sqrt{1^2}} = \frac{1}{\sqrt{1\,526}}$$

$$\alpha = \sin^{-1}\left(\frac{1}{\sqrt{1\,526}} \right) \approx 1{,}5°$$

Der Winkel, in dem die Gerade zur x-y-Ebene ansteigt, beträgt ungefähr $\underline{\underline{1{,}5°}}$.

b) Die Gerade, die den Verlauf des Lüftungsrohrs modelliert, lässt sich durch folgende Gleichung beschreiben, in der der Ortsvektor zum Punkt L als Stützvektor und, weil das Lüftungsrohr senkrecht zum Meeresspiegel verläuft, ein Normalenvektor zur x-y-Ebene als Richtungsvektor fungiert:

$$h: \vec{x} = \begin{pmatrix} 15 \\ 52{,}5 \\ 6{,}5 \end{pmatrix} + t \cdot \begin{pmatrix} 0 \\ 0 \\ 1 \end{pmatrix}; \quad t \in \mathbb{R}$$

Der Punkt D, an dem das Lüftungsrohr die Oberfläche des Berges durchstößt, ist der Schnittpunkt der Geraden h und der Ebene F und hat folgende Koordinaten in Abhängigkeit des Parameters t_D:

$$D(x_D \mid y_D \mid z_D) = D(15 + 0 \cdot t_D \mid 52{,}5 + 0 \cdot t_D \mid 6{,}5 + t_D) = D(15 \mid 52{,}5 \mid 6{,}5 + t_D)$$

Durch Einsetzen der Koordinaten von D in die Gleichung der Ebene F ergibt sich:

$$\begin{aligned} 10 \cdot 15 + 5 \cdot 52{,}5 + 7 \cdot (6{,}5 + t_D) &= 475{,}5 \\ 412{,}5 + 45{,}5 + 7t_D &= 475{,}5 \\ 7t_D &= 17{,}5 \\ t_D &= 2{,}5 \end{aligned}$$

Durch Einsetzen von $t_D = 2{,}5$ in die Geradengleichung h erhält man die Koordinaten des Punktes $D(15 \mid 52{,}5 \mid 9)$.

Da das Lüftungsrohr senkrecht zum Meeresspiegel bzw. die Gerade h senkrecht zur x-y-Ebene verläuft, entspricht die Länge des Lüftungsrohrs innerhalb des Berges der Differenz der z-Koordinaten der Punkte D und L:

$$z_D - z_L = 9 - 6{,}5 = 2{,}5 \text{ [LE]}$$

$$2{,}5 \text{ LE} \mathrel{\hat{=}} 250 \text{ m}$$

Die Länge des Lüftungsrohrs innerhalb des Berges beträgt also 250 m. Dazu kommen noch die 2 m, die das Lüftungsrohr aus dem Berg ragt:

$$250 \text{ m} + 2 \text{ m} = 252 \text{ m}$$

Das Lüftungsrohr ist insgesamt <u>252 m</u> lang.

c) Der Bahntunnel lässt sich durch die Gerade m durch die Punkte A und B modellieren.

Dabei ist der Ortsvektor $\overrightarrow{OA} = \begin{pmatrix} 20 \\ 60 \\ 6{,}5 \end{pmatrix}$ ein möglicher Stützvektor und der Verbindungsvektor

$\overrightarrow{AB} = \begin{pmatrix} 60-20 \\ 65-60 \\ 6-6{,}5 \end{pmatrix} = \begin{pmatrix} 40 \\ 5 \\ -0{,}5 \end{pmatrix}$ ein möglicher Richtungsvektor.

$$m: \vec{x} = \begin{pmatrix} 20 \\ 60 \\ 6{,}5 \end{pmatrix} + t \cdot \begin{pmatrix} 40 \\ 5 \\ -0{,}5 \end{pmatrix}; \; t \in \mathbb{R}$$

Die Richtungsvektoren der Geraden m, die den Bahntunnel modelliert, und der Geraden g, die den Autotunnel modelliert (vgl. Aufgabenteil a), werden auf Kollinearität geprüft:

$$\begin{pmatrix} 40 \\ 5 \\ -0{,}5 \end{pmatrix} = k \cdot \begin{pmatrix} 30 \\ 25 \\ 1 \end{pmatrix}$$

Mit den Gleichungen für die y- und z-Koordinate folgt:

$$5 = k \cdot 25 \quad \Rightarrow \quad k = \frac{1}{5}$$

$$-0{,}5 \neq \frac{1}{5} \cdot 1$$

Daher hat die Gleichung keine Lösung und die beiden Tunnel verlaufen <u>nicht parallel</u> zueinander.

Aus der Angabe, dass der Punkt $P(x_P \mid y_P \mid z_P)$ 640 m über dem Meeresspiegel liegt, ergibt sich die z-Koordinate $z_P = 6{,}4$. Durch Einsetzen der Koordinaten in die Geradengleichung m lässt sich folgendes lineares Gleichungssystem aufstellen:

$$\begin{pmatrix} x_P \\ y_P \\ z_P \end{pmatrix} = \begin{pmatrix} x_P \\ y_P \\ 6{,}4 \end{pmatrix} = \begin{pmatrix} 20 \\ 60 \\ 6{,}5 \end{pmatrix} + t \cdot \begin{pmatrix} 40 \\ 5 \\ -0{,}5 \end{pmatrix}$$

$$\begin{aligned} &\text{(I)} & 20 + 40t_P &= x_P \\ &\text{(II)} & 60 + 5t_P &= y_P \\ &\text{(III)} & 6{,}5 - 0{,}5t_P &= 6{,}4 \end{aligned}$$

Aus (III) folgt:

$$\begin{aligned} -0{,}5t_P &= -0{,}1 \\ t_P &= \frac{1}{5} \end{aligned}$$

Durch Einsetzen von $t_P = \frac{1}{5}$ in (I) lässt sich x_P berechnen:

$$x_P = 20 + 40 \cdot \frac{1}{5} = 28$$

Durch Einsetzen von $t_P = \frac{1}{5}$ in (II) lässt sich y_P berechnen:

$$y_P = 60 + 5 \cdot \frac{1}{5} = 61$$

Der Punkt P des Bahntunnels, der sich in 640 m Höhe über dem Meeresspiegel befindet, hat die Koordinaten $\underline{\underline{P(28 \mid 61 \mid 6{,}4)}}$.

d) Die Länge des Bahntunnels entspricht der Länge der Strecke $|\overline{AB}|$:

$$|\overline{AB}| = |\overrightarrow{AB}| = \left| \begin{pmatrix} 40 \\ 5 \\ -0{,}5 \end{pmatrix} \right| = \sqrt{40^2 + 5^2 + (-0{,}5)^2} \approx 40{,}31\ [\text{LE}]$$

$$40{,}31\ \text{LE} \mathrel{\hat{=}} 4\,031\ \text{m}$$

Der Bahntunnel ist ungefähr 4 031 m lang.

Für die konstante Geschwindigkeit v in Abhängigkeit des innerhalb einer Zeitspanne t zurückgelegten Weges s gilt:

$$v = \frac{s}{t} \quad \Leftrightarrow \quad t = \frac{s}{v}$$

In der Zeitspanne t, die vergeht, bis die Züge sich treffen, legt der Personenzug einen Weg s zurück. In derselben Zeitspanne t fährt der Güterzug einen Weg, der der Differenz der Länge des Tunnels und des vom Personenzug zurückgelegten Weges s entspricht, also 4 031 m – s lang ist. Daher lässt sich folgende Gleichung aufstellen und s berechnen:

Personenzug:

$$t = \frac{s}{100\ \frac{\text{km}}{\text{h}}}$$

Güterzug:

$$t = \frac{4{,}031\,\text{km} - s}{80\,\frac{\text{km}}{\text{h}}}$$

$$\frac{s}{100\,\frac{\text{km}}{\text{h}}} = \frac{4{,}031\,\text{km} - s}{80\,\frac{\text{km}}{\text{h}}}$$

$$s \cdot 80\,\frac{\text{km}}{\text{h}} = 100\,\frac{\text{km}}{\text{h}} \cdot (4{,}031\,\text{km} - s)$$

$$s \cdot 180\,\frac{\text{km}}{\text{h}} = 403{,}100\,\frac{\text{km}^2}{\text{h}}$$

$$s \approx 2{,}24\,\text{km}$$

Der Personenzug hat eine Strecke von $\underline{\underline{\text{ungefähr } 2{,}24\,\text{km}}}$ zurückgelegt, wenn beide Loks aneinander vorbeifahren.

Würfel BE

Die Abbildung zeigt den Würfel ABCDEFGH mit G(5 | 5 | 5) und H(0 | 5 | 5) in einem kartesischen Koordinatensystem. Die Punkte I(5 | 0 | 1), J(2 | 5 | 0), K(0 | 5 | 2) und L(1 | 0 | 5) liegen jeweils auf einer Kante des Würfels.

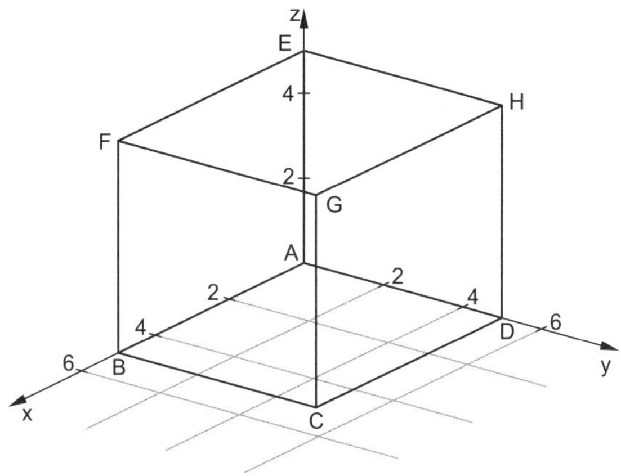

a) Zeichnen Sie das Viereck IJKL in die Abbildung ein. 2

b) Begründen Sie, dass das Viereck IJKL ein Trapez ist, in dem zwei Seiten gleich lang sind.
Weisen Sie nach, dass die Seite $\overline{IL}$ des Trapezes doppelt so lang ist wie die Seite $\overline{JK}$. 4

c) Berechnen Sie die Größe eines Innenwinkels des Trapezes IJKL. 2

d) Berechnen Sie den Flächeninhalt des Trapezes IJKL. 4

e) Gegeben ist die Ebene $S: 5x + 4y + 5z = 0$.
Der Punkt K liegt in einer Ebene T, die parallel zu S ist.
Untersuchen Sie, ob auch der Punkt L in T liegt. 3

f) Für einen Wert von r schneidet die Gerade

$$g: \vec{x} = \begin{pmatrix} 4-r \\ 0 \\ r^2+1 \end{pmatrix} + u \cdot \begin{pmatrix} 4 \\ -5 \\ 0 \end{pmatrix} \text{ mit } u \in \mathbb{R}$$

die Kante $\overline{GH}$ des Würfels.
Bestimmen Sie das Verhältnis, in dem der Schnittpunkt die Kante teilt. 5

20

Tipps und Hinweise zur Lösung von Aufgabe 3.2

Tipp zu Teilaufgabe a

- Zeichnen Sie die Punkte $I(5|0|1)$, $J(2|5|0)$, $K(0|5|2)$ und $L(1|0|5)$ in die Abbildung ein. Achten Sie dabei darauf, die Koordinaten an den richtigen Achsen abzutragen.

Tipps zu Teilaufgabe b

- Ein Trapez ist ein Viereck mit mindestens zwei parallelen Seiten.
- Der Zeichnung (vgl. Teilaufgabe a) können Sie entnehmen, welche Seiten parallel zueinander sind. Weisen Sie deren Parallelität nach, indem Sie die zugehörigen Vektoren auf Kollinearität überprüfen.
- Der Zeichnung (vgl. Teilaufgabe a) können Sie entnehmen, welche Seiten gleich lang sind. Weisen Sie dies nach, indem Sie die jeweilige Länge berechnen. Hierfür gilt: Die Länge einer Seite entspricht dem Betrag des jeweils zugehörigen Vektors.
- Aus einem der Nachweise, die Sie bisher geführt haben, können Sie bereits schlussfolgern, dass die Strecke $\overline{IL}$ doppelt so lang ist wie die Strecke $\overline{JK}$. Alternativ können Sie die Länge der Strecken $\overline{IL}$ und $\overline{JK}$ berechnen.

Tipps zu Teilaufgabe c

- Für den von zwei Vektoren $\vec{u}$ und $\vec{v}$ gebildeten Winkel φ gilt:

  $$\cos\varphi = \frac{\vec{u} \circ \vec{v}}{|\vec{u}| \cdot |\vec{v}|};\ 0° \le \varphi \le 180°$$
- Es muss nur ein Innenwinkel berechnet werden. Diesen kann man frei wählen.

Tipps zu Teilaufgabe d

- Für den Flächeninhalt A eines Trapezes mit den parallelen Seiten a und c und der Höhe h gilt:

  $$A = \frac{1}{2} \cdot (a + c) \cdot h$$
- Die Höhe des zu untersuchenden Trapezes ist gleich dem Abstand der Mittelpunkte der Seiten $\overline{IL}$ und $\overline{JK}$.

Tipps zu Teilaufgabe e

- Stellen Sie unter Berücksichtigung der Angabe, dass die Ebenen T und S parallel sind, die Gleichung der Ebene T in der Koordinatenform $ax + by + cz = d$ mit $a, b, c, d \in \mathbb{R}$ zunächst mit einer Unbekannten auf.
- Durch Einsetzen der Koordinaten des in der Ebene T liegenden Punktes K können Sie die unbekannte Größe und damit die Gleichung der Ebene T bestimmen.
- Überprüfen Sie durch eine Punktprobe, ob auch der Punkt L in der Ebene T liegt.

Tipps zu Teilaufgabe f

- Stellen Sie die Gleichung der Geraden durch die Punkte G und H auf.
- Stellen Sie ein geeignetes lineares Gleichungssystem (LGS) zur Berechnung des Schnittpunktes der Geraden g und der Geraden durch die Punkte G und H auf.

Lösungen zu Aufgabe 3.2

a)

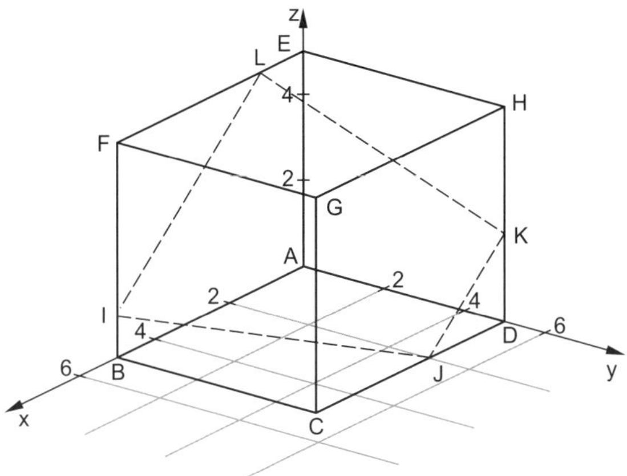

b) Ein Trapez ist ein Viereck mit mindestens zwei parallelen Seiten.

Aus der Zeichnung entsteht die Vermutung, dass die Seiten $\overline{IL}$ und $\overline{JK}$ parallel zueinander sind.
Überprüfen der Vermutung:

$$\overrightarrow{IL} = \begin{pmatrix} 1 \\ 0 \\ 5 \end{pmatrix} - \begin{pmatrix} 5 \\ 0 \\ 1 \end{pmatrix} = \begin{pmatrix} -4 \\ 0 \\ 4 \end{pmatrix} \text{ und } \overrightarrow{JK} = \begin{pmatrix} 0 \\ 5 \\ 2 \end{pmatrix} - \begin{pmatrix} 2 \\ 5 \\ 0 \end{pmatrix} = \begin{pmatrix} -2 \\ 0 \\ 2 \end{pmatrix}$$

Es folgt:

$$\begin{pmatrix} -4 \\ 0 \\ 4 \end{pmatrix} = 2 \cdot \begin{pmatrix} -2 \\ 0 \\ 2 \end{pmatrix}$$

Da die Gleichung $\overrightarrow{IL} = r \cdot \overrightarrow{JK}$ mit $r \in \mathbb{R}$ die Lösung $r = 2$ hat, sind die Seiten parallel.

An dem Kollinearitätsfaktor $r = 2$ lässt sich außerdem ablesen, dass die Seite $\overline{IL}$ doppelt so lang ist wie die Seite $\overline{JK}$.

Alternative:
Sofern man den Nachweis, dass die Seite $\overline{IL}$ doppelt so lang wie die Seite $\overline{JK}$ ist, nicht bereits mit dem Kollinearitätsfaktor geführt hat, kann man alternativ die Länge der beiden Seiten berechnen:

$$|\overrightarrow{JK}| = \left| \begin{pmatrix} -2 \\ 0 \\ 2 \end{pmatrix} \right| = \sqrt{(-2)^2 + 0^2 + 2^2} = \sqrt{8}$$

$$|\overrightarrow{IL}| = \left| \begin{pmatrix} -4 \\ 0 \\ 4 \end{pmatrix} \right| = \sqrt{(-4)^2 + 0^2 + 4^2} = \sqrt{32} = \sqrt{4 \cdot 8} = 2 \cdot \sqrt{8} = 2 \cdot |\overrightarrow{JK}|$$

Nun berechnet man die Länge der beiden anderen Seiten des Vierecks IJKL, $\overline{IJ}$ und $\overline{KL}$:

$$|\overrightarrow{IJ}| = \left|\begin{pmatrix}2\\5\\0\end{pmatrix} - \begin{pmatrix}5\\0\\1\end{pmatrix}\right| = \left|\begin{pmatrix}-3\\5\\-1\end{pmatrix}\right| = \sqrt{(-3)^2 + 5^2 + (-1)^2} = \sqrt{35}$$

$$|\overrightarrow{KL}| = \left|\begin{pmatrix}1\\0\\5\end{pmatrix} - \begin{pmatrix}0\\5\\2\end{pmatrix}\right| = \left|\begin{pmatrix}1\\-5\\3\end{pmatrix}\right| = \sqrt{1^2 + (-5)^2 + 3^2} = \sqrt{35}$$

Das Viereck IJKL ist folglich ein Trapez, in dem die Seiten $\overline{IL}$ und $\overline{JK}$ parallel zueinander und die Seiten $\overline{IJ}$ und $\overline{KL}$ gleich lang sind.

c) Der Innenwinkel am Eckpunkt I, der durch die Seiten $\overline{IL}$ und $\overline{IJ}$ gebildet wird, werde mit φ_1 bezeichnet. Dann gilt:

$$\cos\varphi_1 = \frac{\overrightarrow{IL} \circ \overrightarrow{IJ}}{|\overrightarrow{IL}| \cdot |\overrightarrow{IJ}|} = \frac{\begin{pmatrix}-4\\0\\4\end{pmatrix} \circ \begin{pmatrix}-3\\5\\-1\end{pmatrix}}{\left|\begin{pmatrix}-4\\0\\4\end{pmatrix}\right| \cdot \left|\begin{pmatrix}-3\\5\\-1\end{pmatrix}\right|} = \frac{12+0-4}{\sqrt{32}\cdot\sqrt{35}} = \frac{8}{\sqrt{1120}}$$

$$\varphi_1 = \cos^{-1}\left(\frac{8}{\sqrt{1120}}\right) \approx \underline{\underline{76^\circ}}$$

Alternative: Es kann auch einer der anderen drei Winkel berechnet werden.

Da das Viereck IJKL ein gleichschenkliges Trapez ist (vgl. Teilaufgabe b), ist aus Symmetriegründen der Innenwinkel am Eckpunkt L, der von den Seiten $\overline{LI}$ und $\overline{LK}$ gebildet wird, genauso groß wie der Innenwinkel am Eckpunkt I.

Die Innenwinkel φ_3 und φ_4 an den Eckpunkten K und J sind aus Symmetriegründen ebenfalls gleich groß.

Für den Innenwinkel φ_3 am Eckpunkt K, der von den Seiten $\overline{KL}$ und $\overline{KJ}$ gebildet wird, gilt:

$$\cos\varphi_3 = \frac{\overrightarrow{KL} \circ \overrightarrow{KJ}}{|\overrightarrow{KL}| \cdot |\overrightarrow{KJ}|} = \frac{\begin{pmatrix}1\\-5\\3\end{pmatrix} \circ \begin{pmatrix}2\\0\\-2\end{pmatrix}}{\left|\begin{pmatrix}1\\-5\\3\end{pmatrix}\right| \cdot \left|\begin{pmatrix}2\\0\\-2\end{pmatrix}\right|} = \frac{2+0-6}{\sqrt{35}\cdot\sqrt{8}} = \frac{-4}{\sqrt{280}}$$

$$\varphi_3 = \cos^{-1}\left(\frac{-4}{\sqrt{280}}\right) \approx 104^\circ$$

d) Für den Flächeninhalt A eines Trapezes mit den parallelen Seiten a und c und der Höhe h gilt:

$$A = \frac{1}{2} \cdot (a + c) \cdot h$$

In dem vorliegenden Trapez IJKL sind $\overline{IL}$ und $\overline{JK}$ die parallelen Seiten (vgl. Teilaufgabe b).

Aufgrund der Symmetrie des Trapezes entspricht die Höhe dem Abstand der Mittelpunkte M_1 und M_2 der Seiten $\overline{IL}$ und $\overline{JK}$:

$$M_1\left(\frac{5+1}{2}\,\middle|\,\frac{0+0}{2}\,\middle|\,\frac{1+5}{2}\right) = M_1(3\,|\,0\,|\,3)$$

$$M_2\left(\frac{2+0}{2}\,\middle|\,\frac{5+5}{2}\,\middle|\,\frac{0+2}{2}\right) = M_2(1\,|\,5\,|\,1)$$

$$h = |\overrightarrow{M_1M_2}| = \left|\begin{pmatrix}-2\\5\\-2\end{pmatrix}\right| = \sqrt{(-2)^2+5^2+(-2)^2} = \sqrt{33}$$

Damit gilt für den Flächeninhalt:

$$A = \frac{1}{2}\cdot\left(|\overrightarrow{IL}|+|\overrightarrow{JK}|\right)\cdot h = \frac{1}{2}\cdot(\sqrt{32}+\sqrt{8})\cdot\sqrt{33} \approx 24{,}37\ [\text{FE}]$$

Der Flächeninhalt des Trapezes beträgt ungefähr $\underline{\underline{24{,}37\ \text{FE}}}$.

e) Da die Ebene T parallel zur Ebene S ist, hat die Gleichung von T die Form:

$$5x+4y+5z = d \text{ mit } d \in \mathbb{R}$$

Durch Einsetzen der Koordinaten des in der Ebene T liegenden Punktes $K(0\,|\,5\,|\,2)$ kann man d berechnen:

$$d = 5\cdot x_K + 4\cdot y_K + 5\cdot z_K = 5\cdot 0 + 4\cdot 5 + 5\cdot 2 = 30$$

Die Ebene T hat also die Gleichung:

$$T: 5x+4y+5z = 30$$

Durch eine Punktprobe kann man nun überprüfen, ob der Punkt $L(1\,|\,0\,|\,5)$ in der Ebene T liegt:

$$5\cdot x_L + 4\cdot y_L + 5\cdot z_L = 5\cdot 1 + 4\cdot 0 + 5\cdot 5 = 30 \quad\Rightarrow\quad L \in T$$

Der Punkt L liegt ebenfalls in Ebene T.

f) Die Gerade durch die Punkte G und H hat die Gleichung:

$$GH: \vec{x} = \overrightarrow{AG} + w\cdot\overrightarrow{GH} = \begin{pmatrix}5\\5\\5\end{pmatrix} + w\cdot\begin{pmatrix}-5\\0\\0\end{pmatrix};\quad w \in \mathbb{R}$$

Zur Bestimmung des Schnittpunktes der Geraden g und der Geraden GH setzt man die Terme der beiden Geradengleichungen gleich und erhält das folgende lineare Gleichungssystem (LGS):

$$\begin{pmatrix}4-r\\0\\r^2+1\end{pmatrix} + u\cdot\begin{pmatrix}4\\-5\\0\end{pmatrix} = \begin{pmatrix}5\\5\\5\end{pmatrix} + w\cdot\begin{pmatrix}-5\\0\\0\end{pmatrix};\quad r, u, w \in \mathbb{R}$$

$$\text{(I)}\quad 4-r+4u = 5-5w \quad\Rightarrow\quad w = \frac{1}{5}r - \frac{4}{5}u + \frac{1}{5}$$

$$\text{(II)}\quad -5u = 5 \quad\Rightarrow\quad u = -1$$

$$\text{(III)}\quad r^2+1 = 5 \quad\Rightarrow\quad r_1 = -2;\quad r_2 = 2$$

Durch Einsetzen von $u = -1$ und $r_1 = -2$ in (I) erhält man:

$$w_1 = \frac{1}{5} \cdot (-2) - \frac{4}{5} \cdot (-1) + \frac{1}{5} = \frac{3}{5}$$

Durch Einsetzen von $u = -1$ und $r_2 = 2$ in (I) erhält man:

$$w_2 = \frac{1}{5} \cdot 2 - \frac{4}{5} \cdot (-1) + \frac{1}{5} = \frac{7}{5}$$

Nur für ein $w \in [0; 1]$, also für $w_1 = \frac{3}{5}$, liegt der Schnittpunkt auf der Kante $\overline{GH}$ des Würfels.

Da der Vektor $\overrightarrow{GH}$ als Richtungsvektor der Geraden gewählt wurde, ergibt sich aus $w_1 = \frac{3}{5}$, dass die Kante $\overline{GH}$ im Verhältnis 3 : 2 geteilt wird.

Bezeichnet man den Schnittpunkt mit S, gilt für die Teilstrecke $|\overline{GS}| = \frac{3}{5} \cdot |\overline{GH}|$ und für die Teilstrecke $|\overline{SH}| = \frac{2}{5} \cdot |\overline{GH}|$.

Führerschein BE

In einem Land, in dem 80 % der Erwachsenen einen Führerschein besitzen, werden 100 Erwachsene zufällig ausgewählt. Es soll angenommen werden, dass dabei die Anzahl der ausgewählten Erwachsenen, die einen Führerschein besitzen, binomialverteilt ist.

a) Bestimmen Sie die Wahrscheinlichkeiten für folgende Ereignisse:
E_1: „Von den 100 ausgewählten Personen haben genau 80 Personen einen Führerschein."
E_2: „Von den 100 ausgewählten Personen haben höchstens 75 Personen einen Führerschein." 4

b) Ermitteln Sie, wie groß die Anzahl der ausgewählten Erwachsenen mindestens sein muss, damit die Wahrscheinlichkeit, dass darunter mindestens eine Person ohne Führerschein ist, mindestens 99 % beträgt. 4

In einer bestimmten Region des betrachteten Landes werden alle Fahrprüfungen eines Jahres auf einen möglichen Zusammenhang zwischen dem Alter eines Prüflings und dem Bestehen der Prüfung hin untersucht. Von insgesamt 13 879 Prüflingen waren 2 482 zum Zeitpunkt der Prüfung mindestens 30 Jahre alt. Insgesamt haben 11 104 Prüflinge die Prüfung bestanden; davon waren 8 870 zum Zeitpunkt der Prüfung jünger als 30 Jahre.

Ein Prüfling wird zufällig ausgewählt. Betrachtet werden die folgenden Ereignisse:
A: „Der Prüfling war zum Zeitpunkt der Prüfung mindestens 30 Jahre alt."
B: „Der Prüfling hat die Prüfung bestanden."

c) Bestimmen Sie die Anzahl der Prüflinge, die zum Zeitpunkt der Prüfung jünger als 30 Jahre waren und die Prüfung nicht bestanden haben. 2

d) Untersuchen Sie, ob die Wahrscheinlichkeiten $P_A(B)$ und $P(B)$ übereinstimmen. Geben Sie an, ob die Ereignisse A und B stochastisch unabhängig sind, und interpretieren Sie Ihre Angabe im Sachzusammenhang. 5

e) Besteht ein Prüfling die Prüfung bei der ersten Teilnahme nicht, nimmt er ein zweites Mal teil. Der Anteil der Prüflinge, die die Prüfung schon bei der ersten Teilnahme bestanden haben, ist q. Unter denjenigen, die zum zweiten Mal an der Prüfung teilnahmen, ist der Anteil der Prüflinge, die die Prüfung bestanden haben, nur halb so groß. Der Anteil der Prüflinge, die die Prüfung spätestens bei der zweiten Teilnahme bestanden haben, beträgt 90 %.
Berechnen Sie den Wert von q. 5

20

Summierte Binomialverteilungen

Gerundet auf vier Nachkommastellen, weggelassen ist „0,“, alle freien Plätze links unten enthalten 1,0000, rechts oben 0,0000.

Wird die Tabelle „von unten“ gelesen (p > 0,5), ist der gesuchte Wert 1 – (abgelesener Wert).

n	k \ p	0,02	0,05	0,10	$\frac{1}{6}$	0,20	0,25	0,30	$\frac{1}{3}$	k
	0	1326	0059							99
	1	4033	0371	0003						98
	2	6767	1183	0019						97
	3	8590	2578	0078						96
	4	9492	4360	0237	0001					95
	5	9845	6160	0576	0004					94
	6	9959	7660	1172	0013	0001				93
	7	9991	8720	2061	0038	0003				92
	8	9998	9369	3209	0095	0009				91
	9	9999	9718	4513	0231	0023				90
	10		9885	5832	0427	0057	0001			89
	11		9957	7030	0777	0126	0004			88
	12		9985	8018	1297	0253	0010			87
	13		9995	8761	2000	0469	0025	0001		86
	14		9999	9274	2874	0804	0054	0002		85
	15			9601	3877	1285	0111	0004		84
	16			9794	4942	1923	0211	0010	0001	83
	17			9900	5994	2712	0376	0022	0002	82
	18			9954	6965	3621	0630	0045	0005	81
	19			9980	7803	4602	0995	0089	0011	80
	20			9992	8481	5595	1488	0165	0024	79
	21			9997	8998	6540	2114	0288	0048	78
	22			9999	9370	7389	2864	0479	0091	77
	23				9621	8109	3711	0755	0164	76
	24				9783	8686	4617	1136	0281	75
	25				9881	9125	5535	1631	0458	74
100	26				9938	9442	6417	2244	0715	73
	27				9969	9658	7224	2964	1066	72
	28				9985	9800	7925	3768	1524	71
	29				9993	9888	8505	4623	2093	70
	30				9997	9939	8962	5491	2766	69
	31				9999	9969	9307	6331	3525	68
	32					9985	9554	7107	4344	67
	33					9993	9723	7793	5188	66
	34					9997	9836	8371	6019	65
	35					9999	9906	8839	6803	64
	36					9999	9948	9201	7511	63
	37						9973	9470	8123	62
	38						9986	9660	8630	61
	39						9993	9790	9034	60
	40						9997	9875	9341	59
	41						9999	9928	9566	58
	42						9999	9960	9724	57
	43							9979	9831	56
	44							9989	9900	55
	45							9995	9943	54
	46							9997	9969	53
	47							9999	9983	52
	48							9999	9991	51
	49								9996	50
	50								9998	49
	51								9999	48
	52									47
n	k		0,95	0,90	$\frac{5}{6}$	0,80	0,75	0,70	$\frac{2}{3}$	p \ k

Tipps und Hinweise zur Lösung von Aufgabe 4.1

Tipps zu Teilaufgabe a

- Die Zufallsgröße X: „Anzahl der ausgewählten Personen, die einen Führerschein besitzen" ist gemäß Aufgabenstellung binomialverteilt mit $n = 100$ und $p = 0{,}8$.
- Zur Bestimmung der Wahrscheinlichkeit des Ereignisses E_1 berechnen Sie mithilfe der Bernoulli-Formel die Wahrscheinlichkeit $P(X = 80)$. (Signalwort: „genau")
- Das Signalwort „höchstens" in der Beschreibung des Ereignisses E_2 deutet darauf hin, dass es sich um eine summierte Binomialverteilung handelt. Sie müssen also mithilfe der in der Anlage beiliegenden Tabelle die Wahrscheinlichkeit dafür bestimmen, dass 75 oder weniger (also 74, 73, 72, …, 2, 1 oder 0) Personen unter den ausgewählten Personen einen Führerschein haben.

Tipps zu Teilaufgabe b

- Es handelt sich um eine sog. Dreimal-mindestens-Aufgabe.
- Der Text entspricht der mathematischen Ungleichung $P(X \geq 1) \geq 0{,}99$, wobei X der Anzahl der Personen ohne Führerschein entspricht.
- Beachten Sie die Rechenregeln für Ungleichungen.

Tipps zu Teilaufgabe c

- Lesen Sie den Aufgabentext gründlich. Die Schwierigkeit der Aufgabe liegt vor allem im Textverständnis.
- Lösen Sie die (oftmals verwirrende) Formulierung mit dem Wort „mindestens" auf: Prüflinge, die mindestens 30 Jahre alt sind, sind 30 Jahre oder älter.
- Überlegen Sie, welche Anzahlen Sie von der Gesamtanzahl der Prüflinge abziehen müssen.

Tipps zu Teilaufgabe d

- $P_A(B)$ bezeichnet die Wahrscheinlichkeit, dass ein Prüfling die Prüfung besteht unter der Bedingung, dass er mindestens 30 Jahre alt ist. $P(B)$ bezeichnet die Wahrscheinlichkeit, dass ein Prüfling unabhängig vom Alter die Prüfung besteht. Ermitteln Sie die gesuchten Wahrscheinlichkeiten, indem Sie aus den im Aufgabentext gegebenen Informationen geeignete Quotienten bilden.
- Zwei Ereignisse E und F heißen stochastisch unabhängig, wenn $P_E(F) = P(F)$ gilt.

Tipps zu Teilaufgabe e

- Stellen Sie mithilfe der Informationen aus dem Aufgabentext eine Gleichung auf.
- Beachten Sie vor allem die Angabe, dass der Anteil der Prüflinge, die beim ersten Mal bestehen, und der Anteil der Prüflinge, die beim zweiten Mal bestehen, $90\,\% = 0{,}9 = \frac{9}{10}$ ergeben. (Signalwort: „spätestens")
- Mit der Variablen q soll der Anteil derjenigen, die beim ersten Mal die Prüfung bestehen, bezeichnet werden. Folglich ist der Anteil derjenigen, die nicht beim ersten Mal die Prüfung bestehen und daher gemäß Aufgabenstellung alle ein zweites Mal an der Prüfung teilnehmen, $(1 - q)$.
- Der Anteil derjenigen, die die Prüfung beim zweiten Mal bestehen, ist aber nur halb so groß wie der Anteil derjenigen, die die Prüfung beim ersten Mal bestehen. Der Anteil ist also $\frac{q}{2}$.
- Beachten Sie, dass eine sinnvolle Lösung für q im Intervall $0 < q < 1$ liegen muss.

Lösungen zu Aufgabe 4.1

a) Die Zufallsgröße X: „Anzahl der ausgewählten Personen, die einen Führerschein besitzen" ist binomialverteilt.

Die Wahrscheinlichkeit des Ereignisses E_1 lässt sich mit der Bernoulli-Formel berechnen:

$$P(X=r)=\binom{n}{r}\cdot p^r\cdot p^{n-r} \text{ mit } r=80,\ n=100 \text{ und } p=0{,}8$$

$$P(E_1)=P(X=80)=\binom{100}{80}\cdot 0{,}8^{80}\cdot 0{,}2^{20}\approx 0{,}099=9{,}9\ \%$$

Die Wahrscheinlichkeit für das Ereignis E_1: „Von den 100 ausgewählten Personen haben genau 80 Personen einen Führerschein" beträgt ungefähr 9,9 %.

Die Wahrscheinlichkeit für das Ereignis E_2 lässt sich mithilfe der in der Anlage enthaltenen Tabelle der summierten Binomialverteilungen berechnen:

$$P(E_2)=P(X\le 75)=1-0{,}8686=0{,}1314\approx 13{,}1\ \%$$

Die Wahrscheinlichkeit für das Ereignis E_2: „Von den 100 ausgewählten Personen haben höchstens 75 Personen einen Führerschein" beträgt ungefähr 13,1 %.

b) Bezeichnet X die Anzahl der Personen ohne Führerschein, dann entspricht der Text der mathematischen Ungleichung:

$$P(X\ge 1)\ge 0{,}99$$

Man geht über das Gegenereignis „Alle haben einen Führerschein".

$$1-P(X=0)\ge 0{,}99$$

Ist n die Anzahl der ausgewählten Erwachsenen, so gilt:

$$1-0{,}8^n\ge 0{,}99$$

$$0{,}8^n\le 0{,}01 \quad |\ln$$

Anwenden der logarithmischen Rechenregeln:

$$n\cdot\ln 0{,}8\le\ln 0{,}01$$

$$n\ge\frac{\ln 0{,}01}{\ln 0{,}8}$$

$$n\ge 21$$

Da $\ln 0{,}8$ negativ ist, dreht sich das Relationszeichen um.

Es müssen mindestens 21 Erwachsene ausgewählt werden.

c) Um die Anzahl der Prüflinge, die jünger als 30 Jahre waren und die Prüfung nicht bestanden haben, zu berechnen, muss man von der Gesamtzahl der Prüflinge (13 879) die Anzahl der Prüflinge, die mindestens 30 Jahre (also 30 Jahre oder älter) waren (2 482), und die Anzahl der Prüflinge, die jünger als 30 Jahre alt waren und die Prüfung bestanden haben (8 870), abziehen:

$$13\,879-2\,482-8\,870=2\,527$$

2 527 Prüflinge waren jünger als 30 Jahre und haben die Prüfung nicht bestanden.

d) Die Wahrscheinlichkeit $P_A(B)$, dass ein Prüfling die Prüfung besteht unter der Bedingung, dass er mindestens 30 Jahre alt ist, entspricht dem Quotienten aus der Anzahl der Prüflinge, die die Prüfung bestanden haben und mindestens 30 Jahre alt waren, und der Gesamtanzahl der Prüflinge, die mindestens 30 Jahre alt waren.

$$P_A(B) = \frac{11\,104 - 8\,870}{2\,482} \approx 90{,}0\,\%$$

Die Wahrscheinlichkeit P(B), dass ein Prüfling die Prüfung besteht, entspricht dem Quotienten aus der Anzahl der Prüflinge, die die Prüfung bestanden haben, und der Gesamtanzahl der Prüflinge, die an der Prüfung teilgenommen haben.

$$P(B) = \frac{11\,104}{13\,879} \approx 80{,}0\,\%$$

Zwei Ereignisse E und F heißen stochastisch unabhängig, wenn $P_E(F) = P(F)$ gilt.

Da im vorliegenden Fall $\underline{\underline{P_A(B) \neq P(B)}}$ ist, sind die Ereignisse A und B <u>nicht stochastisch unabhängig</u>.

Dass $P_A(B) > P(B)$ ist, bedeutet, dass die Wahrscheinlichkeit, die Prüfung zu bestehen, unter Personen, die 30 Jahre oder älter sind, größer als beim Durchschnitt aller Personen ist.

e) q ist der Anteil der Prüflinge, die die Prüfung schon beim ersten Mal bestehen.

(1 − q) ist entsprechend der Anteil derjenigen, die die Prüfung nicht beim ersten Mal bestehen und daher ein zweites Mal an der Prüfung teilnehmen. Von diesen Personen bestehen aber nur halb so viele wie unter denjenigen, die die Prüfung beim ersten Mal bestehen. Der Anteil derjenigen, die beim zweiten Mal bestehen, lässt sich also mit dem Term $(1-q) \cdot \frac{q}{2}$ ausdrücken.
Die Anteile derjenigen, die beim ersten Mal bestehen, und derjenigen, die beim zweiten Mal bestehen, summieren sich auf $90\,\% = \frac{9}{10}$. (Signalwort: „spätestens")
Die Gleichung lässt sich durch Äquivalenzumformungen und die Anwendung der p-q-Formel lösen:

$$q + (1-q) \cdot \frac{q}{2} = \frac{9}{10}$$

$$q + \frac{q}{2} - \frac{q^2}{2} = \frac{9}{10}$$

$$-\frac{q^2}{2} + \frac{3}{2}q - \frac{9}{10} = 0$$

$$q^2 - 3q + \frac{9}{5} = 0$$

$$q = \frac{3}{2} \mp \sqrt{\left(\frac{3}{2}\right)^2 - \frac{9}{5}}$$

$q_1 \approx 0{,}829; \quad q_2 \approx 2{,}171$

Da es sich bei q um einen (echten) Anteil handelt, ist nur die Lösung q_1 mit $0 < q < 1$ sinnvoll. Der Anteil der Prüflinge, die die Prüfung bereits beim ersten Mal bestanden haben, beträgt ungefähr $\underline{\underline{82{,}9\,\%}}$.

Würfelspiel BE

Sven und Tom würfeln täglich mit einem fairen Würfel darum, wer den Müll nach unten bringt. Es wird folgende Regel vereinbart: Zuerst würfelt Sven, danach würfelt Tom. Wenn die Augenzahl von Sven kleiner ist als die von Tom, muss Sven den Müll nach unten bringen. In allen anderen Fällen muss Tom den Müll nach unten bringen.

a) Bestimmen Sie die Wahrscheinlichkeit dafür, dass Sven eine 4 gewürfelt hat und den Müll nach unten bringen muss. 2

b) Zeigen Sie, dass die Wahrscheinlichkeit für das Ereignis „Sven bringt den Müll nach unten" $p = \frac{5}{12}$ beträgt.
Fertigen Sie eine tabellarische Übersicht aller Ergebnisse an, bei denen Sven den Müll nach unten bringen muss. 5

Sven und Tom werden im nächsten Monat 30-mal würfeln.

c) Bestimmen Sie den Erwartungswert dafür, wie oft Sven im nächsten Monat den Müll nach unten bringt. 2

d) Berechnen Sie die Wahrscheinlichkeit für das Ereignis
A: „Sven trägt genau 12-mal den Müll nach unten."
Geben Sie einen Term an, mit dem man die Wahrscheinlichkeit für das Ereignis
B: „Tom trägt mindestens einmal den Müll hinunter." berechnen kann. 4

e) Beschreiben Sie im Sachzusammenhang die Bedeutung des Terms
$\binom{30}{10}\cdot\left(\frac{5}{12}\right)^{10}\cdot\left(\frac{7}{12}\right)^{20}+\binom{30}{11}\cdot\left(\frac{5}{12}\right)^{11}\cdot\left(\frac{7}{12}\right)^{19}+\binom{30}{12}\cdot\left(\frac{5}{12}\right)^{12}\cdot\left(\frac{7}{12}\right)^{18}$. 2

f) Tom schlägt eine Veränderung des Spiels vor. Diese besteht darin, dass zunächst vor Beginn der neuen Woche ermittelt wird, wie oft jeder der beiden in der Woche den Müll hinuntertragen muss. Dazu werden in einen Stoffbeutel 5 schwarze und 5 weiße Kugeln gleicher Größe gelegt. Einer der beiden zieht mit einem Griff genau 7 Kugeln aus dem Beutel. Die Anzahl der gezogenen schwarzen Kugeln entspricht nun der Anzahl der Tage, an denen Tom in der Woche den Müll nach unten tragen muss.
Bestimmen Sie die Wahrscheinlichkeit dafür, dass Tom in der folgenden Woche weniger als 4-mal an der Reihe ist.
Begründen Sie Ihren Ansatz. 5

20

Tipps und Hinweise zur Lösung von Aufgabe 4.2

Tipps zu Teilaufgabe a

- Bestimmen Sie die Wahrscheinlichkeit, dass Sven eine Vier würfelt.
- Überlegen Sie, welche Augenzahl Tom würfeln muss, damit Sven, nachdem er eine Vier gewürfelt hat, den Müll nach unten bringen muss.
- Wenden Sie Summen- und Pfadregel richtig an.

Tipps zu Teilaufgabe b

- Erstellen Sie möglichst systematisch eine tabellarische Übersicht aller Ereignisse, bei denen Sven den Müll nach unten bringen muss. Gehen Sie alle Augenzahlen durch, die Sven würfeln kann, und überlegen Sie, welche Augenzahl Tom dann würfeln muss, damit Sven den Müll nach unten bringen muss.
- Zählen Sie, wie viele Fälle es gibt, in denen Sven den Müll nach unten bringen muss.
- Berechnen Sie die Anzahl aller möglichen Ereignisse beim zweimaligen Wurf mit einem fairen Würfel.
- Die Wahrscheinlichkeit, dass Sven den Müll nach unten bringen muss, ist der Quotient aus der Anzahl der Fälle, die auftreten können, sodass Sven den Müll nach unten bringen muss, und der Gesamtanzahl aller möglichen Ereignisse beim zweimaligen Wurf mit einem fairen Würfel.

Tipps zu Teilaufgabe c

- Die Zufallsgröße X: „Anzahl, wie oft Sven den Müll nach unten bringt“ ist binomialverteilt mit $n = 30$ (das zweimalige Würfeln wird 30-mal durchgeführt) und $p = \frac{5}{12}$ (in Teilaufgabe b berechnete Wahrscheinlichkeit).
- Für eine binomialverteilte Zufallsgröße X mit den Parametern n und p ist der Erwartungswert E(X) bzw. μ das Produkt aus n und p. Es gilt also: $E(X) = \mu = n \cdot p$

Tipps zu Teilaufgabe d

- Um die Wahrscheinlichkeit für das Ereignis A zu bestimmen, berechnen Sie $P(X = 12)$ mithilfe der Bernoulli-Formel:

  $$P(X = r) = \binom{n}{r} \cdot p^r \cdot (1-p)^{n-r}$$

  In der Formel beschreibt die Zufallsgröße X die Anzahl der Treffer und n beschreibt, wie oft ein Bernoulli-Experiment in einer Bernoulli-Kette durchgeführt wird (hier: 30-malige Durchführung des zweimaligen Würfelns). Berechnet wird die Wahrscheinlichkeit, r Treffer zu erzielen (hier: 12).
- Das Ereignis B ist das Gegenereignis zu dem Ereignis $\overline{B}$ „Sven trägt immer (also 30-mal) den Müll nach unten“. Stellen Sie einen Term für P(B) mithilfe des Gegenereignisses $\overline{B}$ auf.
- Beachten Sie, dass P(B) nicht berechnet werden muss.

Tipps zu Teilaufgabe e

- Der aus drei Summanden bestehende Term gibt eine kumulierte Wahrscheinlichkeit der Form $P(a \le X \le b)$ an.
- Jeder Summand hat die Form der Bernoulli-Formel:
  $P(X = r) = \binom{n}{r} \cdot p^r \cdot (1-p)^{n-r}$ (vgl. Teilaufgabe d)
- Ermitteln Sie insbesondere unter Berücksichtigung des Binomialkoeffizienten und der Exponenten, welche Wahrscheinlichkeit jeder einzelne Summand angibt.
- Beschreiben Sie dann das Ereignis $P(a \le X \le b)$, das der gesamte Term angibt. Verwenden Sie dabei die Wörter „mindestens“ und „höchstens“.

Tipps zu Teilaufgabe f

- Bei dem Spiel werden die sieben Kugeln mit einem Griff aus dem Beutel gezogen. Es handelt sich also um ein Ziehen ohne Zurücklegen. Daher kann das Lottomodell (hypergeometrische Verteilung) angewendet werden.
- Überlegen Sie, bei welchen Kombinationen von schwarzen und weißen Kugeln Tom weniger als viermal den Müll nach unten bringen muss.

Lösungen zu Aufgabe 4.2

a) Die Wahrscheinlichkeit, dass Sven mit einem fairen Würfel eine Vier würfelt, beträgt:

$$P(4) = \frac{1}{6}$$

Tom muss, nachdem Sven eine Vier gewürfelt hat, eine Fünf oder eine Sechs würfeln, damit Sven den Müll nach unten bringen muss.

Die Wahrscheinlichkeit, mit einem fairen Würfel eine Fünf oder eine Sechs zu würfeln, beträgt:

$$P(5 \text{ oder } 6) = P(5) + P(6) = \frac{1}{6} + \frac{1}{6} = \frac{1}{3} \quad \text{(Summenregel)}$$

Die gesuchte Wahrscheinlichkeit des Ereignisses E: „Sven hat eine Vier gewürfelt und muss den Müll nach unten bringen“ beträgt:

$$P(E) = P(4) \cdot P(5 \text{ oder } 6) = \frac{1}{6} \cdot \frac{1}{3} = \underline{\underline{\frac{1}{18}}} \quad \text{(Pfadregel)}$$

b) Tabellarische Übersicht aller Ergebnisse, bei denen Sven den Müll nach unten bringen muss:

Sven würfelt	1	1	1	1	1	2	2	2	2	3	3	3	4	4	5
Tom würfelt	2	3	4	5	6	3	4	5	6	4	5	6	5	6	6

Aus der Tabelle erkennt man, dass es 15 Fälle gibt, in denen Sven den Müll nach unten bringen muss.
Beim zweimaligen Wurf mit einem fairen Würfel gibt es insgesamt $6 \cdot 6 = 36$ mögliche Ausgänge.

Die Wahrscheinlichkeit, dass Sven den Müll nach unten bringen muss, beträgt also:

$$p = \frac{15}{36} = \underline{\underline{\frac{5}{12}}}$$

c) Die Zufallsgröße X: „Anzahl, wie oft Sven den Müll nach unten trägt“ ist binomialverteilt mit $n = 30$ und $p = \frac{5}{12}$.

Der Erwartungswert E(X) bzw. μ beträgt:

$$E(X) = \mu = n \cdot p = 30 \cdot \frac{5}{12} = \underline{\underline{12{,}5}}$$

d) Die Wahrscheinlichkeit $P(A) = P(X = 12)$ kann mithilfe der Bernoulli-Formel berechnet werden:

$$P(A) = P(X = 12) = \binom{30}{12} \cdot \left(\frac{5}{12}\right)^{12} \cdot \left(\frac{7}{12}\right)^{18} \approx 0{,}145$$

Die Wahrscheinlichkeit für das Ereignis A: „Sven trägt genau 12-mal den Müll nach unten“ beträgt ungefähr $\underline{\underline{14{,}5\ \%}}$.

Die Wahrscheinlichkeit P(B) kann mithilfe des Gegenereignisses „Tom bringt an keinem der 30 Tage den Müll nach unten" bzw. „Sven bringt an jedem der 30 Tage den Müll nach unten" beschrieben werden. Das Gegenereignis hat die Wahrscheinlichkeit $P(X=30)$, die mithilfe der Bernoulli-Formel berechnet werden kann.

Für P(B) gilt also:

$$P(B)=1-P(X=30)=1-\binom{30}{30}\cdot\left(\frac{5}{12}\right)^{30}\cdot\left(\frac{7}{12}\right)^{0}=\underline{\underline{1-\left(\frac{5}{12}\right)^{30}}}$$

e) Der aus drei Summanden bestehende Term gibt eine kumulierte Wahrscheinlichkeit der Form $P(a\leq X\leq b)$ an.

Der erste Summand $\binom{30}{10}\cdot\left(\frac{5}{12}\right)^{10}\cdot\left(\frac{7}{12}\right)^{20}$ gibt $P(X=10)$ an, also die Wahrscheinlichkeit, dass Sven genau 10-mal den Müll nach unten bringen muss.

Der zweite Summand $\binom{30}{11}\cdot\left(\frac{5}{12}\right)^{11}\cdot\left(\frac{7}{12}\right)^{19}$ gibt $P(X=11)$ an, also die Wahrscheinlichkeit, dass Sven genau 11-mal den Müll nach unten bringen muss.

Der dritte Summand $\binom{30}{12}\cdot\left(\frac{5}{12}\right)^{12}\cdot\left(\frac{7}{12}\right)^{18}$ gibt $P(X=12)$ an, also die Wahrscheinlichkeit, dass Sven genau 12-mal den Müll nach unten bringen muss.

Der gesamte Term gibt die kumulierte Wahrscheinlichkeit $P(10\leq X\leq 12)$ an für das Ereignis:
„Sven bringt innerhalb von 30 Tagen mindestens 10-mal, aber höchstens 12-mal den Müll nach unten."

f) Da es sich bei dem veränderten Spiel um ein Ziehen ohne Zurücklegen handelt, kann das Lottomodell (hypergeometrische Verteilung) angewendet werden.

Zur Berechnung der Wahrscheinlichkeit, dass Tom in der folgenden Woche weniger als viermal (höchstens dreimal) den Müll nach unten bringen muss, sind folgende zwei Fälle zu berücksichtigen: Tom zieht entweder fünf weiße und zwei schwarze oder vier weiße und drei schwarze Kugeln.

Damit ergibt sich:

$$P(Y\leq 3)=\frac{\binom{5}{5}\cdot\binom{5}{2}}{\binom{10}{7}}+\frac{\binom{5}{4}\cdot\binom{5}{3}}{\binom{10}{7}}=\frac{\binom{5}{2}+\binom{5}{4}\cdot\binom{5}{3}}{\binom{10}{7}}=\frac{10+5\cdot 10}{120}=\frac{1}{2}=0{,}5$$

Die Wahrscheinlichkeit dafür, dass Tom weniger als viermal den Müll nach unten bringen muss, beträgt $\underline{\underline{50\ \%}}$.

Berlin – Mathematik Grundkurs
2020 – Aufgabe 1: hilfsmittelfreier Teil

Analysis 1 BE

Die Funktion F mit der Gleichung $F(x) = 2x^4 - x + 1$ ist eine Stammfunktion einer Funktion f.

a) Ermitteln Sie die Gleichung der Funktion f. 1

b) Geben Sie die Gleichung aller Stammfunktionen von f an.
Es gibt zwei Stammfunktionen von f, deren Graphen zu dem Funktionsgraphen der Funktion F einen Abstand von 3 LE in Richtung der y-Achse haben.
Geben Sie zu diesen beiden Stammfunktionen von f je eine Funktionsgleichung an. 4

Analysis 2

Der Graph einer quadratischen Funktion f verläuft durch den Koordinatenursprung. Die Tangente an diesen Graphen im Punkt $(2\,|\,f(2))$ hat die Gleichung $y = 4x - 2$. Bestimmen Sie einen Funktionsterm von f. 5

Geometrie 1

Gegeben sind die drei Punkte $A(3\,|\,4\,|\,-1)$, $B(4\,|\,6\,|\,0)$ und $C(1\,|\,0\,|\,-3)$.

a) Weisen Sie nach, dass die drei Punkte A, B und C auf einer Geraden g liegen. 3

b) Geben Sie die Koordinaten eines weiteren Punktes D an, der ebenfalls auf der Geraden g liegt und vom Punkt A den gleichen Abstand hat wie der Punkt B. 2

Geometrie 2

Gegeben sind die Punkte $A(7\,|\,-3\,|\,5)$ und $B(4\,|\,1\,|\,5)$.

a) Ermitteln Sie den Abstand der Punkte A und B. 1

b) Ermitteln Sie die Koordinaten eines möglichen Punktes C so, dass das Dreieck ABC ein gleichschenkliges Dreieck mit der Basis $\overline{AB}$ ist, das einen Flächeninhalt von 10 FE hat und senkrecht zur x-y-Ebene steht. 4

Stochastik

In einem Behälter befinden sich drei blaue und zwei rote Kugeln.

a) Zwei Kugeln werden zufällig nacheinander entnommen. Berechnen Sie die Wahrscheinlichkeit dafür, dass die beiden Kugeln unterschiedliche Farben haben. 2

b) Die beiden entnommenen Kugeln werden in den Behälter zurückgelegt. Anschließend entnehmen zwei Spielerinnen dem Behälter abwechselnd jeweils eine Kugel zufällig. Die Spielerin, die zuerst eine rote Kugel entnimmt, gewinnt. Weisen Sie nach, dass diejenige Spielerin, die die erste Kugel entnimmt, einen Vorteil hat. 3

25

Tipps und Hinweise zur Lösung von Aufgabe 1

Tipps zu Analysis 1

a) Machen Sie sich den Zusammenhang zwischen einer Funktion f und jeder ihrer Stammfunktionen klar.

Analysieren Sie die Termstruktur von F(x) und wählen Sie in Abhängigkeit davon eine geeignete Ableitungsregel.

b) Wodurch unterscheiden sich alle Stammfunktionen F_i voneinander?

Wie viele Möglichkeiten gibt es, einen Graphen in y-Richtung um einen Betrag a zu verschieben?

Eine solche Verschiebung des Graphen von F verändert den Funktionsterm von F zu $\tilde{F}(x) = F(x) \pm a$.

Tipps zu Analysis 2

Ermitteln Sie alle gegebenen Eigenschaften von f und versuchen Sie, jede dieser Eigenschaften als Term oder Gleichung auszudrücken.

Beispiel: Der Graph von f verläuft durch den Koordinatenursprung. $\Rightarrow$ $f(0) = 0$

Da die Funktion gleichzeitig alle gegebenen Eigenschaften haben muss, müssen alle aufgestellten Gleichungen gelten. Es entsteht also ein lineares Gleichungssystem (LGS).

Lösen Sie dieses LGS mit dem Gauß-Verfahren, das Sie immer zur Lösung führt, wenn das LGS überhaupt eine Lösung besitzt.

Tipps zu Geometrie 1

a) Stellen Sie eine Parametergleichung der Geraden g durch die Punkte A und B auf. Im Hinblick auf Teilaufgabe b ist es empfehlenswert, den Ortsvektor $\overrightarrow{OA}$ als Stützvektor und den Verbindungsvektor $\overrightarrow{AB}$ als Richtungsvektor zu benutzen.

Weisen Sie mithilfe einer Punktprobe nach, dass der Punkt C auf der Geraden g liegt.

b) Nutzen Sie die von Ihnen in Teilaufgabe a aufgestellte Geradengleichung in der Parameterform g: $\vec{x} = \overrightarrow{OA} + r \cdot \overrightarrow{AB}$ mit $r \in \mathbb{R}$. Der Kollinearitätsfaktor r legt den Abstand eines Punktes auf der Geraden vom Punkt A fest. Das Vorzeichen des Kollinearitätsfaktors r bestimmt, auf welcher Seite vom Punkt A aus gesehen ein Punkt auf der Geraden liegt.

Tipps zu Geometrie 2

a) Der Abstand zweier Punkte $A(x_A \mid y_A \mid z_A)$ und $B(x_B \mid y_B \mid z_B)$ ist gleich dem Betrag des Verbindungsvektors $\overrightarrow{AB}$.

Für den Betrag des Vektors $\overrightarrow{AB}$ gilt:

$$|\overrightarrow{AB}| = \sqrt{(x_B - x_A)^2 + (y_B - y_A)^2 + (z_B - z_A)^2}$$

b) Für den Flächeninhalt A eines Dreiecks mit der Grundseite g und der zugehörigen Höhe h gilt $A = \frac{g \cdot h}{2}$. Berechnen Sie mithilfe des gegebenen Flächeninhalts A = 10 FE und der in Teilaufgabe a bestimmten Länge der Grundseite $\overline{AB}$ die Höhe h des gesuchten Dreiecks.

Die Seite $\overline{AB}$ verläuft parallel zur x-y-Ebene, da die z-Koordinaten der Punkte A und B gleich sind. Die zur Seite $\overline{AB}$ gehörige Höhe steht also senkrecht zur x-y-Ebene.

Die Höhe eines gleichschenkligen Dreiecks teilt die Basis in der Mitte. Bestimmen Sie den Mittelpunkt M der Seite $\overline{AB}$. Für den Mittelpunkt M der Seite $\overline{AB}$ gilt:

$$M\left(\frac{x_A + x_B}{2} \;\middle|\; \frac{y_A + y_B}{2} \;\middle|\; \frac{z_A + z_B}{2}\right)$$

Der gesuchte Punkt C liegt senkrecht über oder unter dem Mittelpunkt M im Abstand der errechneten Höhe h. Wegen der Lage der Seite $\overline{AB}$ parallel zur x-y-Ebene haben die Punkte C und M die gleichen x- und y-Koordinaten.

Tipps zu Stochastik

a) Hilfreich kann es sein, ein Baumdiagramm zu zeichnen. Bedenken Sie aber, dass Sie in einer Prüfungssituation dadurch Zeit verlieren.

Beachten Sie, dass es sich um Ziehen von Kugeln ohne Zurücklegen handelt. Während sich beim ersten Ziehen fünf Kugeln in dem Behälter befinden, sind es beim zweiten Ziehen nur noch vier.

Zwei Kugeln mit unterschiedlichen Farben erhält man, wenn man entweder zuerst eine rote und dann eine blaue Kugel ({rb}) oder umgekehrt erst eine blaue und dann eine rote Kugel ({br}) zieht.

Die Gesamtwahrscheinlichkeit dafür, dass man zwei Kugeln mit unterschiedlichen Farben zieht, ist nach der Summenregel die Summe der Wahrscheinlichkeiten für die Ausgänge {rb} und {br}.

b) Auch hier kann es hilfreich sein, ein Baumdiagramm zu zeichnen. Bedenken Sie aber, dass Sie in einer Prüfungssituation dadurch Zeit verlieren.

Beachten Sie, dass es sich um Ziehen von Kugeln ohne Zurücklegen handelt.

Überlegen Sie, in welchen Fällen die erste Spielerin gewinnt.

Die erste Spielerin gewinnt, wenn sie entweder gleich beim ersten Spielzug eine rote Kugel zieht (G_1) oder wenn sie im ersten Spielzug eine blaue Kugel, die zweite Spielerin im zweiten Spielzug ebenfalls eine blaue Kugel und im dritten Spielzug wiederum sie eine rote Kugel zieht (G_2).

Berechnen Sie mithilfe der Pfadregel (Multiplikationsregel) die Wahrscheinlichkeiten für die beiden Teilereignisse G_1 und G_2.

Die Gewinnwahrscheinlichkeit der ersten Spielerin ergibt sich nach der Summenregel aus der Summe der Wahrscheinlichkeiten für die beiden Teilereignisse G_1 und G_2.

Fair wäre das Spiel, wenn die Gewinnwahrscheinlichkeit der ersten Spielerin $\frac{1}{2}$ bzw. 50 % betrüge. Wenn die Gewinnwahrscheinlichkeit größer als $\frac{1}{2}$ bzw. 50 % ist, hat die erste Spielerin einen Vorteil.

Lösungen zu Aufgabe 1

Analysis 1

a) F ist eine Stammfunktion von f, wenn gilt:

$$F'(x) = f(x)$$
$$F(x) = 2x^4 - x + 1$$
$$F'(x) = 8x^3 - 1$$

Somit lautet die Gleichung der Funktion f:

$$\underline{\underline{f(x) = 8x^3 - 1}}$$

b) Besitzt eine Funktion f eine Stammfunktion F, dann besitzt f unendlich viele Stammfunktionen $\tilde{F}$, die sich nur durch eine additive Konstante unterscheiden:

$$\underline{\underline{\tilde{F}(x) = 2x^4 - x + C; \quad C \in \mathbb{R}}}$$

Die Graphen der gesuchten Stammfunktionen F_1 und F_2 sind gegenüber dem Graphen von F um 3 LE in positiver bzw. in negativer y-Richtung verschoben. In den zugehörigen Funktionsgleichungen wird dieser Sachverhalt berücksichtigt, indem zum Funktionsterm von F die Zahl 3 addiert bzw. subtrahiert wird.

Die gesuchten Funktionsgleichungen sind:

$$\underline{\underline{F_1(x)}} = F(x) + 3 = \underline{\underline{2x^4 - x + 4}}$$

$$\underline{\underline{F_2(x)}} = F(x) - 3 = \underline{\underline{2x^4 - x - 2}}$$

Analysis 2

Gegebene Eigenschaft im Aufgabentext	Schlussfolgerungen	
quadratische Funktion f	$f(x) = ax^2 + bx + c$	(1)
Verlauf von f durch den Koordinatenursprung	$f(0) = 0$	(2)
Tangentengleichung $t(x) = 4x - 2$ an der Stelle 2	$f'(2) = m_t = 4$ $f(2) = t(2) = 4 \cdot 2 - 2 = 6$	(3) (4)

Aus (1) und (2) folgt:

$$f(0) = a \cdot 0^2 + b \cdot 0 + c = 0$$
$$c = 0$$

Mit

$$f(x) = ax^2 + bx \text{ und}$$
$$f'(x) = 2ax + b$$

folgt aus (3):

$$f'(2) = 4 \quad \Leftrightarrow \quad 2a \cdot 2 + b = 4a + b = 4 \qquad (5)$$

Aus (4) folgt:

$$f(2) = 6 \quad \Leftrightarrow \quad a \cdot 2^2 + b \cdot 2 = 4a + 2b = 6 \qquad (6)$$

Aus (5) und (6) ergibt sich folgendes lineares Gleichungssystem für a und b, das z. B. mit dem Gauß-Verfahren gelöst werden kann:

$$\begin{array}{llcrcrl}
\text{I} & 4a & + & b & = & 4 & \\
\text{II} & 4a & + & 2b & = & 6 & (\text{I}-\text{II}) \\
\hline
\text{I} & 4a & + & b & = & 4 & \\
\text{II} & & & -b & = & -2 & \\
\hline
\text{II} & & & b & = & 2 &
\end{array}$$

Einsetzen von b = 2 in I:

$$4a + 2 = 4$$
$$4a = 2$$
$$a = \frac{1}{2}$$

Mit $a = \frac{1}{2}$, b = 2 und c = 0 ergibt sich folgender Funktionsterm für f:

$$\underline{\underline{f(x) = \frac{1}{2}x^2 + 2x}}$$

Geometrie 1

a) Die Gerade durch die Punkte A und B hat die Gleichung:

$$g\colon\ \vec{x} = \overrightarrow{OA} + r \cdot \overrightarrow{AB} = \begin{pmatrix} 3 \\ 4 \\ -1 \end{pmatrix} + r \cdot \begin{pmatrix} 4-3 \\ 6-4 \\ 0-(-1) \end{pmatrix} = \begin{pmatrix} 3 \\ 4 \\ -1 \end{pmatrix} + r \cdot \begin{pmatrix} 1 \\ 2 \\ 1 \end{pmatrix};\ r \in \mathbb{R}$$

Mit einer Punktprobe lässt sich nachweisen, dass der Punkt C(1 | 0 | –3) auf der Geraden g liegt:

$$\begin{pmatrix} 1 \\ 0 \\ -3 \end{pmatrix} = \begin{pmatrix} 3 \\ 4 \\ -1 \end{pmatrix} + r \cdot \begin{pmatrix} 1 \\ 2 \\ 1 \end{pmatrix} \quad \text{für } r = -2$$

Alternativ ist es zwar möglich, eine Gleichung für die Gerade durch die Punkte A und C aufzustellen und die Punktprobe für den Punkt B durchzuführen oder eine Gleichung für die Gerade durch die Punkte B und C aufzustellen und die Punktprobe für den Punkt A durchzuführen. Im Hinblick auf die Teilaufgabe b empfiehlt es sich aber, von Anfang an mit der Geraden durch die Punkte A und B zu arbeiten und als Stützvektor den Ortsvektor $\overrightarrow{OA}$ sowie als Richtungsvektor den Verbindungsvektor $\overrightarrow{AB}$ zu wählen.

b) Die in Teilaufgabe a aufgestellte Geradengleichung g: $\vec{x} = \begin{pmatrix} 3 \\ 4 \\ -1 \end{pmatrix} + r \cdot \begin{pmatrix} 1 \\ 2 \\ 1 \end{pmatrix}$ liefert für r = 1 den Ortsvektor $\overrightarrow{OB}$ zum Punkt B.

Den Ortsvektor $\overrightarrow{OD}$ zum gesuchten Punkt D, der ebenfalls auf der Geraden liegen und für den $|\overrightarrow{AB}| = |\overrightarrow{AD}|$ gelten soll, erhält man entsprechend für r = –1:

$$\begin{pmatrix} x_D \\ y_D \\ z_D \end{pmatrix} = \begin{pmatrix} 3 \\ 4 \\ -1 \end{pmatrix} - \begin{pmatrix} 1 \\ 2 \\ 1 \end{pmatrix} = \begin{pmatrix} 2 \\ 2 \\ -2 \end{pmatrix}$$

Der Punkt D hat die Koordinaten $\underline{\underline{D(2 \mid 2 \mid -2)}}$.

Geometrie 2

a) Der Abstand der Punkte A und B ist gleich dem Betrag des Vektors $\overrightarrow{AB}$.

$$d(A; B) = |\overrightarrow{AB}|$$

$$\overrightarrow{AB} = \begin{pmatrix} 4-7 \\ 1-(-3) \\ 5-5 \end{pmatrix} = \begin{pmatrix} -3 \\ 4 \\ 0 \end{pmatrix}$$

$$|\overrightarrow{AB}| = \sqrt{(-3)^2 + 4^2 + 0^2} = \sqrt{25} = 5\,[\text{LE}]$$

Der Abstand der Punkte A und B beträgt $\underline{\underline{5\text{ LE}}}$.

b) Der Flächeninhalt A eines Dreiecks mit der Grundseite g und der zugehörigen Höhe h berechnet sich nach der Formel:

$$A = \frac{g \cdot h}{2}$$

Gegeben sind der Flächeninhalt 10 FE des gesuchten Dreiecks und die Länge der Grundseite $g = |\overrightarrow{AB}| = 5\,[\text{LE}]$. Die Höhe muss folglich

$$h = \frac{2 \cdot A}{g} = \frac{2 \cdot 10}{5} = 4\,[\text{LE}]$$

betragen.

Weil die beiden Punkte A und B die gleiche z-Koordinate haben, verläuft die Basis $\overline{AB}$ parallel zur x-y-Ebene. Somit muss die Höhe senkrecht zur x-y-Ebene stehen. In einem gleichschenkligen Dreieck halbiert die Höhe die Basis. Der gesuchte Punkt C liegt folglich 4 LE senkrecht über oder unter dem Mittelpunkt M der Basis $\overline{AB}$.

Mithilfe der Koordinaten der Punkte A und B lassen sich die Koordinaten des Mittelpunktes M berechnen:

$$M\left(\frac{x_A + x_B}{2} \,\middle|\, \frac{y_A + y_B}{2} \,\middle|\, \frac{z_A + z_B}{2}\right) = M\left(\frac{7+4}{2} \,\middle|\, \frac{-3+1}{2} \,\middle|\, \frac{5+5}{2}\right) = M(5{,}5 \,|\, -1 \,|\, 5)$$

Der gesuchte Punkt C kann 4 LE senkrecht über dem Mittelpunkt M bei $\underline{\underline{C_1(5{,}5 \,|\, -1 \,|\, 9)}}$ oder 4 LE senkrecht unter dem Mittelpunkt M bei $\underline{\underline{C_2(5{,}5 \,|\, -1 \,|\, 1)}}$ liegen.

Zur Erreichung der vollen Punktzahl genügt die Angabe eines der beiden Punkte C_1 oder C_2.

Stochastik

a) Der Sachverhalt lässt sich mit einem Baumdiagramm veranschaulichen:

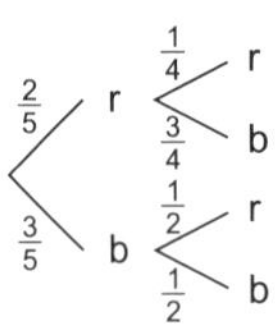

$P(\{rr\}) = \frac{2}{5} \cdot \frac{1}{4} = \frac{1}{10}$

$P(\{rb\}) = \frac{2}{5} \cdot \frac{3}{4} = \frac{3}{10}$

$P(\{br\}) = \frac{3}{5} \cdot \frac{1}{2} = \frac{3}{10}$

$P(\{bb\}) = \frac{3}{5} \cdot \frac{1}{2} = \frac{3}{10}$

Bei der zufällig nacheinander erfolgenden Entnahme zweier Kugeln sind folgende Ausgänge möglich: Es werden zwei rote Kugeln gezogen: {rr}; es werden zwei blaue Kugeln gezogen: {bb}; es wird erst eine rote und dann eine blaue Kugel gezogen: {rb}; es wird erst eine blaue und dann eine rote Kugel gezogen: {br}. Die Wahrscheinlichkeit für jeden dieser Ausgänge lässt sich mit der Pfadregel (Multiplikationsregel) berechnen.

Die Wahrscheinlichkeit für das Ereignis E, dass die beiden gezogenen Kugeln unterschiedliche Farben haben, ergibt sich nach der Summenregel aus der Summe der Wahrscheinlichkeiten für die Ausgänge {rb} und {br}.

$$P(E) = P(\{rb\}) + P(\{br\}) = \frac{2}{5} \cdot \frac{3}{4} + \frac{3}{5} \cdot \frac{1}{2} = \frac{3}{5} = 0{,}6 = 60\ \%$$

Die Wahrscheinlichkeit dafür, dass die beiden gezogenen Kugeln unterschiedliche Farben haben, beträgt $\frac{3}{5}$ bzw. 60 %.

b) Auch dieser Sachverhalt lässt sich mit einem Baumdiagramm veranschaulichen:

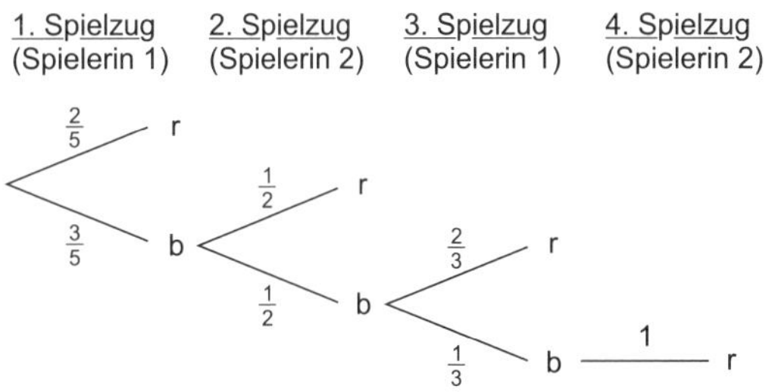

Die erste Spielerin gewinnt bei folgenden möglichen Ereignissen:
G_1: „Die erste Spielerin zieht gleich im ersten Spielzug eine rote Kugel."
Die Wahrscheinlichkeit für das Ereignis G_1 beträgt:

$$P(G_1) = \frac{2}{5}$$

G_2: „Die erste Spielerin zieht im ersten Spielzug eine blaue Kugel. Danach zieht die zweite Spielerin auch eine blaue Kugel. Erst dann zieht die erste Spielerin eine rote Kugel."

Die Wahrscheinlichkeit für G_2 beträgt nach der Pfadregel (Multiplikationsregel):

$$P(G_2) = \frac{3}{5} \cdot \frac{1}{2} \cdot \frac{2}{3} = \frac{1}{5}$$

Die Gewinnwahrscheinlichkeit für die erste Spielerin beträgt nach der Summenregel:

$$P(\text{die erste Spielerin gewinnt}) = P(G_1) + P(G_2) = \frac{2}{5} + \frac{1}{5} = \frac{3}{5} > \frac{1}{2}$$

Da ihre Gewinnwahrscheinlichkeit größer als $\frac{1}{2}$ ist, hat die erste Spielerin einen Vorteil.

Die Aufgabe kann auch aus Sicht der zweiten Spielerin beantwortet werden. Die zweite Spielerin gewinnt, wenn sie entweder bei ihrem ersten Spielzug eine rote Kugel zieht, nachdem die erste Spielerin eine blaue gezogen hat, oder wenn sie im letzten Spielzug eine rote Kugel zieht, nachdem erst die erste Spielerin, dann sie selbst und schließlich noch einmal die erste Spielerin eine blaue Kugel gezogen hat. Die Gewinnwahrscheinlichkeit ist:

$$P(\text{die zweite Spielerin gewinnt}) = \frac{3}{5} \cdot \frac{1}{2} + \frac{3}{5} \cdot \frac{1}{2} \cdot \frac{1}{3} \cdot 1 = \frac{3}{10} + \frac{1}{10} = \frac{4}{10} = \frac{2}{5} < \frac{1}{2}$$

Exponentialfunktion BE

Gegeben ist die Funktion f mit $f(x) = (6x - 3)e^{-x}$, $x \in \mathbb{R}$.

a) Ermitteln Sie die Schnittpunkte des Graphen von f mit den Koordinatenachsen. 2

b) Geben Sie das Verhalten der Funktionswerte von f für $x \to +\infty$ und $x \to -\infty$ an. 2

c) Weisen Sie rechnerisch nach, dass die 1. Ableitung von f die Gleichung $f'(x) = (-6x + 9)e^{-x}$ hat.
Der Graph von f hat einen lokalen Extrempunkt.
Ermitteln Sie die Koordinaten dieses Extrempunktes. 4

d) In der Skizze in der Anlage ist der Graph von f' skizziert.
Begründen Sie mithilfe dieser Skizze, dass der lokale Extrempunkt von f ein Hochpunkt ist. 3

e) Skizzieren Sie den Graphen von f für $x \geq 0$ in dem Koordinatensystem in der Anlage. 3

f) Ermitteln Sie die Gleichung der Tangente t an den Graphen von f im Punkt $P(1 \mid f(1))$.
Berechnen Sie den Winkel, unter dem diese Tangente die x-Achse schneidet. 4

g) Im Bereich $x \geq 1$ gibt es eine Stelle x_M, an der der senkrechte Abstand der Graphen von f und f' maximal ist.
Berechnen Sie den Wert von x_M und den Abstand der beiden Graphen an dieser Stelle.
Hinweis: Auf den Nachweis, dass es sich um ein Maximum handelt, kann verzichtet werden. 5

h) Beschreiben Sie, wie nachgewiesen werden kann, dass die Funktion F mit $F(x) = (-6x - 3) \cdot e^{-x}$ eine Stammfunktion von f ist.
Geben Sie eine Stammfunktion H von f mit der Eigenschaft $H(0) = 17$ an. 3

i) Der Graph von f, die x-Achse und die Geraden $x = 1$ und $x = 5$ schließen eine Fläche ein.
Ermitteln Sie den Flächeninhalt dieser Fläche. 4

j) Untersuchen Sie, ob es eine Stelle x_T gibt, an der die Tangente an den Graphen von f parallel zu der Tangente an den Graphen von f' verläuft. 5

35

Anlage zur Aufgabe 2.1: Exponentialfunktion

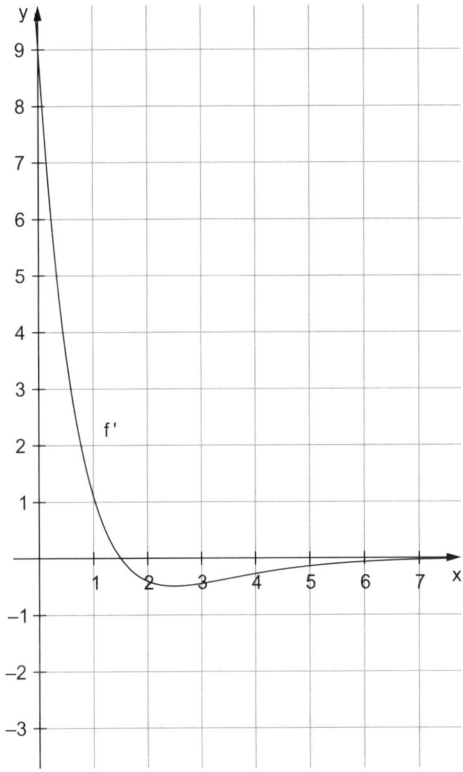

Tipps und Hinweise zur Lösung von Aufgabe 2.1

Tipps zu Teilaufgabe a

- Alle Schnittpunkte S_x des Graphen von f mit der x-Achse haben die Koordinaten $S_x(x_0 \mid 0)$, wobei x_0 die Nullstellen von f sind.
- Alle Schnittpunkte S_y des Graphen von f mit der y-Achse haben die Koordinaten $S_y(0 \mid y)$.
- Es gilt: Ein Produkt wird null, wenn mindestens ein Faktor dieses Produkts null wird.
- Nutzen Sie diese Regel zur Lösung von Gleichungen vom Typ $a \cdot b = 0$.

Tipp zu Teilaufgabe b

- Diskutieren Sie den Funktionsterm von f für unendlich große $(x \to +\infty)$ und unendlich kleine Werte $(x \to -\infty)$ für x.

Tipps zu Teilaufgabe c

- Analysieren Sie den Funktionsterm von f bezüglich seiner Termstruktur und leiten Sie daraus die zu verwendende Ableitungsregel ab.
- Eine notwendige Bedingung für die Existenz von lokalen Extremstellen x_E ist $f'(x_E) = 0$.
- Eine hinreichende Bedingung muss laut Aufgabenstellung nicht geprüft werden.
- Vergessen Sie nicht, beide Koordinaten des Extrempunktes anzugeben.

Tipps zu Teilaufgabe d

- Rufen Sie sich die Zusammenhänge zwischen den Eigenschaften der Funktion f und ihrer Ableitung f' ins Gedächtnis.
- Wählen Sie geeignete Eigenschaften aus, um die Art des lokalen Extrempunktes zu begründen.
- Es kann z. B. mithilfe der Diskussion des Anstiegs von f vor und nach der lokalen Extremstelle auf die Art des lokalen Extrempunktes geschlossen werden.

Tipps zu Teilaufgabe e

- Tragen Sie die bis hierhin ermittelten bzw. gegebenen Eigenschaften in das Koordinatensystem in der Anlage ein.
- Sie müssen den Graphen lediglich im angegebenen Intervall zeichnen.

Tipps zu Teilaufgabe f

- Eine Tangente t ist eine Gerade.
- Eine Gerade kann als Funktionsgraph einer linearen Funktion aufgefasst werden.
  $\Rightarrow \quad t(x) = m_t x + n$ (bzw. $y = m_t x + n$)
- Es gilt $m_t = f'(x)$.
- Der gemeinsame Punkt der Tangente t und des Graphen von f (der Berührungspunkt) liegt auf der Tangente: $P(a \mid b) \in t \quad \Rightarrow \quad t(a) = m_t \cdot a + n = b$
- Der Zusammenhang zwischen dem Anstieg m einer Geraden und dem Anstiegswinkel α dieser Geraden lautet: $\tan \alpha = m$, also $\alpha = \tan^{-1} m$

Tipps zu Teilaufgabe g

- Machen Sie sich die Formulierung „senkrechter Abstand an der Stelle x_M“ klar.
- Zeichnen Sie diesen Abstand d an einer beliebigen Stelle $x \geq 1$ in die Anlage ein.
- Wie kann folglich dieser Abstand berechnet werden?
- Beachten Sie, dass der Abstand d vom gewählten x abhängig ist.
- Damit gilt: $d = d(x) = f(x) - f'(x)$ für $x \geq 1$
- Für die Funktion d müssen Sie die lokalen Extremstellen bestimmen.
- Da d nur genau eine extremwertverdächtige Stelle besitzt, ist diese die gesuchte lokale Maximumstelle.
- Der Nachweis der Art der Extremstelle ist nicht gefordert.

Tipps zu Teilaufgabe h

- Zusammenhang von f und F: $F'(x) = f(x)$
- Für H gilt: $H(0) = F(0) + C$

Tipps zu Teilaufgabe i

- Veranschaulichen Sie die zu berechnende Fläche in der Anlage.
- Solche Flächen kann man allgemein wie folgt berechnen:

$$A = \int_a^b f(x)\,dx = F(b) - F(a)$$

- Eine Stammfunktion F zu f ist in der Aufgabenstellung gegeben.

Tipp zu Teilaufgabe j

- Zwei Tangenten (bzw. Geraden) verlaufen parallel, wenn ihre Anstiege gleich sind. Es muss also gelten: $f'(x_T) = f''(x_T)$

Lösungen zu Aufgabe 2.1

a) Schnittpunkt mit der x-Achse $S_x(x_0|0)$:

x_0 ist die Nullstelle der Funktion f, deshalb gilt:

$$f(x_0)=0$$

$$(6x_0-3)\cdot e^{-x_0}=0$$

Ein Produkt ist genau dann null, wenn mindestens einer der Faktoren null ist. Hier kann nur der erste Faktor null werden, da $e^{-x}>0$ für alle $x\in\mathbb{R}$.

Es folgt:

$$6x_0-3=0$$

$$6x_0=3$$

$$x_0=\frac{1}{2}$$

$$\Rightarrow \underline{\underline{S_x\left(\frac{1}{2}\middle|0\right)}}$$

Schnittpunkt mit der y-Achse $S_y(0|y)$:

$$f(0)=(6\cdot 0-3)\cdot e^{-0}=-3\cdot 1=-3$$

$$\Rightarrow \underline{\underline{S_y(0|-3)}}$$

b) Bei Grenzwerten dominiert der Exponentialterm.

Verhalten im Unendlichen:

$$\lim_{x\to+\infty}(6x-3)\cdot e^{-x}=+\infty\cdot 0=\underline{\underline{0}}$$

$$\lim_{x\to-\infty}(6x-3)\cdot e^{-x}=-\infty\cdot(+\infty)=\underline{\underline{-\infty}}$$

c) Die 1. Ableitungsfunktion f' wird ermittelt, indem die Produktregel angewendet wird:

$$f(x)=(6x-3)\cdot e^{-x}$$

$$u(x)=6x-3 \qquad v(x)=e^{-x}$$

$$u'(x)=6 \qquad v'(x)=-e^{-x}$$

$$\begin{aligned}f'(x)&=u'(x)\cdot v(x)+v'(x)\cdot u(x)\\&=6\cdot e^{-x}+(-e^{-x})\cdot(6x-3)\\&=6\cdot e^{-x}+(-6x+3)\cdot e^{-x}\\&=(6-6x+3)e^{-x}\\&=\underline{\underline{(-6x+9)e^{-x}}}\end{aligned}$$

Lokaler Extrempunkt:
Für eine lokale Extremstelle x_E gilt folgende notwendige Bedingung:

$$f'(x_E) = 0$$
$$(-6x_E + 9)e^{-x_E} = 0$$

Da $e^{-x} > 0$ für alle $x \in \mathbb{R}$, folgt:

$$-6x_E + 9 = 0$$
$$6x_E = 9$$
$$x_E = \frac{9}{6} = \frac{3}{2}$$

Da es genau eine Stelle gibt, die als Extremstelle infrage kommt, und es laut Aufgabenstellung eine lokale Extremstelle gibt, ist diese hiermit gefunden. Nach der Art des lokalen Extrempunktes ist nicht gefragt. Somit muss die 2. Ableitungsfunktion nicht untersucht werden.

Für die y-Koordinate des Extrempunktes folgt:

$$y_E = f\left(\frac{3}{2}\right) = \left(6 \cdot \frac{3}{2} - 3\right) \cdot e^{-\frac{3}{2}} = 6 \cdot e^{-\frac{3}{2}} \approx 1{,}34$$

$$\Rightarrow \underline{\underline{P_E\left(\frac{3}{2} \middle| 6e^{-\frac{3}{2}}\right)}} \text{ bzw. } \underline{\underline{P_E(1{,}5 \mid 1{,}34)}}$$

d) In der Skizze kann man erkennen, dass $f'(x)$ an der Stelle $x_E = 1{,}5$ eine Nullstelle besitzt, d. h., die notwendige Bedingung für die Existenz von Extremstellen ist erfüllt.

Links von $x_E = 1{,}5$ ist $f'(x)$ positiv bzw. $f'(x) > 0$ für $x < 1{,}5$. Folglich ist f in diesem Bereich streng monoton steigend. Rechts von $x_E = 1{,}5$ ist $f'(x)$ negativ bzw. $f'(x) < 0$ für $x > 1{,}5$. Folglich ist f in diesem Bereich streng monoton fallend.

Daraus folgt, dass $P_{max}(1{,}5 \mid 1{,}34)$ ein lokaler Hochpunkt ist.

e) Folgende Eigenschaften sind bereits ermittelt:

$$S_x\left(\frac{1}{2} \middle| 0\right);\ S_y(0 \mid -3);\ P_{max}(1{,}5 \mid 1{,}34);\ \lim_{x \to +\infty} f(x) = 0$$

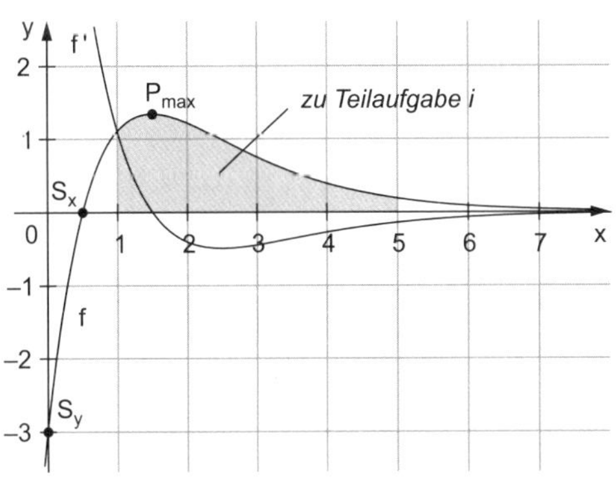

f) Mit $f(x) = (6x-3) \cdot e^{-x}$ gilt für den Funktionswert an der Stelle $x = 1$:

$$f(1) = (6 \cdot 1 - 3) \cdot e^{-1} = \frac{3}{e}$$

Die Steigung der Tangente an den Graphen an einer Stelle x ist gleich dem Funktionswert der 1. Ableitung an dieser Stelle x. Mit $f'(x) = (-6x+9) \cdot e^{-x}$ ergibt sich:

$$m_t = f'(1) = (-6 \cdot 1 + 9) \cdot e^{-1} = \frac{3}{e}$$

Mit $t(x) = m_t x + n_t$ folgt:

$$t(x) = \frac{3}{e} x + n_t$$

Da $P(1 \mid f(1)) \in t$ bzw. $P\left(1 \,\middle|\, \frac{3}{e}\right) \in t$, folgt:

$$\frac{3}{e} = \frac{3}{e} \cdot 1 + n_t \quad \Rightarrow \quad n_t = 0$$

Die Tangentengleichung lautet:

$$\underline{\underline{t(x) = \frac{3}{e} x}}$$

Es gilt $m_t = \tan \alpha$ mit α als Anstiegswinkel gegen die positive x-Achse:

$$\tan^{-1}\left(\frac{3}{e}\right) \approx 47{,}82°$$

Die Tangente schneidet die x-Achse unter einem Winkel von rund $\underline{\underline{47{,}82°}}$.

g) Da für $x > 1$ der Graph von f stets oberhalb des Graphen von f' verläuft, gilt für den Abstand d in Abhängigkeit von x:

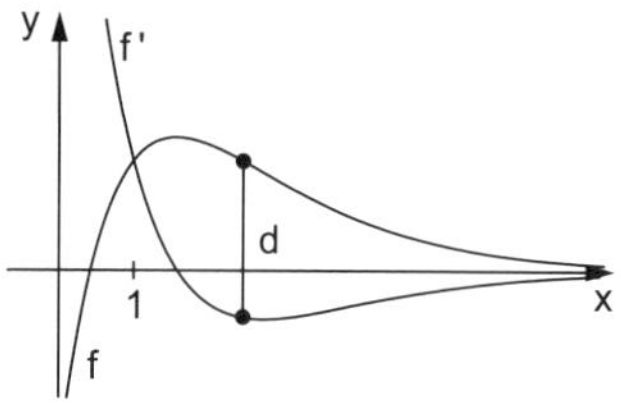

$$\begin{aligned} d(x) &= f(x) - f'(x) \\ &= (6x-3) \cdot e^{-x} - (-6x+9) \cdot e^{-x} \\ &= (6x - 3 + 6x - 9) \cdot e^{-x} \\ &= (12x - 12) \cdot e^{-x} \end{aligned}$$

Um den maximalen Abstand zu finden, wird die Ableitungsfunktion d' gebildet:

$$\begin{aligned} d'(x) &= 12e^{-x} + (-1) \cdot e^{-x} \cdot (12x - 12) \\ &= (12 - 12x + 12) \cdot e^{-x} \\ &= (24 - 12x) \cdot e^{-x} \end{aligned}$$

Die notwendige Bedingung für eine Extremstelle x_E ist:

$$d'(x_E) = 0$$

$$(24 - 12x_E) \cdot e^{-x_E} = 0$$

Wegen $e^{-x} \neq 0$ für $x \in \mathbb{R}$:

$$\begin{aligned} 24 - 12x_E &= 0 \\ 12x_E &= 24 \\ x_E &= 2 \end{aligned}$$

Laut Aufgabenstellung muss nicht nachgewiesen werden, dass $x_E = 2$ eine Maximumstelle ist. Somit ist bei $\underline{\underline{x_M = 2}}$ der senkrechte Abstand der Graphen von f und f' maximal.

Der maximale Abstand beträgt:

$$d_M = d(2) = (12 \cdot 2 - 12) \cdot e^{-2} = \frac{12}{e^2} \approx 1{,}62$$

Die beiden Graphen haben für $x \geq 1$ den maximalen Abstand $\underline{\underline{d_M = \frac{12}{e^2} \approx 1{,}62.}}$

h) Als Nachweis, dass F eine Stammfunktion von f ist, muss gezeigt werden, dass gilt:

$$F'(x) = f(x)$$

Alle Stammfunktionen von f(x) unterscheiden sich nur durch eine additive Konstante. Deshalb gilt: $F(x) + C = H(x)$

Für H(x) muss gelten:

$$H(0) = F(0) + C = 17 \quad \text{mit } F(x) = (-6x - 3) \cdot e^{-x}$$

$$(-6 \cdot 0 - 3) \cdot e^{-0} + C = 17$$

$$-3 + C = 17$$

$$C = 20$$

$$\Rightarrow \underline{\underline{H(x) = (-6x - 3) \cdot e^{-x} + 20}}$$

i) Berechnet werden soll die Fläche, die in der Abbildung zu Teilaufgabe e grau ist.
Für die gesuchte Fläche A gilt:

$$A = \int_1^5 f(x)\,dx = [F(x)]_1^5 = \left[(-6x - 3) \cdot e^{-x}\right]_1^5$$

$$= -33e^{-5} + 9e^{-1} \approx \underline{\underline{3{,}09\,[FE]}}$$

j) An einer Stelle x ist die Steigung der Tangente an den Graphen von f gegeben durch f'(x) und die Steigung der Tangente an den Graphen von f' durch f''(x).
Gemäß der Aufgabenstellung muss also gelten: $f'(x_T) = f''(x_T)$

$$f'(x) = (-6x + 9) \cdot e^{-x} \quad \text{(siehe Teilaufgabe c)}$$

$$f''(x) = -6 \cdot e^{-x} + (-1) \cdot e^{-x}(-6x + 9)$$

$$= (-6 + 6x - 9) \cdot e^{-x}$$

$$= (6x - 15) \cdot e^{-x}$$

Mit $f'(x_T) = f''(x_T)$ gilt:

$$(-6x_T + 9) \cdot e^{-x_T} = (6x_T - 15) \cdot e^{-x_T} \quad \Big|: e^{-x_T} \qquad (e^{-x} \neq 0 \text{ für alle } x \in \mathbb{R})$$

$$-6x_T + 9 = 6x_T - 15$$

$$24 = 12x_T$$

$$x_T = 2$$

Es existiert also die Stelle $x_T = 2$, an der die beiden Tangenten parallel zueinander sind.

Berlin – Mathematik Grundkurs
2020 – Aufgabe 2.2: Analysis

Teststrecke BE

Gegeben ist die Funktion f durch $f(x) = -0{,}01 \cdot (x-8)(x+1)^2;\ x \in \mathbb{R}$.

a) Geben Sie die Nullstellen von f an. 2

b) Zeigen Sie, dass die Funktionsgleichung von f auch in folgender Form geschrieben werden kann:

$$f(x) = -\frac{1}{100}x^3 + \frac{3}{50}x^2 + \frac{3}{20}x + \frac{2}{25}$$

Geben Sie das Verhalten der Funktionswerte von f für $x \to +\infty$ und $x \to -\infty$ an. 5

c) Ermitteln Sie die Lage und die Art der Extrempunkte des Graphen von f. 9

d) Skizzieren Sie im Bereich $-2 \le x \le 8$
- den Graphen von f und
- den Graphen von f'

in dem Koordinatensystem in der Anlage. 4

e) Der Graph von f' hat einen Hochpunkt.
Erläutern Sie, welche Schlussfolgerungen Sie daraus für den Graphen von f ziehen können. 2

Auf einem Versuchsgelände wird eine Teststrecke errichtet, deren Profillinie durch den Graphen der Funktion f im Intervall $-1 \le x \le 8$ modelliert werden kann.
Die Fahrbahn ist 5 m breit (siehe Abbildung 1).
1 LE entspricht jeweils 1 m.

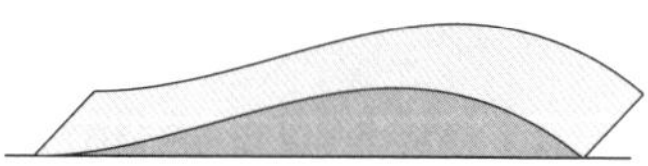

Abbildung 1

f) Damit der Übergang bei $x = 8$ nicht so einen scharfen Knick hat, soll die Profillinie der Teststrecke verändert werden. Dazu wird die Tangente t an den Graphen von f im Punkt $P(6 \mid f(6))$ verwendet.
Weisen Sie nach, dass diese Tangente die Gleichung $t(x) = -0{,}21x + 2{,}24$ hat.
Zeichnen Sie die Tangente im Koordinatensystem in der Anlage ein. 3

g) Die ursprüngliche Teststrecke wurde aus Erde aufgeschüttet. Für die neue Aufschüttung unterhalb der Tangente im Bereich $6 \le x \le 10{,}67$ wird weitere Erde benötigt.
Ermitteln Sie, wie viel Erde (in Kubikmeter) erforderlich ist, um die zusätzliche Aufschüttung unterhalb der Geraden t im Bereich $6 \le x \le 10{,}67$ herzustellen. 5

h) Nach der Änderung der Profillinie mithilfe der Tangente t hat die Teststrecke den größten Steigungswinkel bei $x = 2$. Das Gefälle der Tangente t hat einen geringeren Winkel.
Ermitteln Sie, an welcher Stelle (mit $x > 5$) man eine Tangente t_{neu} ansetzen müsste, damit ihr Gefälle genauso groß ist wie die größte Steigung der Profillinie. $\frac{5}{35}$

Anlage zur Aufgabe 2.2: Teststrecke

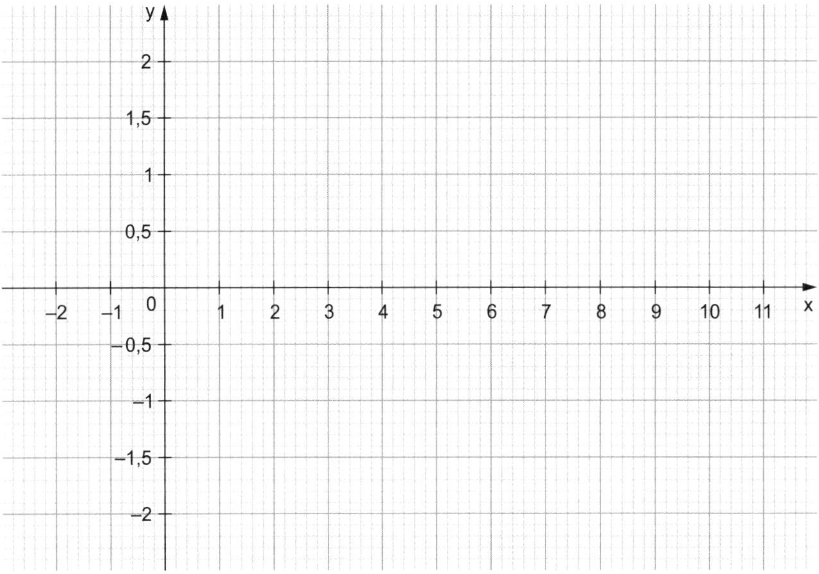

Tipps und Hinweise zur Lösung von Aufgabe 2.2

Tipps zu Teilaufgabe a

- Für eine Nullstelle x_0 von f gilt: $f(x_0) = 0$
- Ein Produkt ist null, wenn mindestens ein Faktor null ist.

Tipps zu Teilaufgabe b

- Der Funktionsterm ist in der gegebenen Darstellung ein Produkt. Er soll in eine Summe umgewandelt werden.
- Multiplizieren Sie das Produkt aus, wandeln Sie dann die Koeffizienten in echte Brüche um und kürzen Sie so weit wie möglich.
- Der Term mit der höchsten Potenz von x in der Summe des Funktionsterms bestimmt das Vorzeichen des Grenzwertes.

Tipps zu Teilaufgabe c

- Eine notwendige Bedingung für die Existenz von lokalen Extremstellen x_E ist $f'(x_E) = 0$.
- Eine hinreichende Bedingung für die Existenz von lokalen Extrempunkten ist erfüllt, wenn gilt:
  $f''(x_E) > 0 \;\Rightarrow\; P_{min}(x_E \mid f(x_E))$ bzw.
  $f''(x_E) < 0 \;\Rightarrow\; P_{max}(x_E \mid f(x_E))$

Tipps zu Teilaufgabe d

- Tragen Sie alle relevanten Informationen aus den vorigen Teilaufgaben zusammen.
- Berechnen Sie ggf. zusätzliche Funktionswerte von f. Es bieten sich z. B. die Funktionswerte an den Intervallgrenzen an.
- Der Graph der Ableitungsfunktion f' ist eine nach unten geöffnete Parabel.

Tipp zu Teilaufgabe e

- Welche Zusammenhänge bestehen zwischen den Eigenschaften von f und denen von f'?

Tipps zu Teilaufgabe f

- Eine Tangente t ist eine Gerade.
- Eine Gerade kann als Funktionsgraph einer linearen Funktion aufgefasst werden.
  $\Rightarrow \; t(x) = m_t x + n$ (bzw. $y = m_t x + n$)
- Es gilt $m_t = f'(x)$.
- Der gemeinsame Punkt der Tangente t und des Graphen von f (der Berührungspunkt) liegt auf der Tangente: $P(a \mid b) \in t \;\Rightarrow\; t(a) = m_t \cdot a + n = b$

Tipps zu Teilaufgabe g

- Veranschaulichen Sie die zu berechnende Fläche in der Anlage.
- Prüfen Sie, wie man mithilfe weiterer Flächen die eigentlich gesuchte Fläche bestimmen kann. Suchen Sie dabei nach geeigneten elementargeometrischen Flächen (z. B. Dreiecken) und/oder nach Flächen unter einem Funktionsgraphen in einem Intervall.

- Für letztere gilt: $A = \int_a^b f(x)\,dx = F(b) - F(a)$
- Eine Stammfunktion von $f(x) = k \cdot x^n$ lautet: $F(x) = \frac{k}{n+1} \cdot x^{n+1}$
- Das Volumen eines solchen Körpers berechnet sich aus Volumen = Grundfläche · Höhe.

Tipps zu Teilaufgabe h

- *1. Lösungsweg: Rechnerische Lösung*
  - Berechnen Sie die Steigung der Tangente t an den Graphen von f an der Stelle x_0 mit dem Gefälle $-f'(2)$. Somit muss gelten: $f'(x_0) = -f'(2)$
  - Dabei ergibt sich eine quadratische Gleichung in allgemeiner Form: $ax^2 + bx + c = 0$
  - Um die Lösungsformel anwenden zu können, müssen Sie diese Darstellung in die Normalform umwandeln: $x^2 + px + q = 0$
  - Diskutieren Sie die Lösungen hinsichtlich der Anforderungen der Aufgabenstellung.
- *2. Lösungsweg: Grafische Lösung*
  - Zeichnen Sie die Tangente an den Graphen von f an der Stelle $x = 2$. Diese Tangente besitzt eine positive Steigung.
  - Man erhält eine Gerade g, die eine Steigung mit gleichem Betrag, aber negativem Vorzeichen besitzt, indem man t an der Geraden $x = 2$ spiegelt.
  - Verschieben Sie die Gerade g so lange parallel in Richtung der positiven x-Achse, bis die verschobene Gerade den Graphen von f berührt.
  - Lesen Sie die x-Koordinate dieses Berührungspunktes ab.

Lösungen zu Aufgabe 2.2

a) Nullstellen von f:

$$f(x) = 0$$
$$-0{,}01 \cdot (x-8)(x+1)^2 = 0$$

Ein Produkt ist null, wenn mindestens ein Faktor null ist.

$$(x-8) = 0 \quad \Rightarrow \quad \underline{\underline{x_{01} = 8}}$$
$$(x+1)^2 = 0 \quad \Rightarrow \quad \underline{\underline{x_{02} = -1}} \quad \text{(doppelte Nullstelle)}$$

b) Umformung der Funktionsgleichung:

$$f(x) = -0{,}01 \cdot (x-8)(x+1)^2$$
$$= -\frac{1}{100} \cdot (x-8)(x^2+2x+1)$$
$$= -\frac{1}{100} \cdot (x^3+2x^2+x-8x^2-16x-8)$$
$$= -\frac{1}{100} \cdot (x^3-6x^2-15x-8)$$
$$= -\frac{1}{100}x^3 + \frac{6}{100}x^2 + \frac{15}{100}x + \frac{8}{100}$$
$$= -\frac{1}{100}x^3 + \frac{3}{50}x^2 + \frac{3}{20}x + \frac{2}{25}$$

Verhalten im Unendlichen:
Der Term mit der höchsten Potenz von x in der Summe des Funktionsterms bestimmt das Vorzeichen des Grenzwertes.

$$\lim_{x \to +\infty} \left(-\frac{1}{100}x^3 + \frac{3}{50}x^2 + \frac{3}{20}x + \frac{2}{25} \right) = \underline{\underline{-\infty}}$$
$$\lim_{x \to -\infty} \left(-\frac{1}{100}x^3 + \frac{3}{50}x^2 + \frac{3}{20}x + \frac{2}{25} \right) = \underline{\underline{+\infty}}$$

c) Aus der Funktionsgleichung $f(x) = -\frac{1}{100}x^3 + \frac{3}{50}x^2 + \frac{3}{20}x + \frac{2}{25}$ folgt für die 1. und die 2. Ableitungsfunktion:

$$f'(x) = -\frac{3}{100}x^2 + \frac{3}{25}x + \frac{3}{20}$$
$$f''(x) = -\frac{3}{50}x + \frac{3}{25}$$

Mit der notwendigen Bedingung $f'(x_E) = 0$ für die Existenz von lokalen Extrema folgt:

$$-\frac{3}{100}x_E^2 + \frac{3}{25}x_E + \frac{3}{20} = 0$$
$$x_E^2 - 4x_E - 5 = 0$$

$$x_{E_{1/2}} = 2 \pm \sqrt{4+5} = 2 \pm 3$$
$$x_{E_1} = -1$$
$$x_{E_2} = 5$$

Um zu prüfen, ob es sich tatsächlich um Extremstellen handelt und, wenn ja, um welche Art, werden die Funktionswerte von f'' an den beiden extremwertverdächtigen Stellen untersucht:

$$f''(x_{E_1}) = -\frac{3}{50} \cdot (-1) + \frac{3}{25} = \frac{3}{50} + \frac{6}{50} = \frac{9}{50} > 0$$

$\Rightarrow$ Es handelt sich um einen lokalen Tiefpunkt $P_{min}(-1 \mid f(-1))$. Die y-Koordinate ist:

$$f(-1) = -\frac{1}{100} \cdot (-1)^3 + \frac{3}{50} \cdot (-1)^2 + \frac{3}{20} \cdot (-1) + \frac{2}{25}$$
$$= \frac{1}{100} + \frac{3}{50} - \frac{3}{20} + \frac{2}{25}$$
$$= \frac{1+6-15+8}{100} = 0$$

$\Rightarrow \underline{\underline{P_{min}(-1 \mid 0)}}$

Funktionswert der 2. Ableitung an der anderen möglichen Extremstelle:

$$f''(x_{E_2}) = -\frac{3}{50} \cdot 5 + \frac{3}{25} = -\frac{3}{10} + \frac{3}{25} = \frac{-15+6}{50} = -\frac{9}{50} < 0$$

$\Rightarrow$ Es handelt sich um einen lokalen Hochpunkt $P_{max}(5 \mid f(5))$. Die y-Koordinate ist:

$$f(5) = -\frac{1}{100} \cdot 5^3 + \frac{3}{50} \cdot 5^2 + \frac{3}{20} \cdot 5 + \frac{2}{25}$$
$$= -\frac{1}{100} \cdot 125 + \frac{3}{50} \cdot 25 + \frac{3}{20} \cdot 5 + \frac{2}{25}$$
$$= \frac{-125+150+75+8}{100} = \frac{108}{100} = \frac{27}{25}$$

$\Rightarrow \underline{\underline{P_{max}\left(5 \,\middle|\, \frac{27}{25}\right)}}$ bzw. $\underline{\underline{P_{max}(5 \mid 1{,}08)}}$

d) Tipps für das Zeichnen des Graphen von f:
- Intervallgrenzen bei –2 und 8
- Funktionswerte an den Intervallgrenzen: $f(-2) = 0{,}1$ und $f(8) = 0$
- Nullstellen $x_{01} = 8$ und $x_{02} = -1$ (siehe Teilaufgabe a)
- Extrempunkte $P_{min}(-1 \mid 0)$ und $P_{max}(5 \mid 1{,}08)$ (siehe Teilaufgabe c)

Tipps für das Zeichnen des Graphen von f':
- Aus der Funktionsgleichung f'(x) folgt: Der Graph ist eine nach unten geöffnete Parabel.
- Die Nullstellen von f' liegen bei den Extremstellen von f, also bei $x = 5$ und $x = -1$.
- Die x-Koordinate des Scheitelpunktes S muss genau zwischen den Nullstellen liegen, also bei $x_S = 2$.
- Die y-Koordinate des Scheitelpunktes ergibt sich mit $y_S = f'(2) = 0{,}27$. $\Rightarrow$ $S(2 \mid 0{,}27)$

Skizze der Graphen:

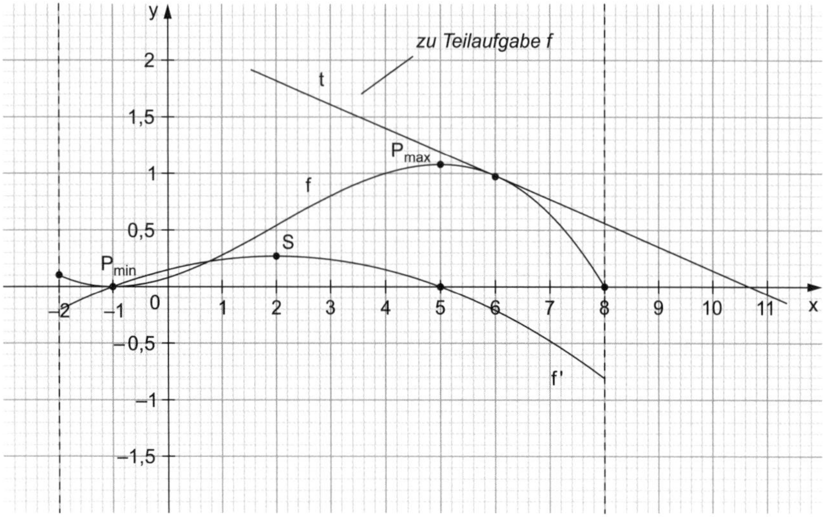

e) Die Tatsache, dass f' an einer Stelle x einen Hochpunkt hat, bedeutet, dass an dieser Stelle $f''(x) = 0$ gilt. Das heißt, die notwendige Bedingung für die Existenz von lokalen Extremstellen von f' ist zugleich die notwendige Bedingung für die Existenz von Wendestellen von f. An der Stelle des Hochpunktes von f' ändert sich das Krümmungsverhalten von f, es liegt also ein Wendepunkt von f vor.

f) Tangente t an den Graphen von f(x) im Punkt $P(6 \mid f(6))$:

$$t(x) = m_t \cdot x + n$$

$$m_t = f'(6) = -\frac{3}{100} \cdot 6^2 + \frac{3}{25} \cdot 6 + \frac{3}{20}$$

$$= -\frac{108}{100} + \frac{18}{25} + \frac{3}{20} = \frac{-108 + 72 + 15}{100}$$

$$= -\frac{21}{100} = -0{,}21$$

$$\Rightarrow \quad t(x) = -0{,}21 \cdot x + n$$

Es wird außerdem ausgenutzt, dass $P(6 \mid f(6)) \in t$ gilt:

$$f(6) = -\frac{1}{100} \cdot 6^3 + \frac{3}{50} \cdot 6^2 + \frac{3}{20} \cdot 6 + \frac{2}{25}$$

$$= -\frac{216}{100} + \frac{108}{50} + \frac{18}{20} + \frac{2}{25}$$

$$= \frac{-216 + 216 + 90 + 8}{100} = \frac{98}{100} = 0{,}98$$

Die Koordinaten von P(6 | 0,98) werden in $y = -0,21 \cdot x + n$ eingesetzt:

$$0,98 = -0,21 \cdot 6 + n$$

$$n = 2,24$$

$$\Rightarrow \quad \underline{\underline{t(x) = -0,21 \cdot x + 2,24}}$$

Um die Tangente bequem zeichnen zu können (siehe Zeichnung zu Teilaufgabe d), kann z. B. die Nullstelle von t berechnet werden:

$$0 = -0,21 \cdot x + 2,24$$

$$x \approx 10,67$$

g) Zu berechnen ist zunächst die Fläche, die in der folgenden Skizze mit A bezeichnet ist:

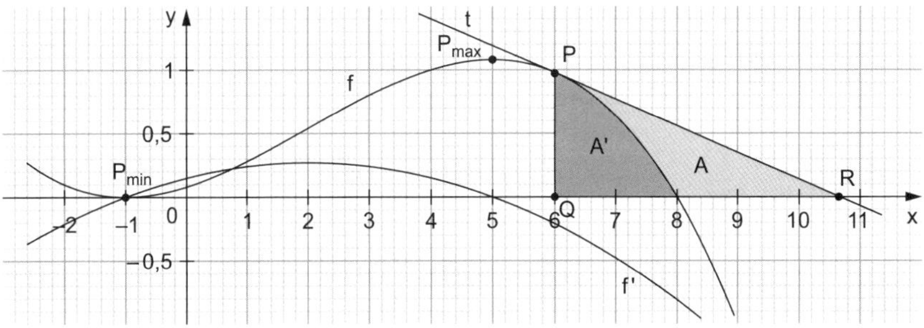

Ist A_Δ der Flächeninhalt des Dreiecks PQR, so gilt:

$$A = A_\Delta - A'$$

$$A_\Delta = \frac{1}{2} g \cdot h_g \text{ mit } g \approx 10,67 - 6 = 4,67 \text{ und } h_g = f(6) = 0,98$$

$$A_\Delta \approx \frac{1}{2} \cdot 4,67 \cdot 0,98 \approx 2,29\,[m^2]$$

A' ist die Fläche unter dem Graphen von f im Intervall [6; 8]:

$$A' = \int_6^8 f(x)\,dx = \int_6^8 \left(-\frac{1}{100}x^3 + \frac{3}{50}x^2 + \frac{3}{20}x + \frac{2}{25}\right) dx$$

$$= \left[-\frac{1}{400}x^4 + \frac{3}{150}x^3 + \frac{3}{40}x^2 + \frac{2}{25}x\right]_6^8$$

$$= 5,44 - 4,26 = 1,18\,[m^2]$$

$$\Rightarrow \quad A = A_\Delta - A'$$

$$\approx 2,29 - 1,18 = 1,11\,[m^2]$$

Der Querschnitt der zusätzlichen Aufschüttung hat eine Fläche von rund 1,11 m^2. Mit der Breite $b = 5$ m gilt für das Volumen:

$$V = A \cdot b \approx 1,11 \cdot 5 = 5,55\,[m^3]$$

Für die zusätzliche Aufschüttung werden rund $\underline{\underline{5,55\ m^3}}$ Erde benötigt.

h) *1. Lösungsweg: Rechnerische Lösung*
Die Funktion f hat an der Stelle $x = 2$ den Anstieg $f'(2) = 0{,}27$, denn:

$$f'(2) = -\frac{3}{100} \cdot 2^2 + \frac{3}{25} \cdot 2 + \frac{3}{20}$$
$$= -\frac{12}{100} + \frac{24}{100} + \frac{15}{100} = \frac{27}{100} = 0{,}27$$

Gesucht ist folglich eine weitere Tangente an den Graphen von f im Intervall (5; 8] mit dem Anstieg $-0{,}27$ und somit eine Stelle x, für die $f'(x) = -0{,}27$ gilt:

$$-\frac{3}{100}x^2 + \frac{3}{25}x + \frac{3}{20} = -0{,}27$$
$$-\frac{3}{100}x^2 + \frac{3}{25}x + \frac{3}{20} + \frac{27}{100} = 0$$
$$-\frac{3}{100}x^2 + \frac{3}{25}x + \frac{42}{100} = 0 \qquad \Big| \cdot \left(-\frac{100}{3}\right)$$
$$x^2 - 4x - 14 = 0$$

$$x_{1/2} = 2 \pm \sqrt{4 + 14}$$
$$x_1 = 2 + \sqrt{18} \approx 6{,}24$$
$$x_2 = 2 - \sqrt{18} \text{ entfällt, da } x_2 < 5$$

An der Stelle $\underline{\underline{x \approx 6{,}24}}$ kann man eine Tangente mit der Steigung bzw. dem Gefälle $-0{,}27$ ansetzen.

2. Lösungsweg: Grafische Lösung
Vorgehen:
(1) Die Tangente an f an der Stelle $x = 2$ zeichnen.
(2) Diese dann an der Geraden $x = 2$ spiegeln.
(3) Die gespiegelte Tangente in Richtung der x-Achse parallel verschieben, bis sie den Graphen von f wieder berührt.
(4) Die Abszisse dieses Berührungspunktes ablesen: $\underline{\underline{x \approx 6{,}2}}$

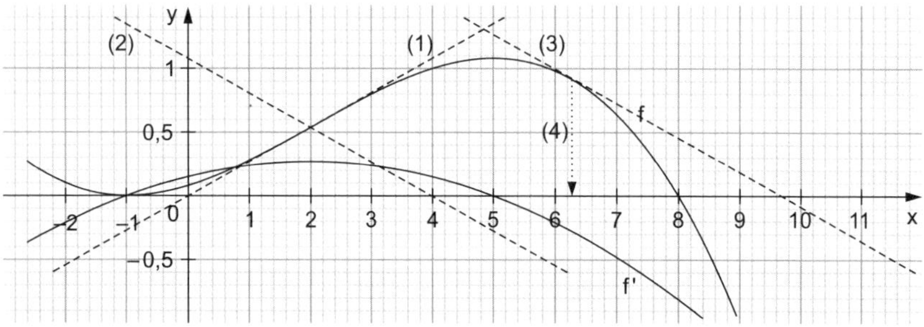

Anmerkung:
Diese Lösung soll zeigen, dass in diesem Fall grundsätzlich auch grafische Betrachtungen zur Lösung führen können. Es ist aber zu beachten, dass eine solche Lösung ungenauere Ergebnisse liefert als eine rechnerische Lösung.

Berlin – Mathematik Grundkurs
2020 – Aufgabe 3.1: Analytische Geometrie

Ebenen BE

Gegeben sind eine Ebene E_1 durch die Parametergleichung

$$E_1\colon\ \vec{x} = \begin{pmatrix} 3 \\ 0 \\ 0 \end{pmatrix} + r \cdot \begin{pmatrix} -3 \\ 9 \\ 0 \end{pmatrix} + s \cdot \begin{pmatrix} 3 \\ 0 \\ -4 \end{pmatrix};\ r, s \in \mathbb{R}$$

und eine Ebene E_2 durch $E_2\colon\ 6x + 2y + 9z = 18$.

a) Bestimmen Sie für die Ebene E_1 eine Ebenengleichung in Koordinatenform.
[Kontrollergebnis: $E_1\colon\ 12x + 4y + 9z = 36$] 3

b) Geben Sie die drei Schnittpunkte der Ebene E_1 mit den Koordinatenachsen an. 2

c) Ermitteln Sie den Abstand der Ebene E_1 zum Koordinatenursprung. 3

d) Begründen Sie, dass die beiden Ebenen nicht zueinander parallel sind.
Ermitteln Sie die Schnittgerade der Ebenen E_1 und E_2. 4

e) Die Punkte $A(3\,|\,0\,|\,0)$, $B(0\,|\,9\,|\,0)$, $C(0\,|\,0\,|\,4)$ und der Koordinatenursprung sind die Eckpunkte einer Pyramide.
Berechnen Sie das Volumen dieser Pyramide. 3

f) Auf der Geraden g_{AB} durch die Punkte A und B gibt es einen Punkt P mit der Eigenschaft, dass die Gerade g_{PC} durch P und C senkrecht zur Geraden g_{AB} verläuft.
Ermitteln Sie den Punkt P. 5

20

Tipps und Hinweise zur Lösung von Aufgabe 3.1

Tipps zu Teilaufgabe a

Um die Ebenengleichung von der Parameterform in die Koordinatenform umzuwandeln, gibt es grundsätzlich zwei verschiedene Lösungswege.

Erster Lösungsweg:

- Bestimmen Sie durch Bildung des Vektor- bzw. Kreuzprodukts der beiden Spannvektoren einen Normalenvektor $\vec{n}$ zur Ebene E_1.
- Geben Sie die Ebenengleichung in Normalenform an:

  $$E_1:\ \vec{n} \circ \left[\begin{pmatrix} x \\ y \\ z \end{pmatrix} - \vec{p}\right] = 0$$

- Setzen Sie für $\vec{p}$ einen Ortsvektor zu einem in der Ebene liegenden Punkt ein, z. B. den Stützvektor aus der Gleichung in Parameterform.
- Durch Ausmultiplizieren der Gleichung in Normalenform erhalten Sie die Ebenengleichung in Koordinatenform.

Zweiter Lösungsweg:

- Stellen Sie mithilfe der Ebenengleichung in Parameterform ein lineares Gleichungssystem (LGS) auf.
- Durch geschicktes Umformen, Addieren und Subtrahieren der Gleichungen eliminieren Sie die Parameter r und s und erhalten die Ebenengleichung in Koordinatenform.

Tipps zu Teilaufgabe b

Der Schnittpunkt mit der x-Achse hat die Koordinaten $S_x(x_S\,|\,0\,|\,0)$, der Schnittpunkt mit der y-Achse hat die Koordinaten $S_y(0\,|\,y_S\,|\,0)$, der Schnittpunkt mit der z-Achse hat die Koordinaten $S_z(0\,|\,0\,|\,z_S)$.

Durch Einsetzen der beiden Koordinaten mit dem Wert null in die Ebenengleichung in Koordinatenform erhalten Sie jeweils die zu berechnende dritte Koordinate.

Tipps zu Teilaufgabe c

Der Abstand einer Ebene E mit der Gleichung in Koordinatenform $E:\ ax + by + cz = d$ zu einem Punkt $P(x_P\,|\,y_P\,|\,z_P)$ berechnet sich mit der Formel:

$$d(E; P) = \frac{|ax_P + by_P + cz_P - d|}{|\vec{n}|}$$

Ein Normalenvektor $\vec{n}$ lässt sich leicht aus den Koeffizienten der Ebenengleichung in Koordinatenform ablesen.
Ein Normalenvektor von E_1 ist also $\vec{n} = \begin{pmatrix} 12 \\ 4 \\ 9 \end{pmatrix}$.

Für den Betrag eines Vektors $\vec{v} = \begin{pmatrix} x_v \\ y_v \\ z_v \end{pmatrix}$ gilt: $|\vec{v}| = \sqrt{x_v^2 + y_v^2 + z_v^2}$

Tipps zu Teilaufgabe d

- Um zu begründen, dass die Ebenen E_1 und E_2 nicht zueinander parallel sind, untersuchen Sie ihre Normalenvektoren $\vec{n}_1$ und $\vec{n}_2$ auf Kollinearität. Zeigen Sie also, dass die Gleichung $\vec{n}_1 = k \cdot \vec{n}_2$ für kein $k \in \mathbb{R}$ eine Lösung hat.
- Setzen Sie zur Bestimmung der Schnittgeraden $g_{E_1 \cap E_2}$ in die Ebenengleichung von E_2 die aus der Parametergleichung der Ebene E_1 ablesbaren Terme für x, y und z ein.
- Durch Einsetzen von r bzw. s in die Parametergleichung der Ebene E_1 erhalten Sie die Gleichung der Schnittgeraden $g_{E_1 \cap E_2}$.

Tipps zu Teilaufgabe e

- Das Volumen einer Pyramide mit einer Grundfläche A_G und einer Höhe h lässt sich mit der Formel $V_{Pyramide} = \frac{1}{3} \cdot A_G \cdot h$ berechnen.
- Bei der Grundfläche handelt es sich um das in der x-y-Ebene liegende rechtwinklige Dreieck ABO. Der rechte Winkel wird von den beiden Seiten $\overline{OA}$ und $\overline{OB}$ gebildet. Für den Flächeninhalt eines rechtwinkligen Dreiecks mit den Seiten a und b, die den rechten Winkel bilden, gilt: $A = \frac{a \cdot b}{2}$
- Die Länge der Strecke $\overline{OA}$ entspricht der x-Koordinate des Punktes A. Die Länge der Strecke $\overline{OB}$ entspricht der y-Koordinate des Punktes B. Die Höhe h der Pyramide entspricht der z-Koordinate des Punktes C.

Tipps zu Teilaufgabe f

- Stellen Sie eine Parametergleichung für die Gerade g_{AB} auf.
- Zu jedem Punkt auf der Geraden g_{AB} lässt sich mithilfe der Geradengleichung der Ortsvektor $\overrightarrow{OP}$ angeben. Folglich lässt sich auch für den Verbindungsvektor $\overrightarrow{PC} = \overrightarrow{OP} - \overrightarrow{OC}$ ein Term angeben, der den Kollinearitätsfaktor der Geradengleichung g_{AB} enthält.
- Zwei Vektoren sind zueinander senkrecht, wenn ihr Skalarprodukt null ist. Für den Verbindungsvektor $\overrightarrow{PC}$ und den Richtungsvektor $\overrightarrow{AB}$ gilt dementsprechend: $\overrightarrow{PC} \circ \overrightarrow{AB} = 0$
- Durch Berechnung des Skalarprodukts ergibt sich ein Wert für den Kollinearitätsfaktor. Durch Einsetzen des Kollinearitätsfaktors in die Geradengleichung g_{AB} erhalten Sie die Koordinaten des gesuchten Punktes P.

Lösungen zu Aufgabe 3.1

a) *Erster Lösungsweg über die Normalenform:*
Durch Bildung des Vektor- bzw. Kreuzprodukts der beiden Spannvektoren $\begin{pmatrix}-3\\9\\0\end{pmatrix}$ und $\begin{pmatrix}3\\0\\-4\end{pmatrix}$ wird zunächst ein Normalenvektor $\vec{n}$ zur Ebene E_1 bestimmt.

$$\begin{pmatrix}-3\\9\\0\end{pmatrix}\times\begin{pmatrix}3\\0\\-4\end{pmatrix}=\begin{pmatrix}-36\\-12\\-27\end{pmatrix}=-3\cdot\begin{pmatrix}12\\4\\9\end{pmatrix} \quad\Rightarrow\quad \vec{n}=\begin{pmatrix}12\\4\\9\end{pmatrix}$$

Mithilfe des Normalenvektors $\vec{n}$ kann nun die Ebenengleichung in Normalenform aufgestellt werden.

$$E_1:\ \vec{n}\circ\left[\begin{pmatrix}x\\y\\z\end{pmatrix}-\vec{p}\right]=0$$

Für den Ortsvektor $\vec{p}$ zu einem Punkt der Ebene E_1 kann der Stützvektor $\begin{pmatrix}3\\0\\0\end{pmatrix}$ aus der Gleichung in Parameterform genommen werden.

$$E_1:\ \begin{pmatrix}12\\4\\9\end{pmatrix}\circ\left[\begin{pmatrix}x\\y\\z\end{pmatrix}-\begin{pmatrix}3\\0\\0\end{pmatrix}\right]=12x+4y+9z-36=0$$

Die Ebenengleichung in Koordinatenform lautet:

$$\underline{\underline{E_1:\ 12x+4y+9z=36}}$$

Zweiter Lösungsweg mit einem linearen Gleichungssystem (LGS):
Mithilfe der Gleichung in Parameterform kann man ein LGS aufstellen:

(I) $x=3-3r+3s$
(II) $y=9r$
(III) $z=-4s$

Durch geschicktes Umformen, Addieren bzw. Subtrahieren erhält man die Ebenengleichung in Koordinatenform.

$(IV)=3\cdot(I)+(II)$:

$3x+y=9+9s$

$(V)=4\cdot(IV)+9\cdot(III)$:

$12x+4y+9z=36$

Die Ebenengleichung in Koordinatenform lautet:

$$\underline{\underline{E_1:\ 12x+4y+9z=36}}$$

b) Für die Schnittpunkte mit den Koordinatenachsen gilt, dass jeweils zwei Koordinaten gleich null sind. Durch Einsetzen in die Ebenengleichung in Koordinatenform erhält man die zu berechnende dritte Koordinate.

Schnittpunkt $S_x(x_S\,|\,0\,|\,0)$ mit der x-Achse:
Einsetzen in die Ebenengleichung:

$$12x_S+4\cdot 0+9\cdot 0=36 \quad\Leftrightarrow\quad 12x_S=36 \quad\Leftrightarrow\quad x_S=3$$

Der Schnittpunkt mit der x-Achse hat die Koordinaten $\underline{\underline{S_x(3\,|\,0\,|\,0)}}$.

Schnittpunkt $S_y(0\,|\,y_S\,|\,0)$ mit der y-Achse:
Einsetzen in die Ebenengleichung:

$$12\cdot 0+4y_S+9\cdot 0=36 \quad\Leftrightarrow\quad 4y_S=36 \quad\Leftrightarrow\quad y_S=9$$

Der Schnittpunkt mit der y-Achse hat die Koordinaten $\underline{\underline{S_y(0\,|\,9\,|\,0)}}$.

Schnittpunkt $S_z(0\,|\,0\,|\,z_S)$ mit der z-Achse:
Einsetzen in die Ebenengleichung:

$$12\cdot 0+4\cdot 0+9z_S=36 \quad\Leftrightarrow\quad 9z_S=36 \quad\Leftrightarrow\quad z_S=4$$

Der Schnittpunkt mit der z-Achse hat die Koordinaten $\underline{\underline{S_z(0\,|\,0\,|\,4)}}$.

c) Für den Abstand der Ebene E_1 vom Ursprung gilt:

$$d(E_1;O)=\left|\frac{12\cdot 0+4\cdot 0+9\cdot 0-36}{\sqrt{12^2+4^2+9^2}}\right|=\frac{36}{\sqrt{241}}\approx 2{,}32\,[\text{LE}]$$

Der Abstand der Ebene E_1 zum Ursprung beträgt ungefähr $\underline{\underline{2{,}32\text{ LE}}}$.

d) Die beiden Normalenvektoren der Ebenen E_1 und E_2 sind nicht kollinear, denn:

$$\vec{n}_1=\begin{pmatrix}12\\4\\9\end{pmatrix};\quad \vec{n}_2=\begin{pmatrix}6\\2\\9\end{pmatrix};\quad \vec{n}_1\neq k\cdot\vec{n}_2 \text{ bzw.} \begin{pmatrix}12\\4\\9\end{pmatrix}\neq k\cdot\begin{pmatrix}6\\2\\9\end{pmatrix} \text{ mit } k\in\mathbb{R}$$

Deshalb sind die Ebenen nicht parallel.

Zur Bestimmung der Schnittgeraden müssen in die Gleichung E_2: $6x+2y+9z=18$ die aus der Parameterform der Ebene E_1 ablesbaren Terme für x, y und z eingesetzt werden:

$$x=3-3r+3s$$
$$y=9r$$
$$z=-4s$$

$E_1\cap E_2$:

$$6\cdot(3-3r+3s)+2\cdot 9r+9\cdot(-4s)=18$$
$$18-18r+18s+18r-36s=18 \quad\Leftrightarrow\quad s=0$$

Durch Einsetzen von $s=0$ in die Parametergleichung der Ebene E_1 ergibt sich die Gleichung der Schnittgeraden:

$$\underline{\underline{g_{E_1\cap E_2}:\ \vec{x}=\begin{pmatrix}3\\0\\0\end{pmatrix}+r\cdot\begin{pmatrix}-3\\9\\0\end{pmatrix} \text{ mit } r\in\mathbb{R}}}$$

e) Das Volumen einer Pyramide mit der Grundfläche A_G und der Höhe h lässt sich mit folgender Formel berechnen:

$$V_{\text{Pyramide}}=\frac{1}{3}\cdot A_G\cdot h$$

Die Grundfläche der zu untersuchenden Pyramide wird von dem in der x-y-Ebene liegenden Dreieck ABO gebildet. Die Seiten $\overline{OA}$ und $\overline{OB}$ bilden einen rechten Winkel am Koordinatenursprung.

Der Flächeninhalt der Grundfläche kann folglich mit der Flächeninhaltsformel für rechtwinklige Dreiecke berechnet werden:

$$A_G = \frac{1}{2} \cdot |\overrightarrow{OA}| \cdot |\overrightarrow{OB}| = \frac{1}{2} \cdot 3 \cdot 9$$

Die Höhe der Pyramide ist gleich der z-Koordinate des Punktes C:

$$h = 4$$

Das Volumen der Pyramide lässt sich also wie folgt berechnen:

$$V_{Pyramide} = \frac{1}{3} \cdot A_G \cdot h = \frac{1}{3} \cdot \left(\frac{1}{2} \cdot 3 \cdot 9\right) \cdot 4 = 18\,[VE]$$

Das Volumen der Pyramide beträgt $\underline{\underline{18\ VE}}$.

f) Eine Gleichung der Geraden g_{AB} mit dem Stützvektor $\overrightarrow{OA}$ und dem Richtungsvektor $\overrightarrow{AB}$ lautet:

$$g_{AB}: \vec{x} = \begin{pmatrix} 3 \\ 0 \\ 0 \end{pmatrix} + r \cdot \begin{pmatrix} -3 \\ 9 \\ 0 \end{pmatrix} \text{ mit } r \in \mathbb{R}$$

Zu jedem Punkt P auf der Geraden g_{AB} lässt sich mithilfe der Geradengleichung der Ortsvektor angeben:

$$\overrightarrow{OP} = \begin{pmatrix} 3-3r \\ 9r \\ 0 \end{pmatrix}$$

Für den Verbindungsvektor $\overrightarrow{PC}$ von einem Punk P auf der Geraden g_{AB} zum Punkt C gilt also:

$$\overrightarrow{PC} = \overrightarrow{OC} - \overrightarrow{OP} = \begin{pmatrix} 0 \\ 0 \\ 4 \end{pmatrix} - \begin{pmatrix} 3-3r \\ 9r \\ 0 \end{pmatrix} = \begin{pmatrix} 3r-3 \\ -9r \\ 4 \end{pmatrix}$$

Zwei Vektoren sind zueinander senkrecht, wenn ihr Skalarprodukt null ist. Dementsprechend gilt für den Verbindungsvektor $\overrightarrow{PC}$ und den Richtungsvektor $\overrightarrow{AB}$:

$$\overrightarrow{PC} \circ \overrightarrow{AB} = 0$$

$$\begin{pmatrix} 3r-3 \\ -9r \\ 4 \end{pmatrix} \circ \begin{pmatrix} -3 \\ 9 \\ 0 \end{pmatrix} = 0$$

$$(3r-3) \cdot (-3) - 9r \cdot 9 + 4 \cdot 0 = 0$$

$$9 - 90r = 0 \quad \Rightarrow \quad r = \frac{1}{10}$$

Durch Einsetzen des Parameters $r = \frac{1}{10}$ in die Gleichung der Geraden g_{AB} erhält man die Koordinaten des gesuchten Punktes P.

$$\begin{pmatrix} x_P \\ y_P \\ z_P \end{pmatrix} = \begin{pmatrix} 3 \\ 0 \\ 0 \end{pmatrix} + \frac{1}{10} \cdot \begin{pmatrix} -3 \\ 9 \\ 0 \end{pmatrix} = \begin{pmatrix} 2{,}7 \\ 0{,}9 \\ 0 \end{pmatrix}$$

Der Punkt P hat die Koordinaten $\underline{\underline{P(2{,}7\,|\,0{,}9\,|\,0)}}$.

Berlin – Mathematik Grundkurs
2020 – Aufgabe 3.2: Analytische Geometrie

Theater BE

Eine ehemalige Lagerhalle soll für ein Theater umgebaut werden.

Die Lagerhalle hat eine quadratische Grundfläche mit einer Seitenlänge von 10 m. Die Grundfläche liegt in der x-y-Ebene.
Die Höhe der Halle beträgt 6 m. Als „Himmel“ wird, wie in der Abbildung modellhaft dargestellt ist, eine dreieckige Plane aufgespannt.

Gegeben sind die Punkte $E(0|0|6)$, $K(2|10|6)$ und $L(10|0|4)$.
1 LE = 1 m

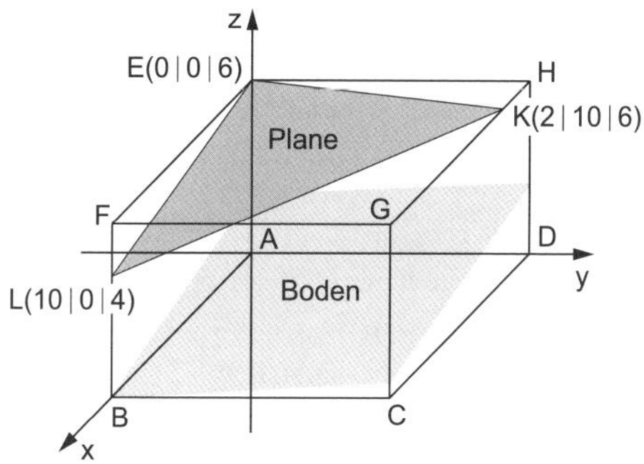

a) Geben Sie die Koordinaten der Punkte H und G an.
Untersuchen Sie, ob die Plane die Form eines gleichschenkligen Dreiecks hat. 4

b) Die Plane liegt in einer Ebene E_P.
Bestimmen Sie eine Gleichung der Ebene E_P in Parameter- und in Koordinatenform.
[Kontrollergebnis: E_P: $5x - y + 25z = 150$] 4

c) In die Lagerhalle wird ein Boden für den Zuschauerraum eingebaut. Der Boden soll in der Ebene E_B liegen, die parallel zur Plane und durch den Punkt B verläuft.
Begründen Sie, dass die Ebene E_B durch die Gleichung E_B: $5x - y + 25z = 50$ beschrieben werden kann.
Ermitteln Sie, wie groß die maximale Höhe des Bodens über der Grundfläche ist. 4

d) Begründen Sie, dass der Abstand der Plane vom Boden des Zuschauerraums kleiner als 4 m ist. 3

e) Für die Schauspieler wird schließlich eine Bühne eingebaut.
Der Boden der Bühne verläuft parallel zur Grundfläche der Halle in einer Höhe von 0,8 m so weit, bis sie auf den Boden des Zuschauerraums trifft.
Berechnen Sie die Größe der trapezförmigen Bühnenfläche.

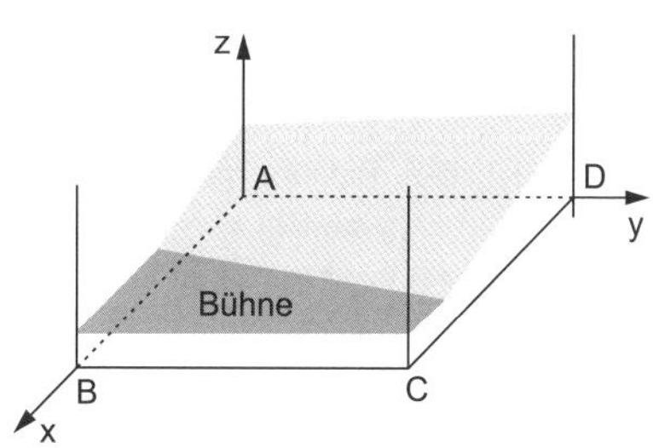

$\frac{5}{20}$

Tipps und Hinweise zur Lösung von Aufgabe 3.2

Tipps zu Teilaufgabe a

- Der Punkt G hat die gleiche z-Koordinate wie der Punkt E. Die x- und y-Koordinaten des Punktes G ergeben sich aus der Seitenlänge der quadratischen Grundfläche von 10 m.
- Der Punkt H hat die gleiche x- und die gleiche z-Koordinate wie der Punkt E. Die y-Koordinate des Punktes H ergibt sich aus der Seitenlänge der quadratischen Grundfläche von 10 m.
- Prüfen Sie, ob die Plane die Form eines gleichschenkligen Dreiecks hat, indem Sie untersuchen, ob die Seiten $\overline{EL}$ und $\overline{EK}$ des Dreiecks ELK gleich lang sind.
- Die Länge einer Seite lässt sich mit dem Betrag des entsprechenden Verbindungsvektors bestimmen.

Tipps zu Teilaufgabe b

- Eine Ebenengleichung in Parameterform lässt sich mit dem Stützvektor $\overrightarrow{OL}$ und den Spannvektoren $\overrightarrow{LE}$ und $\overrightarrow{LK}$ aufstellen.
- Um die Ebenengleichung von der Parameterform in die Koordinatenform umzuwandeln, gibt es grundsätzlich zwei verschiedene Lösungswege.
- *Erster Lösungsweg:*
  - Bestimmen Sie durch Bildung des Vektor- bzw. Kreuzprodukts der beiden Spannvektoren $\overrightarrow{LE}$ und $\overrightarrow{LK}$ einen Normalenvektor $\vec{n}$ zur Ebene E_P.
  - Geben Sie die Ebenengleichung in Normalenform an:

    $$E_P\colon\ \vec{n} \circ \left[\begin{pmatrix} x \\ y \\ z \end{pmatrix} - \vec{p}\right] = 0$$
  - Setzen Sie für $\vec{p}$ einen Ortsvektor zu einem in der Ebene liegenden Punkt (z. B. L) ein.
  - Durch Ausmultiplizieren der Gleichung in Normalenform erhalten Sie die Ebenengleichung in Koordinatenform.
- *Zweiter Lösungsweg:*
  - Stellen Sie mithilfe der Ebenengleichung in Parameterform ein lineares Gleichungssystem (LGS) auf.
  - Durch geschicktes Umformen, Addieren und Subtrahieren der Gleichungen eliminieren Sie die Parameter r und s und erhalten die Ebenengleichung in Koordinatenform.

Tipps zu Teilaufgabe c

- Da der Boden des Zuschauerraums parallel zur Plane ist, liegt er in der Ebene mit der Gleichung E_B: $5x - y + 25z = d$.
- Setzen Sie die Koordinaten eines in der Ebene des Bodens liegenden Punktes ein, um den Wert für d zu erhalten. Bekannt sind die Koordinaten des Punktes $B(10\,|\,0\,|\,0)$.
- Die größte Höhe des Bodens über der Grundfläche wird an dem Eckpunkt D' des Bodens angenommen, der auf der Kante $\overline{DH}$ liegt. Der Punkt D' hat die gleiche x- und die gleiche y-Koordinate wie die Punkte $D(0\,|\,10\,|\,0)$ und $H(0\,|\,10\,|\,6)$. Durch Einsetzen der x- und der y-Koordinate in die Ebenengleichung E_B erhält man die z-Koordinate des Punktes D', die der maximalen Höhe des Bodens über der Grundfläche entspricht.

Tipps zu Teilaufgabe d

- Bestimmen Sie den Abstand eines Punktes des Bodens und eines Punktes der Plane. Relativ leicht möglich ist dies bei den Punkten B und L. Da die Verbindungsstrecke der beiden Punkte nicht senkrecht auf den Ebenen steht, ist ihre Länge größer als der Abstand der beiden Ebenen. Wenn Sie also nachweisen können, dass der Abstand der beiden Punkte 4 m oder kleiner ist, haben Sie gezeigt, dass der Abstand zwischen Plane und Boden kleiner als 4 m ist.
- Alternativ können Sie auch den Abstand zwischen Plane und Boden berechnen, indem Sie z. B. den Abstand der Ebene E_B: $5x - y + 25z = 50$ von einem in der Ebene E_P liegenden Punkt berechnen.

Tipps zu Teilaufgabe e

- Bestimmen Sie eine Gleichung der Schnittgeraden s der Bühnenebene mit der Bodenebene.
- Wegen des konstanten Abstands der Bühne vom Boden beträgt für alle Punkte der Schnittgeraden s die z-Koordinate $z = 0{,}8$. Außerdem erfüllen alle Punkte der Schnittgeraden s die Ebenengleichung E_B des Bodens.
- Um die Längen der parallelen Seiten des Trapezes zu berechnen, benötigen Sie die x-Koordinaten der Schnittpunkte der Geraden s mit den Seitenflächen ABFE und DCGH des Theaters.
- Die Höhe des Trapezes entspricht der Länge der Strecke $\overline{BC}$.
- Mithilfe der Längen der parallelen Seiten und der Höhe des Trapezes lässt sich dessen Flächeninhalt berechnen. Für den Flächeninhalt eines Trapezes mit den parallelen Seiten a und c und der Höhe h gilt:

$$A = \frac{a + c}{2} \cdot h$$

Lösungen zu Aufgabe 3.2

a) Der Punkt G hat die gleiche z-Koordinate wie der Punkt E. Die x- und die y-Koordinate des Punktes G ergeben sich aus der Seitenlänge der quadratischen Grundfläche von 10 m.

Der Punkt G hat die Koordinaten $\underline{\underline{G(10|10|6)}}$.

Der Punkt H hat die gleiche x- und die gleiche z-Koordinate wie der Punkt E. Die y-Koordinate des Punktes H ergibt sich aus der Seitenlänge der quadratischen Grundfläche von 10 m.

Der Punkt H hat die Koordinaten $\underline{\underline{H(0|10|6)}}$.

Zur Überprüfung, ob die Plane die Form eines gleichschenkligen Dreiecks hat, muss man untersuchen, ob zwei der drei Seiten $\overline{EL}$, $\overline{EK}$ und $\overline{KL}$ des Dreiecks ELK gleich lang sind.

$$\overrightarrow{EK} = \begin{pmatrix} 2-0 \\ 10-0 \\ 6-6 \end{pmatrix} = \begin{pmatrix} 2 \\ 10 \\ 0 \end{pmatrix} \text{ und } \overrightarrow{EL} = \begin{pmatrix} 10-0 \\ 0-0 \\ 4-6 \end{pmatrix} = \begin{pmatrix} 10 \\ 0 \\ -2 \end{pmatrix}$$

$$|\overrightarrow{EK}| = \left|\begin{pmatrix} 2 \\ 10 \\ 0 \end{pmatrix}\right| = \sqrt{2^2+10^2+0^2} = \sqrt{104}$$

$$|\overrightarrow{EL}| = \left|\begin{pmatrix} 10 \\ 0 \\ -2 \end{pmatrix}\right| = \sqrt{10^2+0^2+(-2)^2} = \sqrt{104}$$

$$\Rightarrow \quad |\overrightarrow{EK}| = |\overrightarrow{EL}|$$

Das Dreieck ELK $\underline{\underline{\text{ist gleichschenklig}}}$.

b) Eine Ebenengleichung in Parameterform lässt sich mit dem Stützvektor $\overrightarrow{OL}$ und den Spannvektoren $\overrightarrow{LE}$ und $\overrightarrow{LK}$ aufstellen.

$$E_P\colon \vec{x} = \overrightarrow{OL} + r \cdot \overrightarrow{LE} + s \cdot \overrightarrow{LK}$$

$$\underline{\underline{E_P\colon \vec{x} = \begin{pmatrix} 10 \\ 0 \\ 4 \end{pmatrix} + r \cdot \begin{pmatrix} -10 \\ 0 \\ 2 \end{pmatrix} + s \cdot \begin{pmatrix} -8 \\ 10 \\ 2 \end{pmatrix} \text{ mit } r, s \in \mathbb{R}}}$$

Um eine Ebenengleichung von der Parameterform in die Koordinatenform zu überführen, gibt es grundsätzlich zwei verschiedene Lösungswege.

Erster Lösungsweg über die Normalenform:

Durch Bildung des Kreuz- bzw. Vektorprodukts der beiden Spannvektoren $\overrightarrow{LE}$ und $\overrightarrow{LK}$ lässt sich ein Normalenvektor $\vec{n}$ zur Ebene E_P bestimmen.

$$\begin{pmatrix} -10 \\ 0 \\ 2 \end{pmatrix} \times \begin{pmatrix} -8 \\ 10 \\ 2 \end{pmatrix} = \begin{pmatrix} -20 \\ 4 \\ -100 \end{pmatrix} = -4 \cdot \begin{pmatrix} 5 \\ -1 \\ 25 \end{pmatrix} \quad \Rightarrow \quad \vec{n} = \begin{pmatrix} 5 \\ -1 \\ 25 \end{pmatrix}$$

Mithilfe des Normalenvektors $\vec{n}$ und eines Ortsvektors $\vec{p}$ zu einem Punkt in der Ebene lässt sich eine Ebenengleichung in Normalenform aufstellen:

$$E_P\colon \vec{n} \circ \left[\begin{pmatrix} x \\ y \\ z \end{pmatrix} - \vec{p}\right] = 0$$

Für $\vec{p} = \overrightarrow{OL}$ gilt:

$$E_P: \begin{pmatrix} 5 \\ -1 \\ 25 \end{pmatrix} \circ \left[\begin{pmatrix} x \\ y \\ z \end{pmatrix} - \begin{pmatrix} 10 \\ 0 \\ 4 \end{pmatrix}\right] = 5x - y + 25z - (5 \cdot 10 + 25 \cdot 4) = 5x - y + 25z - 150 = 0$$

Eine Gleichung der Ebene E_P in Koordinatenform lautet:

$$\underline{\underline{E_P\colon 5x - y + 25z = 150}}$$

Zweiter Lösungsweg mit einem linearen Gleichungssystem (LGS):
Auf Grundlage der oben angegebenen Ebenengleichung in Parameterform lässt sich ein LGS aufstellen:

(I) $x = 10 - 10r - 8s$
(II) $y = 10s$
(III) $z = 4 + 2r + 2s$

Durch geschicktes Umformen, Addieren und Subtrahieren der Gleichungen kann man die Parameter r und s eliminieren und erhält eine Ebenengleichung in Koordinatenform.

$(IV) = 5 \cdot (I) + 4 \cdot (II) \qquad 5x + 4y = 50 - 50r$
$(V) = (II) - 5 \cdot (III) \qquad y - 5z = -20 - 10r$
$(VI) = (IV) - 5 \cdot (V) \qquad 5x - y + 25z = 150$

Eine Gleichung der Ebene E_P in Koordinatenform lautet:

$$\underline{\underline{E_P\colon 5x - y + 25z = 150}}$$

c) Da der Boden des Zuschauerraums parallel zur Plane ist, liegt er in der Ebene mit der Gleichung E_B: $5x - y + 25z = d$.

Durch Einsetzen der Koordinaten des Punktes $B(10|0|0)$ in die Ebenengleichung erhält man $d = 50$.

Die Ebenengleichung lautet also:

$$E_B\colon 5x - y + 25z = 50$$

Die größte Höhe des Bodens über der Grundfläche wird an dem Eckpunkt D' des Bodens angenommen, der auf der Kante $\overline{DH}$ liegt. Dieser Punkt D' hat die gleiche x- und die gleiche y-Koordinate wie die Punkte $D(0|10|0)$ und $H(0|10|6)$, vgl. Teilaufgabe a. Es ist also $x_{D'} = 0$ und $y_{D'} = 10$. Durch Einsetzen der x- und der y-Koordinate in die Ebenengleichung E_B erhält man die z-Koordinate des Punktes D', die der maximalen Höhe des Bodens über der Grundfläche entspricht:

$$5 \cdot 0 - 10 + 25z_{D'} = 50 \quad \Leftrightarrow \quad 25z_{D'} = 60 \quad \Leftrightarrow \quad z_{D'} = 2{,}4$$

Die größte Höhe des Bodens über der Grundfläche beträgt $\underline{\underline{2{,}4\ \text{m}}}$.

d) $L(10|0|4)$ ist ein Punkt der Plane, $B(10|0|0)$ ist ein Punkt des Bodens. Wie sich aus der Differenz der z-Koordinaten ablesen lässt, beträgt der Abstand der Punkte L und B genau 4 m. Die Strecke von L nach B verläuft aber nicht senkrecht zu beiden Ebenen und ist daher länger als der Abstand der beiden Ebenen. Folglich ist der Abstand der Plane vom Boden des Zuschauerraums kleiner als 4 m.

Entsprechend könnte man auch mit dem auf der Kante $\overline{AE}$ liegenden Eckpunkt des Bodens $A'(0|0|2)$ und dem Punkt $E(0|0|6)$ argumentieren.

Alternativ lässt sich der Abstand auch berechnen.
Z. B. beträgt der Abstand der Ebene E_B: $5x - y + 25z = 50$ vom in der Ebene E_P liegenden Punkt $E(0|0|6)$:

$$d(E_B; E) = \frac{|5 \cdot x_E - y_E + 25z_E - 50|}{|\vec{n}_{E_B}|} = \frac{|5 \cdot 0 - 0 + 25 \cdot 6 - 50|}{\sqrt{5^2 + (-1)^2 + 25^2}} = \frac{100}{\sqrt{651}} \approx 3{,}92\,[\text{m}]$$

Mit ungefähr 3,92 m ist der Abstand der parallelen Ebenen E_B und E_P kleiner als 4 m.

e) Die Bodenebene E_B und die Bühnenebene schneiden sich in einer Schnittgeraden s. Da der Boden parallel zur Grundfläche in einer Höhe von 0,8 m verläuft, haben alle Punkte der Schnittgeraden s die konstante z-Koordinate $z = 0{,}8$.

Alle Punkte der Schnittgeraden s liegen auch in der Ebene E_B und erfüllen die Ebenengleichung E_B mit $z = 0{,}8$. Es gilt also:

$$5x - y + 25 \cdot 0{,}8 = 50$$

Wählt man $x = r$, ergibt sich:

$$5r - y + 25 \cdot 0{,}8 = 50 \quad \Leftrightarrow \quad y = -30 + 5r$$

Mit $x = r$, $y = -30 + 5r$ und $z = 0{,}8$ lässt sich die Gleichung der Schnittgeraden s aufstellen:

$$s\colon\ \vec{x} = \begin{pmatrix} 0 \\ -30 \\ 0{,}8 \end{pmatrix} + r \cdot \begin{pmatrix} 1 \\ 5 \\ 0 \end{pmatrix} \quad \text{mit } r \in \mathbb{R}$$

Um die Größe der Bühnenfläche zu bestimmen, benötigt man die x-Koordinaten der Schnittpunkte der Geraden s mit den Seitenflächen ABFE und DCGH des Theaters.

Für den Schnittpunkt S_{ABFE} gilt $y = 0$:

$$-30 + 5r = 0 \quad \Leftrightarrow \quad r = 6$$

Wegen $x = r$ ist die x-Koordinate des Schnittpunktes S_{ABFE} $x = 6$, der Schnittpunkt ist also $S_{ABFE}(6|0|0{,}8)$.

Für den Schnittpunkt S_{DCGH} gilt $y = 10$:

$$-30 + 5r = 10 \quad \Leftrightarrow \quad r = 8$$

Wegen $x = r$ ist die x-Koordinate des Schnittpunktes S_{DCGH} $x = 8$, der Schnittpunkt ist also $S_{DCGH}(8|10|0{,}8)$.

Da der Eckpunkt B' der Bühne, der auf der Kante $\overline{BF}$ liegt, die x-Koordinate $x = 10$ hat, ist die Strecke von B' zu S_{ABFE} 4 m lang.

Der Eckpunkt C' der Bühne, der auf der Kante $\overline{CG}$ liegt, hat ebenfalls die x-Koordinate $x = 10$. Die Länge der Strecke von C' zu S_{DCGH} beträgt also 2 m.

Bei den Strecken $\overline{B'S_{ABFE}}$ und $\overline{C'S_{DCGH}}$ handelt es sich um die parallelen Seiten des Trapezes. Die Höhe des Trapezes entspricht der Länge der Strecke $\overline{BC}$ und beträgt 10 m.

Für den Flächeninhalt der Bühne ergibt sich:

$$A = \frac{|\overline{B'S_{ABFE}}| + |\overline{C'S_{DCGH}}|}{2} \cdot |\overline{BC}| = \frac{4\text{ m} + 2\text{ m}}{2} \cdot 10\text{ m} = 3\text{ m} \cdot 10\text{ m} = 30\text{ m}^2$$

Die Bühne hat einen Flächeninhalt von $\underline{\underline{30\text{ m}^2}}$.

Würfel BE

Luisa und Pedro finden bei einem Spiel zwei besondere Würfel. Die Wahrscheinlichkeit dafür, dass nach einem Wurf eine Seite oben liegt, ist für alle sechs Seiten gleich groß.
Die sechs Seiten sind jedoch bei den beiden Würfeln unterschiedlich beschriftet:

5er-Würfel 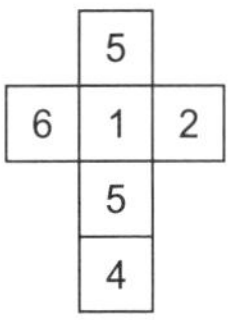

6er-Würfel 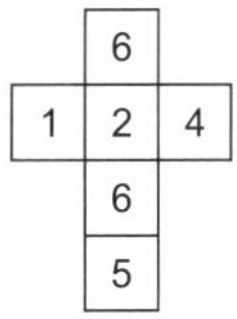

a) Der 6er-Würfel wird 10-mal geworfen.
Berechnen Sie die Wahrscheinlichkeit für folgende Ereignisse:
A: „Bei genau 4 Würfen wird eine 6 gewürfelt."
B: „Bei keinem Wurf wird eine 6 gewürfelt." 4

b) Luisa bekommt zu Beginn des Spiels den 6er-Würfel. Wenn sie eine 6 würfelt, darf sie anfangen. Sie hat dazu höchstens drei Versuche. Wenn Luisa innerhalb der drei Versuche keine 6 würfelt, darf Pedro anfangen.
Erstellen Sie ein Baumdiagramm für diesen Sachzusammenhang.
Ermitteln Sie die Wahrscheinlichkeit dafür, dass Luisa anfangen darf. 4

c) Berechnen Sie, wie oft mit dem 6er-Würfel mindestens gewürfelt werden müsste, um mit einer Wahrscheinlichkeit von mindestens 95 % mindestens eine 6 zu würfeln. 4

d) Im Verlauf des Spiels werden beide Würfel verwendet. Dabei werden beide Würfel gleichzeitig geworfen.
Ermitteln Sie die Wahrscheinlichkeit für das folgende Ereignis:
C: „Die Augensumme beträgt 11." 2

Am Ende des Spiels muss man mit drei Würfen insgesamt genau die Augensumme 15 erhalten. Luisa benutzt nur den 5er-Würfel und Pedro nur den 6er-Würfel.

e) Zeigen Sie, dass die Wahrscheinlichkeit dafür, dass Luisa die Augensumme 15 erhält, $\frac{5}{54}$ beträgt. 3

f) Pedro behauptet, dass die Wahrscheinlichkeit, die Augensumme 15 zu erhalten, mit dem 6er-Würfel größer ist.
Begründen Sie, dass Pedros Behauptung falsch ist. 3

20

Tipps und Hinweise zur Lösung von Aufgabe 4.1

Tipps zu Teilaufgabe a

- Fassen Sie den 10-maligen Wurf mit dem 6er-Würfel als Kette von Bernoulli-Experimenten mit den Ergebnissen „Es wird eine 6 gewürfelt" (Treffer) und „Es wird keine 6 gewürfelt" (Niete) auf.
- Zwei der sechs Seiten des 6er-Würfels zeigen eine 6. Überlegen Sie, wie hoch somit die Trefferwahrscheinlichkeit p ist, d. h. die Wahrscheinlichkeit, bei einem Wurf mit dem 6er-Würfel eine 6 zu würfeln.
- Berechnen Sie die Wahrscheinlichkeiten der Ereignisse A und B mithilfe der Bernoulli-Formel:

  $$P(X = r) = B(n; p; r) = \binom{n}{r} \cdot p^r \cdot (1 - p)^{n-r}$$

- Die Anzahl der Würfe entspricht dem Wert von n.
- Im Falle des Ereignisses A sollen genau 4 Treffer erzielt werden. Folglich müssen Sie $P(X=4)$ bestimmen.
- Im Falle des Ereignisses B soll kein Treffer erzielt werden. Folglich müssen Sie $P(X=0)$ bestimmen.

Tipps zu Teilaufgabe b

- Zeichnen Sie ein Baumdiagramm. Bei jedem Wurf gibt es die zwei möglichen Ergebnisse „Es wird eine 6 gewürfelt" (6) und „Es wird keine 6 gewürfelt" ($\overline{6}$). Sobald eine 6 gewürfelt wird, wird nicht weitergewürfelt. Insgesamt wird höchstens dreimal gewürfelt.
- Tragen Sie an den einzelnen Ästen des Baumdiagramms die Wahrscheinlichkeiten ein. Die Wahrscheinlichkeit, bei einem Wurf eine 6 zu würfeln, bleibt stets konstant $p = \frac{1}{3}$.
- Die Wahrscheinlichkeit des Gegenereignisses, keine 6 zu würfeln, berechnen Sie mit dem Term $1 - p$.
- Das Ereignis, bei höchstens drei Würfen eine 6 zu würfeln, setzt sich aus mehreren Teilereignissen zusammen. Alle diese Teilereignisse werden im Baumdiagramm durch einen Pfad repräsentiert, an dessen Ende eine 6 steht.

Tipps zu Teilaufgabe c

- Es handelt sich um eine sog. Dreimal-mindestens-Aufgabe.
- Gemäß dem Aufgabentext ist gesucht, wie viele Würfe mindestens erforderlich sind, damit die Ungleichung $P(X \geq 1) \geq 0{,}95$ gilt.
- Die Gegenwahrscheinlichkeit zu $P(X \geq 1)$ ist $P(X=0)$. Substituieren Sie in der Ungleichung $P(X \geq 1) \geq 0{,}95$ den Term $P(X \geq 1)$ durch $1 - P(X=0)$ und formen Sie dann nach $P(X=0)$ um.
- Nutzen Sie aus, dass gilt: $P(X=0) = (1 - p)^n$
- Lösen Sie die Ungleichung unter Anwendung der logarithmischen Rechenregeln nach n auf.
- Beachten Sie die Rechenregeln für Ungleichungen.

Tipps zu Teilaufgabe d

- Die Augensumme 11 kann nur durch die Kombination der Augenzahlen 5 und 6 bzw. 6 und 5 erreicht werden.
- Berechnen Sie mithilfe der Multiplikationsregel die Wahrscheinlichkeit für folgende beide Kombinationen:
  K_1: „Es wird mit dem 5er-Würfel eine 5 und mit dem 6er-Würfel eine 6 gewürfelt."
  K_2: „Es wird mit dem 5er-Würfel eine 6 und mit dem 6er-Würfel eine 5 gewürfelt."
- Nach der Summenregel gilt: P(„Die Augensumme ist 11") $= P(K_1) + P(K_2)$

Tipps zu Teilaufgabe e

- Die Augensumme 15 kann mit drei Würfen nur durch folgende Kombinationen erzielt werden:
  K_3: „Es werden die Augenzahlen 4, 5 und 6 in beliebiger Reihenfolge gewürfelt."
  K_4: „Es wird dreimal hintereinander eine 5 gewürfelt."
- Berechnen Sie mithilfe der Summen- und der Pfadregel die Wahrscheinlichkeiten $P(K_3)$ und $P(K_4)$.
- Beachten Sie bei der Berechnung von $P(K_3)$, dass es verschiedene Reihenfolgen gibt, in denen man die Augenzahlen 4, 5 und 6 würfeln kann. Überlegen Sie, wie viele verschiedene Anordnungen (Permutationen) es gibt.

Tipps zu Teilaufgabe f

- Wie in Teilaufgabe e gilt: Die Augensumme 15 kann mit drei Würfen nur durch die Kombinationen K_3 und K_4 erzielt werden.
- Vergleichen Sie die Wahrscheinlichkeiten $P(K_3)$ und $P(K_4)$ für beide Würfel.
- Zur Erreichung der vollen Punktzahl genügt es, dass Sie Ihre Begründung verbal formulieren. Um Zeit zu sparen, sollten Sie die einzelnen Wahrscheinlichkeiten nicht berechnen.
- Wenn Sie die Wahrscheinlichkeiten doch berechnen, greifen Sie auf Ihre Ergebnisse aus Teilaufgabe e zurück.

Lösungen zu Aufgabe 4.1

a) Der 10-malige Wurf mit dem 6er-Würfel lässt sich als Kette von Bernoulli-Experimenten mit den Ergebnissen „Es wird eine 6 gewürfelt" (Treffer) und „Es wird keine 6 gewürfelt" (Niete) auffassen. Die Wahrscheinlichkeiten der Ereignisse A und B lassen sich mit der Bernoulli-Formel berechnen:

$$P(X = r) = B(n; p; r) = \binom{n}{r} \cdot p^r \cdot (1-p)^{n-r}$$

Da der Würfel 10-mal geworfen wird, ist $n = 10$. Die Trefferwahrscheinlichkeit, d. h. die Wahrscheinlichkeit, bei einem Wurf mit dem 6er-Würfel eine 6 zu werfen, beträgt $p = \frac{1}{3}$. Denn zwei der sechs Würfelseiten zeigen eine 6. Die Anzahl der Treffer, d. h. die Anzahl, wie oft eine 6 gewürfelt wird, beträgt $r = 4$ im Fall des Ereignisses A und $r = 0$ im Fall des Ereignisses B.

Für die Wahrscheinlichkeit P(A) gilt:

$$P(A) = P(X = 4) = B\left(10; \frac{1}{3}; 4\right) = \binom{10}{4} \cdot \left(\frac{1}{3}\right)^4 \cdot \left(\frac{2}{3}\right)^6 \approx 0{,}2276 = 22{,}76\ \%$$

Für die Wahrscheinlichkeit P(B) gilt:

$$P(B) = P(X = 0) = B\left(10; \frac{1}{3}; 0\right) = \binom{10}{0} \cdot \left(\frac{1}{3}\right)^0 \cdot \left(\frac{2}{3}\right)^{10} \approx 0{,}0173 = 1{,}73\ \%$$

Die Wahrscheinlichkeit für das Ereignis A beträgt ungefähr $\underline{\underline{22{,}76\ \%}}$.

Die Wahrscheinlichkeit für das Ereignis B beträgt ungefähr $\underline{\underline{1{,}73\ \%}}$.

b) Damit Luisa anfangen darf, muss sie bei höchstens drei Würfen eine 6 würfeln. Bei jedem Wurf kann sie eine 6 oder keine 6 würfeln. Sobald sie eine 6 gewürfelt hat, würfelt sie nicht weiter. Insgesamt darf sie höchstens dreimal würfeln. Die Wahrscheinlichkeit, bei einem Wurf mit dem 6er-Würfel eine 6 zu würfeln, beträgt konstant $p = \frac{1}{3}$. Die Wahrscheinlichkeit für das Gegenereignis, keine 6 zu würfeln, beträgt $1 - p = 1 - \frac{1}{3} = \frac{2}{3}$.

Es ergibt sich folgendes Baumdiagramm:

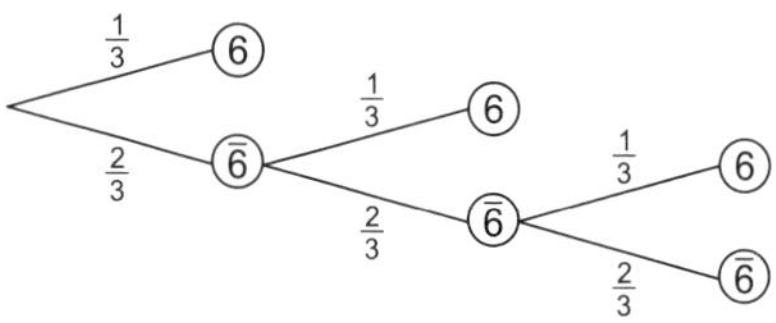

Die Wahrscheinlichkeit P(E) für das Ereignis E: „Luisa würfelt bei höchstens drei Würfen eine 6" lässt sich mithilfe der Pfadregeln (der Summen- und der Multiplikationsregel) berechnen. Dabei werden alle Pfade berücksichtigt, an deren Ende eine 6 steht:

$$\begin{aligned} P(E) &= \frac{1}{3} + \frac{2}{3} \cdot \frac{1}{3} + \frac{2}{3} \cdot \frac{2}{3} \cdot \frac{1}{3} \\ &= \frac{1}{3} + \frac{2}{9} + \frac{4}{27} = \frac{19}{27} \approx 0{,}704 = 70{,}4\ \% \end{aligned}$$

Alternativ kann auch mit dem Gegenereignis gearbeitet werden, also mit der Wahrscheinlichkeit dafür, dass Luisa bei keinem der drei Versuche eine 6 würfelt:

$$P(E) = 1 - P(\text{„Luisa würfelt keine 6“})$$

$$= 1 - \frac{2}{3} \cdot \frac{2}{3} \cdot \frac{2}{3} = \frac{19}{27} \approx 0,704 = 70,4\ \%$$

Die Wahrscheinlichkeit, dass Luisa anfangen darf, beträgt $\underline{\underline{\frac{19}{27}}}$ bzw. ungefähr $\underline{\underline{70,4\ \%}}$.

c) Gemäß dem Aufgabentext ist gesucht, wie viele Würfe mindestens erforderlich sind, damit die Ungleichung $P(X \geq 1) \geq 0,95$ gilt.

Die Gegenwahrscheinlichkeit zu $P(X \geq 1)$ ist $P(X = 0)$. Es gilt also:

$$1 - P(X = 0) \geq 0,95 \quad \Leftrightarrow \quad P(X = 0) \leq 0,05$$

Die Wahrscheinlichkeit $P(X = 0)$ lässt sich durch den Term $(1 - p)^n$ substituieren. Denn gemäß der Bernoulli-Formel gilt:

$$P(X = 0) = B(n; p; 0) = \binom{n}{0} \cdot p^0 \cdot (1 - p)^{n-0} = 1 \cdot 1 \cdot (1 - p)^n = (1 - p)^n$$

$$\left(\frac{2}{3}\right)^n \leq 0,05 \qquad |\ln$$

Anwenden der logarithmischen Rechenregeln:

$$n \cdot \ln\frac{2}{3} \leq \ln 0,05 \qquad \left|: \ln\frac{2}{3}\right.$$

Da $\ln\frac{2}{3}$ negativ ist, kehrt sich das Relationszeichen um.

$$n \geq \frac{\ln 0,05}{\ln\frac{2}{3}} \approx 7,39$$

Damit die Wahrscheinlichkeit, mindestens eine 6 zu würfeln, mindestens 95 % beträgt, muss mindestens <u>8-mal</u> gewürfelt werden.

d) Die Augenzahl 11 kann nur durch die zwei Kombinationen K_1 und K_2 erzielt werden:

K_1: „Es wird mit dem 5er-Würfel eine 5 und mit dem 6er-Würfel eine 6 gewürfelt.“

K_2: „Es wird mit dem 5er-Würfel eine 6 und mit dem 6er-Würfel eine 5 gewürfelt.“

Für den 5er-Würfel gilt $P(\{5\}) = \frac{1}{3}$ und $P(\{6\}) = \frac{1}{6}$. Für den 6er-Würfel gilt $P(\{5\}) = \frac{1}{6}$ und $P(\{6\}) = \frac{1}{3}$.

Die Wahrscheinlichkeit für das Ereignis C: „Die Augensumme beträgt 11“ lässt sich mithilfe der Pfadregeln (Summen- und Multiplikationsregel) berechnen.

Nach der Summenregel gilt:

$$P(C) = P(K_1) + P(K_2)$$

Nach der Multiplikationsregel lassen sich $P(K_1)$ und $P(K_2)$ berechnen:

$$P(C) = \frac{1}{3} \cdot \frac{1}{3} + \frac{1}{6} \cdot \frac{1}{6} = \frac{5}{36} \approx 0,1389 = 13,89\ \%$$

Das Ereignis C: „Die Augensumme beträgt 11“ hat eine Wahrscheinlichkeit von $\underline{\underline{\frac{5}{36}}}$ bzw. ungefähr $\underline{\underline{13,89\ \%}}$.

e) Die Augensumme 15 kann mit drei Würfen nur durch folgende Kombinationen erzielt werden:

K_3: „Es werden die Augenzahlen 4, 5 und 6 in beliebiger Reihenfolge gewürfelt."

K_4: „Es wird dreimal hintereinander eine 5 gewürfelt."

Für den 5er-Würfel gilt $P(\{4\}) = \frac{1}{6}$, $P(\{5\}) = \frac{1}{3}$ und $P(\{6\}) = \frac{1}{6}$.

Die Augenzahlen 4, 5 und 6 können in $3! = 6$ verschiedenen Reihenfolgen gewürfelt werden. Denn für jede n-elementige Menge gilt, dass es n! unterschiedliche Anordnungen (Permutationen) gibt.

Für die Wahrscheinlichkeit $P(K_3)$, die Augenzahlen 4, 5 und 6 in beliebiger Reihenfolge zu würfeln, ergibt sich nach den Pfadregeln:

$$P(K_3) = 6 \cdot \frac{1}{6} \cdot \frac{1}{3} \cdot \frac{1}{6} = \frac{1}{18}$$

Für die Wahrscheinlichkeit $P(K_4)$, dreimal hintereinander eine 5 zu würfeln, ergibt sich nach der Pfadregel (Multiplikationsregel):

$$P(K_4) = \frac{1}{3} \cdot \frac{1}{3} \cdot \frac{1}{3} = \frac{1}{27}$$

Die Wahrscheinlichkeit für das Ereignis „Die Augensumme ist 15" kann man nun nach der Summenregel durch Addition der beiden Teilwahrscheinlichkeiten $P(K_3)$ und $P(K_4)$ berechnen:

$$P(\text{„Die Augensumme ist 15"}) = P(K_3) + P(K_4) = \frac{1}{18} + \frac{1}{27} = \frac{3}{54} + \frac{2}{54} = \frac{5}{54}$$

Wie zu zeigen war, beträgt die Wahrscheinlichkeit dafür, dass beim dreimaligen Wurf mit dem 5er-Würfel die Augensumme 15 ist, $\frac{5}{54}$.

f) Die Wahrscheinlichkeit, die Augenzahlen 4, 5 und 6 in beliebiger Reihenfolge zu würfeln, ist für beide Würfel gleich. Für den 5er-Würfel ist die Wahrscheinlichkeit, dreimal hintereinander eine 5 zu würfeln, wesentlich größer als für den 6er-Würfel. Daher ist Pedros Behauptung falsch.

Für die Erreichung der vollen Punktzahl reicht eine verbale Begründung aus. Die einzelnen Wahrscheinlichkeiten müssen nicht berechnet werden. Natürlich kann aber auch eine Berechnung erfolgen.

Zur Kontrolle seien hier die Wahrscheinlichkeiten für beide Würfel, die Augensumme 15 zu erhalten, genannt:

$$P(\text{„Augensumme 15 mit dem 5er-Würfel"}) = \frac{20}{216}$$

$$P(\text{„Augensumme 15 mit dem 6er-Würfel"}) = \frac{13}{216}$$

Berlin – Mathematik Grundkurs
2020 – Aufgabe 4.2: Stochastik

Unternehmen BE

In einem großen Unternehmen sind $\frac{1}{3}$ der Beschäftigten weiblich.

Aufgabenteil 1

Es werden 50 Beschäftigte zufällig ausgewählt. Die Anzahl der weiblichen Beschäftigten unter den ausgewählten kann durch eine binomialverteilte Zufallsgröße X beschrieben werden.

a) Berechnen Sie die Wahrscheinlichkeit dafür, dass mindestens 17 der ausgewählten Beschäftigten weiblich sind. 2

b) Beschreiben Sie die Bedeutung der folgenden mathematischen Aussage im Sachzusammenhang:

$$\binom{50}{13}\cdot\left(\frac{1}{3}\right)^{13}\cdot\left(\frac{2}{3}\right)^{37}+\binom{50}{14}\cdot\left(\frac{1}{3}\right)^{14}\cdot\left(\frac{2}{3}\right)^{36}\approx 0{,}158$$ 3

c) Bestimmen Sie die Wahrscheinlichkeit dafür, dass unter den 50 ausgewählten Beschäftigten die Anzahl derjenigen, die nicht weiblich sind, viermal so groß ist wie die Anzahl der weiblichen. 2

d) Begründen Sie ohne Berechnung von Wahrscheinlichkeiten, dass die Wahrscheinlichkeitsverteilung von X für 16 oder 17 den größten Wert hat. 3

Aufgabenteil 2

Unter allen Beschäftigten wurde eine Befragung zur Zufriedenheit am Arbeitsplatz durchgeführt. Dabei ergab sich, dass 3,5 % der weiblichen und 10,5 % der anderen Beschäftigten unzufrieden sind. Unter allen Beschäftigten wird eine Person zufällig ausgewählt.
Das abgebildete Baumdiagramm stellt den Sachverhalt dar.

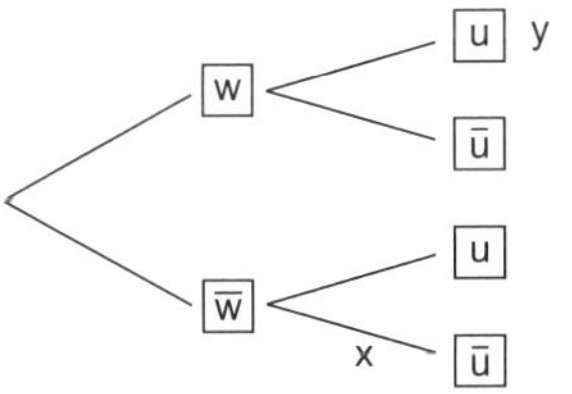

a) Ermitteln Sie die Werte von x und y. 3

b) Die ausgewählte Person ist an ihrem Arbeitsplatz unzufrieden.
Bestimmen Sie die Wahrscheinlichkeit dafür, dass sie nicht weiblich ist.
[*Hinweis:* Nutzen Sie dafür z. B. eine Vierfeldertafel.] 3

c) Für eine Abteilung des Unternehmens ergab die Befragung, dass 4 % der weiblichen und 10 % der anderen Beschäftigten an ihrem jeweiligen Arbeitsplatz unzufrieden sind. Unter allen Beschäftigten dieser Abteilung ist der Anteil der unzufriedenen Beschäftigten, die nicht weiblich sind, fünfmal so groß wie der Anteil der unzufriedenen weiblichen Beschäftigten.
Bestimmen Sie für diese Abteilung den Anteil der weiblichen Beschäftigten. $\frac{4}{20}$

Anlage zu Aufgabe 4.2: Unternehmen

Summierte Binomialverteilungen

Gerundet auf vier Nachkommastellen, weggelassen ist „0,“, alle freien Plätze enthalten nach dem Runden 0 bzw. 1,0000.
Wird die Tabelle „von unten“ gelesen ($p > 0{,}5$), ist der richtige Wert 1 – (abgelesener Wert).

n	k	p: 0,05	0,10	$\frac{1}{6}$	0,20	0,25	0,30	$\frac{1}{3}$	0,40	0,45	0,50	k	n
	0	0769	0052	0001								49	
	1	2794	0338	0012	0002							48	
	2	5405	1117	0066	0013	0001						47	
	3	7604	2503	0238	0057	0005						46	
	4	8964	4312	0643	0185	0021	0002					45	
	5	9622	6161	1388	0480	0070	0007	0001				44	
	6	9882	7702	2506	1034	0194	0025	0005				43	
	7	9968	8779	3911	1904	0453	0073	0017				42	
	8	9992	9421	5421	3073	0916	0183	0050	0002			41	
	9	9998	9755	6830	4437	1637	0402	0127	0008	0001		40	
	10		9906	7986	5836	2622	0789	0284	0022	0002		39	
	11		9968	8827	7107	3816	1390	0570	0057	0006		38	
	12		9990	9373	8139	5110	2229	1035	0133	0018	0002	37	
	13		9997	9693	8894	6370	3279	1715	0280	0045	0005	36	
	14		9999	9862	9393	7481	4468	2612	0540	0104	0013	35	
	15			9943	9692	8369	5692	3690	0955	0220	0033	34	
	16			9978	9856	9017	6839	4868	1561	0427	0077	33	
	17			9992	9937	9449	7822	6046	2369	0765	0164	32	
50	18			9997	9975	9713	8594	7126	3356	1273	0325	31	50
	19			9999	9991	9861	9152	8036	4465	1974	0595	30	
	20				9997	9937	9522	8741	5610	2862	1013	29	
	21				9999	9974	9749	9244	6701	3900	1611	28	
	22					9990	9877	9576	7660	5019	2399	27	
	23					9996	9944	9778	8438	6134	3359	26	
	24					9999	9976	9892	9022	7160	4439	25	
	25						9991	9951	9427	8034	5561	24	
	26						9997	9979	9686	8721	6641	23	
	27						9999	9992	9840	9220	7601	22	
	28							9997	9924	9556	8389	21	
	29							9999	9966	9765	8987	20	
	30								9986	9884	9405	19	
	31								9995	9947	9676	18	
	32								9998	9978	9836	17	
	33								9999	9991	9923	16	
	34									9997	9967	15	
	35									9999	9987	14	
	36										9995	13	
	37										9998	12	
n	k	p: 0,95	0,90	$\frac{5}{6}$	0,80	0,75	0,70	$\frac{2}{3}$	0,60	0,55	0,50	k	n

Tipps und Hinweise zur Lösung von Aufgabe 4.2

Tipps zu Aufgabenteil 1a

Die Zufallsgröße X: „Anzahl der ausgewählten Beschäftigten, die weiblich sind" ist binomialverteilt mit $n = 50$ und $p = \frac{1}{3}$.

Die Wahrscheinlichkeit $P(X \leq 17)$, dass mindestens 17 der ausgewählten Beschäftigten weiblich sind, lässt sich mit der Wahrscheinlichkeit $P(X \leq 16)$ für das Gegenereignis, dass unter den ausgewählten Beschäftigten nur 16 oder weniger weiblich sind, berechnen.

Für die Wahrscheinlichkeit eines Ereignisses E und des Gegenereignisses $\overline{E}$ gilt:

$P(E) = 1 - P(\overline{E})$

Die Wahrscheinlichkeit $P(X \leq 16) = F\left(50; \frac{1}{3}; 16\right)$ lässt sich aus der Tabelle in der Anlage ablesen.

Tipp zu Aufgabenteil 1b

Zur Erklärung der mathematischen Aussage müssen Sie die Bernoulli-Formel

$P(X = r) = B(n; p; r) = \binom{n}{r} \cdot p^r \cdot (1-p)^{n-r}$ und die Summenregel kennen.

Tipps zu Aufgabenteil 1c

Dass unter 50 ausgewählten Beschäftigten die Anzahl der nicht weiblichen Personen viermal so groß ist wie die Anzahl der weiblichen Personen, bedeutet, dass 40 nicht weibliche und 10 weibliche Personen ausgewählt werden.

Berechnen Sie $P(X = 10)$ mithilfe der Bernoulli-Formel.

Tipps zu Aufgabenteil 1d

Das Maximum einer Binomialverteilung befindet sich beim Erwartungswert $\mu = E(X)$.

Für eine binomialverteilte Zufallsgröße X mit den Parametern n und p gilt: $E(X) = \mu = n \cdot p$

Tipps zu Aufgabenteil 2a

Es kann hilfreich sein, die Angaben aus dem Text an den Ästen des Baumdiagramms einzutragen.

Wenden Sie zur Berechnung von $x = P_{\overline{w}}(\overline{u})$ die Summenregel an.

Wenden Sie zur Berechnung von $y = P(w \cap u)$ die Multiplikationsregel an.

Tipps zu Aufgabenteil 2b

Gesucht ist die bedingte Wahrscheinlichkeit $P_u(\overline{w})$, dass eine ausgewählte Person, die an ihrem Arbeitsplatz unzufrieden ist, nicht weiblich ist.

Wie in dem Hinweis in der Aufgabenstellung empfohlen, können Sie eine Vierfeldertafel erstellen. Dabei bezeichnen die Spalten die Ereignisse w: „Die ausgewählte Person ist weiblich" und $\overline{w}$: „Die ausgewählte Person ist nicht weiblich". Die Zeilen bezeichnen die Ereignisse u: „Die ausgewählte Person ist mit ihrem Arbeitsplatz unzufrieden" und $\overline{u}$: „Die ausgewählte Person ist mit ihrem Arbeitsplatz zufrieden".

Berechnen Sie die bedingte Wahrscheinlichkeit $P_u(\overline{w}) = \frac{P(\overline{w} \cap u)}{P(u)}$.

- Teilen Sie sich Ihre Zeit gut ein. Die Anfertigung einer Vierfeldertafel ist zwar empfohlen, konzentrieren Sie sich aber auf die Felder, die zur Berechnung der bedingten Wahrscheinlichkeit $P_u(\overline{w})$ erforderlich sind.

Tipps zu Aufgabenteil 2c

- Aus den folgenden drei Informationen aus dem Text können Sie eine Gleichung aufstellen mit einer Variablen für den Anteil der weiblichen Beschäftigten bzw. für die Wahrscheinlichkeit, dass eine ausgewählte Person unter den Beschäftigten weiblich ist:
  - Der Anteil der weiblichen Beschäftigten, die an ihrem Arbeitsplatz unzufrieden sind, beträgt 4 % bzw. $P_w(u) = 0{,}04$.
  - Der Anteil der nicht weiblichen Beschäftigten, die an ihrem Arbeitsplatz unzufrieden sind, beträgt 10 % bzw. $P_{\overline{w}}(u) = 0{,}1$.
  - Der Anteil der unzufriedenen Beschäftigten, die nicht weiblich sind, ist fünfmal so groß wie der Anteil der unzufriedenen weiblichen Beschäftigten bzw. $P(\overline{w} \cap u) = 5 \cdot P(w \cap u)$.
- Beachten Sie, dass gilt: $P(\overline{w} \cap u) = P_{\overline{w}}(u) \cdot P(\overline{w})$ und $P(w \cap u) = P_w(u) \cdot P(w)$
- Nutzen Sie außerdem, dass gilt: $P(\overline{w}) = 1 - P(w)$
- Auch bei dieser Aufgabe kann ein Baumdiagramm für das Verständnis hilfreich sein.

Lösungen zu Aufgabe 4.2

Aufgabenteil 1

a) Die Zufallsgröße X: „Anzahl der ausgewählten Beschäftigten, die weiblich sind" ist $B_{50;\,\frac{1}{3}}$ - binomialverteilt.

Mit der Wahrscheinlichkeit für das Gegenereignis und durch Ablesen in der Tabelle aus der Anlage ergibt sich:

$$P(X \geq 17) = 1 - P(X \leq 16) = 1 - F\left(50; \frac{1}{3}; 16\right) \approx 1 - 0{,}4868 = 0{,}5132 \approx 51{,}3\,\%$$

Die Wahrscheinlichkeit dafür, dass mindestens 17 der ausgewählten Beschäftigten weiblich sind, beträgt ungefähr $\underline{\underline{51{,}3\,\%}}$.

b) Der angegebene mathematische Term gibt die Summe der Wahrscheinlichkeiten $P(X = 13)$ und $P(X = 14)$ einer $B_{50;\,\frac{1}{3}}$ - Binomialverteilung an. Denn es gilt die Bernoulli-Formel:

$$P(X = r) = \binom{n}{r} \cdot p^r \cdot (1-p)^{n-r}$$

Und somit:

$$P(X = 13) = \binom{50}{13} \cdot \left(\frac{1}{3}\right)^{13} \cdot \left(\frac{2}{3}\right)^{37}$$

$$P(X = 14) = \binom{50}{14} \cdot \left(\frac{1}{3}\right)^{14} \cdot \left(\frac{2}{3}\right)^{36}$$

Auf den Sachzusammenhang der Aufgabe bezogen sagt der Term also Folgendes aus: Die Wahrscheinlichkeit dafür, dass von den 50 ausgewählten Beschäftigten 13 oder 14 weiblich sind, beträgt ungefähr 0,158 bzw. 15,8 %.

c) Dass unter den 50 ausgewählten Beschäftigten die Anzahl derjenigen, die nicht weiblich sind, viermal so groß ist wie die Anzahl der weiblichen, bedeutet, dass genau 10 Personen weiblich und 40 Personen nicht weiblich sind.

Wer dies nicht sofort sieht, kann die Anzahl a der weiblichen Personen leicht berechnen:

$$a + 4a = 50 \quad \Leftrightarrow \quad 5a = 50 \quad \Leftrightarrow \quad a = 10$$

Es muss also die Wahrscheinlichkeit $P(X = 10)$ bestimmt werden:

$$P(X = 10) = B\left(50; \frac{1}{3}; 10\right) = \binom{50}{10} \cdot \left(\frac{1}{3}\right)^{10} \cdot \left(\frac{2}{3}\right)^{40} \approx 0{,}0157 = 1{,}57\,\%$$

Die Wahrscheinlichkeit dafür, dass unter den 50 ausgewählten Beschäftigten die Anzahl derjenigen, die nicht weiblich sind, viermal so groß ist wie die Anzahl der weiblichen, beträgt ungefähr $\underline{\underline{1{,}57\,\%}}$.

d) Das Maximum einer Binomialverteilung befindet sich beim Erwartungswert $\mu = E(X)$. Es gilt:

$$\mu = E(X) = n \cdot p = 50 \cdot \frac{1}{3} \approx 16{,}67$$

Die Wahrscheinlichkeitsverteilung für X hat folglich ihren größten Wert für eine der beiden natürlichen Zahlen, die 16,67 benachbart sind, also für 16 oder 17.

Aufgabenteil 2

a) Die Angaben aus dem Aufgabentext lassen sich in das Baumdiagramm eintragen:

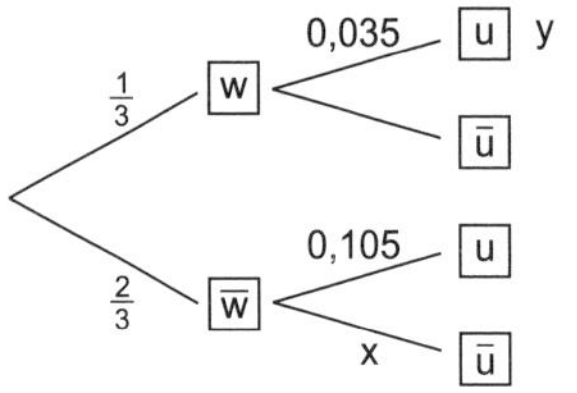

Mithilfe der Pfadregeln lassen sich die Werte von x und y berechnen:

$$x = P_{\overline{w}}(\overline{u}) = 1 - P_{\overline{w}}(u) = 1 - 0{,}105 = 0{,}895 = \underline{\underline{89{,}5\ \%}} \quad \text{(Summenregel)}$$

$$y = P(w \cap u) = P(w) \cdot P_w(u) = \frac{1}{3} \cdot 0{,}035 \approx 0{,}0117 = \underline{\underline{1{,}17\ \%}} \quad \text{(Multiplikationsregel)}$$

b) Gesucht ist die bedingte Wahrscheinlichkeit $P_u(\overline{w})$, dass eine ausgewählte Person, die an ihrem Arbeitsplatz unzufrieden ist, nicht weiblich ist.

Es lässt sich eine Vierfeldertafel aufstellen:

	w	**$\overline{w}$**	**Summe**
u	$P(w \cap u) \approx 1{,}17\ \%$ (vgl. Teilaufgabe a)	$P(\overline{w} \cap u) = \frac{2}{3} \cdot 0{,}105 = 0{,}07 = 7\ \%$	$P(u) = 1{,}17\ \% + 7\ \% = 8{,}17\ \%$
ū	$P(w \cap \overline{u}) = 33{,}33\ \% - 1{,}17\ \% = 32{,}16\ \%$	$P(\overline{w} \cap \overline{u}) = 66{,}67\ \% - 7\ \% = 59{,}67\ \%$	$P(\overline{u}) = 32{,}16\ \% + 59{,}67\ \% = 91{,}83\ \%$
Summe	$P(w) = \frac{1}{3} \approx 33{,}33\ \%$	$P(\overline{w}) = \frac{2}{3} \approx 66{,}67\ \%$	100 %

Für die Lösung der Teilaufgabe b relevant sind die grau unterlegten Felder. Es ist nicht erforderlich, die Vierfeldertafel vollständig anzugeben.

Für die bedingte Wahrscheinlichkeit $P_u(\overline{w})$ gilt:

$$P_u(\overline{w}) = \frac{P(\overline{w} \cap u)}{P(u)} = \frac{7\ \%}{8{,}17\ \%} \approx 0{,}857 = 85{,}7\ \%$$

Die Wahrscheinlichkeit dafür, dass eine ausgewählte Person, die an ihrem Arbeitsplatz unzufrieden ist, nicht weiblich ist, beträgt ungefähr $\underline{\underline{85{,}7\ \%}}$.

c) Dem Aufgabentext lassen sich folgende Informationen entnehmen: In der zu untersuchenden Abteilung des Unternehmens beträgt die Wahrscheinlichkeit $P_w(u)$, dass weibliche Beschäftigte an ihrem Arbeitsplatz unzufrieden sind, $4\,\% = 0{,}04$. Die Wahrscheinlichkeit $P_{\overline{w}}(u)$, dass nicht weibliche Beschäftigte an ihrem Arbeitsplatz unzufrieden sind, beträgt $10\,\% = 0{,}1$.

Aufgrund der Angabe, dass der Anteil der unzufriedenen Beschäftigten, die nicht weiblich sind, fünfmal so groß ist wie der Anteil der unzufriedenen weiblichen Beschäftigten, lässt sich folgende Gleichung aufstellen:

$$5 \cdot P(w \cap u) = P(\overline{w} \cap u)$$

$$5 \cdot P_w(u) \cdot P(w) = P_{\overline{w}}(u) \cdot P(\overline{w})$$

In dieser Gleichung lässt sich $P(\overline{w})$ durch den Term $1 - P(w)$ substituieren:

$$5 \cdot P_w(u) \cdot P(w) = P_{\overline{w}}(u) \cdot (1 - P(w))$$

$$5 \cdot 0{,}04 \cdot P(w) = 0{,}1 \cdot (1 - P(w))$$

$$\Leftrightarrow \quad 0{,}2 \cdot P(w) = 0{,}1 - 0{,}1 \cdot P(w)$$

$$\Leftrightarrow \quad 0{,}3 \cdot P(w) = 0{,}1$$

$$\Leftrightarrow \quad P(w) = \frac{1}{3} \approx 33{,}3\,\%$$

Auch hier kann ein Baumdiagramm für das Verständnis hilfreich sein. Dabei ist a der Anteil der weiblichen Beschäftigten in dieser Abteilung.

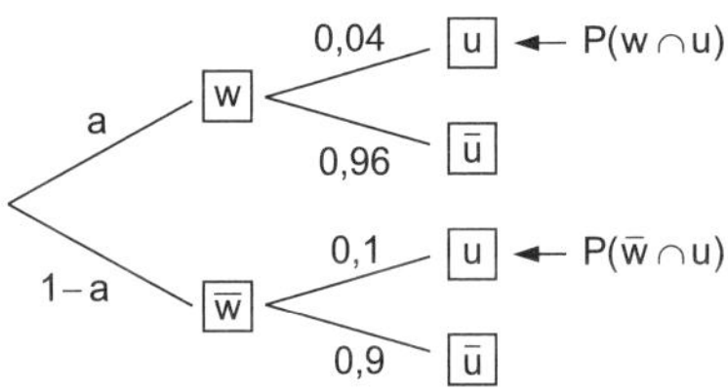

Mit $5 \cdot P(\overline{w} \cap u) = P(w \cap u)$ und der Multiplikationsregel (Pfadregel) ergibt sich:

$$5 \cdot a \cdot 0{,}04 = (1 - a) \cdot 0{,}1 \quad \Leftrightarrow \quad a = \frac{1}{3} \approx 33{,}3\,\%$$

Der Anteil der weiblichen Beschäftigten beträgt auch in dieser Abteilung $\underline{\underline{\frac{1}{3}}}$ bzw. ungefähr $\underline{\underline{33{,}3\,\%}}$.

Berlin – Mathematik Grundkurs
2021 – Aufgabe 1: hilfsmittelfreier Teil

Analysis 1

BE

Gegeben ist die in $\mathbb{R}$ definierte Funktion f mit $f(x) = x^3 - x$.

a) Einer der folgenden Graphen I, II und III stellt f dar. Geben Sie die Graphen an, die dafür nicht infrage kommen, und begründen Sie Ihre Angabe. 2

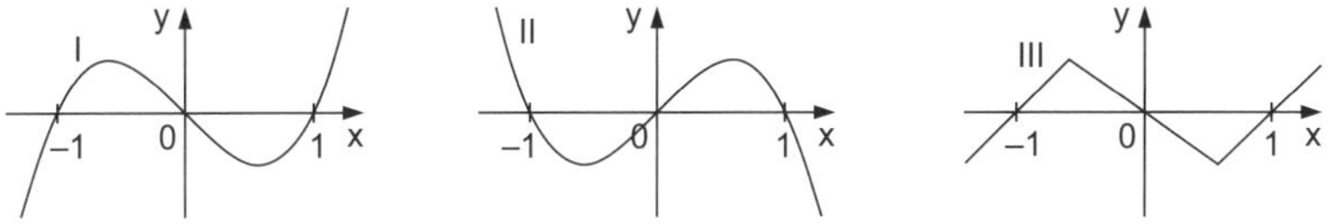

b) Berechnen Sie den Inhalt der Fläche, die der Graph von f und die x-Achse einschließen. 3

Analysis 2

Die Abbildung zeigt den Graphen einer Funktion f.
Die Punkte A, B, C und D liegen auf dem Graphen von f.

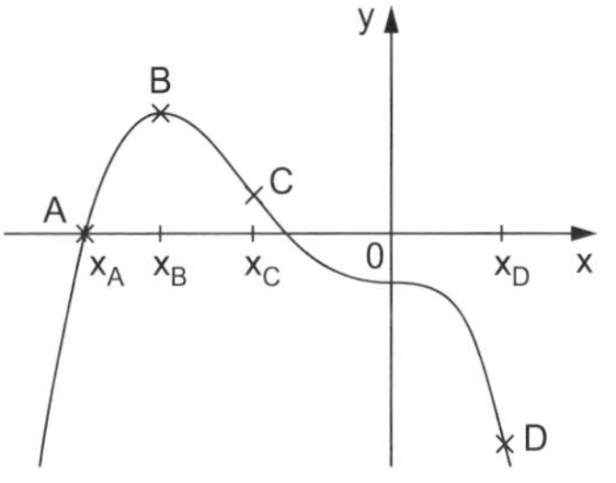

a) Geben Sie an, ob die Funktionswerte der Ableitungsfunktion f' an den angegebenen 3 Stellen positiv, negativ oder null sind. 3

	x_A	x_B	x_C
f'(x)			

b) Entscheiden Sie, ob die folgende Aussage wahr ist.

Für die bestimmten Integrale I_1: $\int_{x_A}^{x_C} f(x)\,dx$ und I_2: $\int_{x_C}^{x_D} f(x)\,dx$ gilt: $I_1 < I_2$

Begründen Sie Ihre Entscheidung. 2

Analysis 3

Gegeben ist die Funktion f mit $f(x) = x^3 - 3x^2 + 4$.

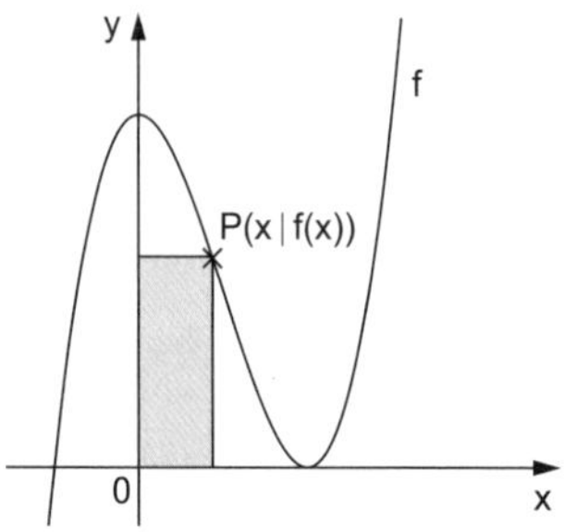

a) Zeigen Sie, dass $x_E = 2$ eine der beiden Extremstellen der Funktion f ist. 2

b) Jeder Punkt $P(x \mid f(x))$ mit $0 < x < 2$ legt ein achsenparalleles Rechteck fest (siehe Abbildung).
Für genau einen Wert x_{max} wird der Flächeninhalt dieses Rechtecks maximal.
Weisen Sie nach, dass gilt: $x_{max} \neq 1$. 3

Geometrie 1

Zwei sich schneidende Ebenen sind gegeben durch ihre Gleichungen:

E: $2x + y + 4z = 6$ und F: $\left[\vec{x} - \begin{pmatrix} 1 \\ -8 \\ 3 \end{pmatrix}\right] \cdot \begin{pmatrix} -5 \\ 2 \\ 8 \end{pmatrix} = 0$

a) Geben Sie eine Gleichung der Ebene F in Koordinatenform an. 1

b) Die Gerade s: $\vec{x} = \begin{pmatrix} 1 \\ -4 \\ 2 \end{pmatrix} + r \cdot \begin{pmatrix} 0 \\ 8 \\ -2 \end{pmatrix}$; $r \in \mathbb{R}$ liegt in der Ebene F. 2

Weisen Sie nach, dass die Gerade s auch in der Ebene E liegt.

c) Ermitteln Sie eine Gleichung einer Ebene H, die zu den beiden Ebenen E und F senkrecht verläuft. 2

Geometrie 2

Gegeben ist der Punkt $P(4 \mid 6 \mid 4)$ und die Ebene E: $\vec{x} = \begin{pmatrix} 1 \\ 2 \\ 3 \end{pmatrix} + t \cdot \begin{pmatrix} 0 \\ 2 \\ 1 \end{pmatrix} + s \cdot \begin{pmatrix} 3 \\ 0 \\ -1 \end{pmatrix}$; $t, s \in \mathbb{R}$.

a) Weisen Sie nach, dass der Punkt P in der Ebene E liegt. 2

b) Die Gerade g
- liegt in der Ebene E,
- geht durch den Punkt P und
- hat keinen Schnittpunkt mit der xy-Ebene.

Geben Sie eine Gleichung der Geraden g an. 3

Stochastik 1

Bei einem Spiel wird gleichzeitig mit einem roten und einem blauen Laplace-Würfel gewürfelt. Die Seiten beider Würfel sind mit den Augenzahlen von 1 bis 6 beschriftet.

a) Die Wahrscheinlichkeit, dass die Augenzahl des blauen Würfels größer ist als die des roten Würfels, beträgt $\frac{15}{36}$.
Begründen Sie, dass diese Aussage wahr ist. 2

b) Die Zufallsgröße X ist wie folgt definiert:
$X = 0$, wenn die Augenzahl des roten Würfels kleiner ist als die des blauen Würfels.
$X = 1$, wenn die Augenzahl beider Würfel gleich ist.
$X = 2$, wenn die Augenzahl des roten Würfels größer ist als die des blauen Würfels.
Ermitteln Sie den Erwartungswert der Zufallsgröße X. 3

Stochastik 2

In einer Urne befinden sich 6 weiße und 4 schwarze Kugeln.
Bei einem Auswahlverfahren ziehen 10 Bewerber nacheinander ohne Zurücklegen eine Kugel aus dieser Urne. Jeder Bewerber, der eine weiße Kugel zieht, ist ausgewählt.

a) Der zweite Bewerber wird ausgewählt.
Zeigen Sie, dass die Wahrscheinlichkeit dafür 60 % beträgt. 2

b) Entscheiden Sie, ob der erste oder der dritte Bewerber die größere Chance hat, ausgewählt zu werden. Begründen Sie Ihre Entscheidung. 3

35

Tipps und Hinweise zur Lösung von Aufgabe 1

Tipps zu Analysis 1

a) Schließen Sie einen Graphen aus, indem Sie die Steigung bei $x = 0$ betrachten.
Die Funktion f' ist ganzrational. Was gilt für diese, wenn Sie stückweise konstant ist?

b) Bestimmen Sie den gesuchten Flächeninhalt mithilfe eines bestimmten Integrals.
Als Integrationsgrenzen kommen nur die Nullstellen von f infrage.
Nutzen Sie die Symmetrie von f.

Tipps zu Analysis 2

a) Die Ableitungsfunktion f' beschreibt die Steigung des Graphen von f.
Untersuche die Steigung des Graphen in den Punkten A, B und C.

b) Verläuft der Graph von f in einem Intervall [a; b] vollständig oberhalb der x-Achse, so entspricht das bestimmte Integral über [a; b] der Fläche zwischen Graph und x-Achse.
Verläuft der Graph von f in einem Intervall [a; b] nur teilweise oberhalb der x-Achse, so entspricht das bestimmte Integral über [a; b] der Flächen**bilanz**, also der „Fläche oberhalb der x-Achse **minus** Fläche unterhalb der x-Achse“.

Tipps zu Analysis 3

a) Berechne die ersten beiden Ableitungen von f.
Für eine mögliche Extremstelle x_E von f muss $f'(x_E) = 0$ gelten (notwendige Bedingung).
Damit x_E tatsächlich eine Extremstelle von f ist, muss zusätzlich $f''(x_E) \neq 0$ gelten (hinreichende Bedingung).
Alternativ lautet die hinreichende Bedingung für eine Extremstelle x_E von f:
f' besitzt an der Stelle x_E einen Vorzeichenwechsel.

b) Der Flächeninhalt A eines Rechtecks ergibt sich aus „Länge mal Breite“.
Leiten Sie den Term A(x) für den Flächeninhalt einmal ab.
Was müsste für A'(x) an der Stelle $x_{max} = 1$ gelten, wenn dort ein Maximum von A vorliegen würde?

Tipps zu Geometrie 1

a) Ersetzen Sie $\vec{x}$ durch den Ausdruck $\begin{pmatrix} x \\ y \\ z \end{pmatrix}$.
Bestimmen Sie die Koordinatenform durch „Ausmultiplizieren“ der Normalenform.

b) Überprüfen Sie durch Einsetzen, ob die Koordinaten der Geraden s die Ebenengleichung E erfüllen.

c) Nach Teilaufgabe b ist die Gerade s die Schnittgerade der Ebenen E und F.
Welche Lage hat ein Richtungsvektor von s zu einer senkrecht zu den Ebenen E und F verlaufenden Ebene H?
Sie können die Ebenengleichung von H in Koordinaten-, Normalen- oder Parameterform angeben.

Tipps zu Geometrie 2

a) Setzen Sie die Koordinaten der Ebene E mit den Koordinaten des Punktes P gleich.

Prüfen Sie, ob das vorliegende (überbestimmte) lineare Gleichungssystem eine Lösung besitzt.

b) Die Gerade g liegt in der Ebene E. Welche Lage hat daher ein Richtungsvektor von g bzgl. der Spannvektoren von E?

Da die Gerade g durch den Punkt P verläuft, eignet sich P als Anbindungspunkt von g.

Da die Gerade g keinen Schnittpunkt mit der xy-Ebene besitzt, darf die z-Komponente von g nicht null werden.

Tipps zu Stochastik 1

a) Bestimmen Sie den Ergebnisraum des vorliegenden Spiels.

Zählen Sie die für das Ereignis E: „Die Augenzahl des blauen Würfels ist größer als die des roten Würfels." günstigen Ergebnisse.

Bestimmen Sie die Laplace-Wahrscheinlichkeit von E.

b) Bestimmen Sie die Mächtigkeit der folgenden Ereignisse:
E_0: „Die Augenzahl des roten Würfels ist kleiner als die des blauen Würfels."
E_1: „Die Augenzahlen beider Würfel sind gleich."
E_2: „Die Augenzahl des roten Würfels ist größer als die des blauen Würfels."

Es gilt dann offenbar $P(X=k)=P(E_k)$ für $k=0; 1; 2$.

Für den Erwartungswert einer Zufallsgröße X mit den möglichen Werten $x_1, x_2, ..., x_n$ gilt die folgende Formel: $E(X)=x_1 \cdot P(X=x_1)+x_2 \cdot P(X=x_2)+\ldots+x_n \cdot P(X=x_n)$

Tipps zu Stochastik 2

a) Betrachten Sie die folgenden Ereignisse:
W1: „Der erste Bewerber zieht eine weiße Kugel."
W2: „Der zweite Bewerber zieht eine weiße Kugel."
S1: „Der erste Bewerber zieht eine schwarze Kugel."
S2: „Der zweite Bewerber zieht eine schwarze Kugel."

Damit der zweite Bewerber ausgewählt wird, muss dieser, unabhängig vom Ausgang der ersten Ziehung, eine weiße Kugel ziehen (Ereignis W2). Daraus ergeben sich zwei Fälle, einmal „Das Ereignis W1 tritt ein" und andererseits „Das Ereignis S1 tritt ein.".

Gesucht ist die (totale) Wahrscheinlichkeit von W2.

Ein Baumdiagramm kann sich als hilfreich erweisen.

b) Ein vollständig ausgefülltes Baumdiagramm kann sich als hilfreich erweisen.

Der dritte Bewerber wird genau dann ausgewählt, wenn er eine weiße Kugel zieht.

Der dritte Bewerber zieht genau eine von den 8 übrigen Kugeln. Wie viele davon sind weiß? Es ergeben sich drei Fälle.

Nutzen Sie ein Baumdiagramm und die Pfadregeln.

Lösungen zu Aufgabe 1

Analysis 1

a) Wegen $f'(x) = 3x^2 - 1$ gilt $f'(0) = -1 < 0$.
Graph II scheidet daher wegen der positiven Steigung an der Stelle $x = 0$ aus.
Graph III besitzt im Bereich um die Stelle $x = 0$ eine konstante Steigung, was bedeuten würde, dass die Ableitungsfunktion f'von f stückweise konstant wäre. Da f' aber ganzrational ist, müsste f' auf ganz $\mathbb{R}$ konstant sein, d. h., Graph III müsste überall die gleiche Steigung besitzen. Daher kommt auch Graph III nicht infrage.

b) f ist auf ganz $\mathbb{R}$ definiert und besteht nur aus ungeraden Potenzen von x. Daher ist der Graph von f punktsymmetrisch zum Ursprung.
Wegen $f(x) = x^3 - x = x(x^2 - 1) = x(x+1)(x-1)$ lauten die Nullstellen von f:

$$x_1 = -1;\ x_2 = 0;\ x_3 = 1$$

Für die gesuchte Fläche A gilt damit:

$$A = 2 \cdot \left| \int_0^1 f(x)\,dx \right| = 2 \cdot \left| \left[\frac{x^4}{4} - \frac{x^2}{2} \right]_0^1 \right| = 2 \cdot \left| \frac{1}{4} - \frac{1}{2} - 0 \right| = \underline{\underline{\frac{1}{2}}}$$

Alternativ kann man auch rechnen:

$$A = 2 \cdot \left| \int_{-1}^0 f(x)\,dx \right| = 2 \cdot \left| \left[\frac{x^4}{4} - \frac{x^2}{2} \right]_{-1}^0 \right| = 2 \cdot \left| 0 - \left(\frac{(-1)^4}{4} - \frac{(-1)^2}{2} \right) \right| = 2 \cdot \left| \frac{1}{2} - \frac{1}{4} \right| = \underline{\underline{\frac{1}{2}}}$$

Analysis 2

a) Die vollständig ausgefüllte Tabelle sieht wie folgt aus:

	x_A	x_B	x_C
f'(x)	positiv	null	negativ

Die Ableitungsfunktion f' beschreibt die Steigung des Graphen von f.
An der Stelle x_A besitzt der Graph von f eine positive Steigung, d. h., $f'(x_A) > 0$.
An der Stelle x_B besitzt der Graph von f eine waagrechte Tangente, d. h., $f'(x_B) = 0$.
An der Stelle x_C besitzt der Graph von f eine negative Steigung, d. h., $f'(x_C) < 0$.

b) Die Aussage ist <u>falsch</u>.

Begründung:

Der Graph von f verläuft im Intervall $[x_A; x_C]$ vollständig oberhalb der x-Achse, daher entspricht hier das Integral der Fläche zwischen Graph und x-Achse. Folglich gilt:

$$I_1 = \int_{x_A}^{x_C} f(x)\,dx > 0$$

Der Graph von f verläuft im Intervall $[x_C; x_D]$ „größtenteils" unterhalb der x-Achse.

Da in diesem Fall das Integral der Flächen**bilanz** auf dem Intervall $[x_C; x_D]$ entspricht (d. h. der „Fläche oberhalb der x-Achse **minus** Fläche unterhalb der x-Achse“), gilt:

$$I_2 = \int_{x_C}^{x_D} f(x)dx < 0$$

Somit folgt $I_2 < 0 < I_1$, bzw. $I_1 > I_2$.

Analysis 3

a) Die ersten beiden Ableitungsfunktionen der Funktion $f(x) = x^3 - 3x^2 + 4$ lauten:

$$f'(x) = 3x^2 - 6x$$
$$f''(x) = 6x - 6$$

Für eine mögliche Extremstelle x_E von f muss $f'(x_E) = 0$ gelten (notwendige Bedingung). Damit x_E tatsächlich eine Extremstelle von f ist, muss zusätzlich $f''(x_E) \neq 0$ gelten (hinreichende Bedingung). Konkret gilt:

$$f'(2) = 3 \cdot 2^2 - 6 \cdot 2 = 12 - 12 = 0 \qquad \text{(notwendige Bedingung erfüllt für } x = 2)$$
$$f''(2) = 6 \cdot 2 - 6 = 12 - 6 = 6 \neq 0 \qquad \text{(hinreichende Bedingung erfüllt für } x = 2)$$

Daher ist $x_E = 2$ eine Extremstelle von f.

Alternativ lautet die hinreichende Bedingung für eine Extremstelle x_E von f:
f' besitzt an der Stelle x_E einen Vorzeichenwechsel (VZW).
Diese Bedingung ist wegen $f'(x) = 3x(x-2)$ auch erfüllt, denn $x = 2$ ist offensichtlich eine einfache Nullstelle von f', also eine Nullstelle mit VZW.

b) Für den Flächeninhalt A des Rechtecks gilt:

$$A(x) = x \cdot f(x) \quad \text{mit } 0 < x < 2$$

Einsetzen von $f(x) = x^3 - 3x^2 + 4$ und Ausmultiplizieren liefert:

$$A(x) = x \cdot (x^3 - 3x^2 + 4) = x^4 - 3x^3 + 4x \quad \text{mit } 0 < x < 2$$

Einmal Ableiten ergibt:

$$A'(x) = 4x^3 - 9x^2 + 4 \quad \text{mit } 0 < x < 2$$

Angenommen $x_{max} = 1$ wäre die Maximalstelle von A, also insbesondere eine Extremstelle, so müsste $A'(1) = 0$ gelten (notwendige Bedingung). Tatsächlich gilt:

$$A'(1) = 4 \cdot 1^3 - 9 \cdot 1^2 + 4 = 4 - 9 + 4 = -1 \neq 0$$

Daher folgt $x_{max} \neq 1$.

Geometrie 1

a) Gegeben ist die Ebene F: $\left[\vec{x} - \begin{pmatrix} 1 \\ -8 \\ 3 \end{pmatrix}\right] \circ \begin{pmatrix} -5 \\ 2 \\ 8 \end{pmatrix} = 0$ in Normalenform.

Einsetzen von $\vec{x} = \begin{pmatrix} x \\ y \\ z \end{pmatrix}$ und Ausmultiplizieren ergibt:

$$0 = \left[\begin{pmatrix} x \\ y \\ z \end{pmatrix} - \begin{pmatrix} 1 \\ -8 \\ 3 \end{pmatrix}\right] \circ \begin{pmatrix} -5 \\ 2 \\ 8 \end{pmatrix} = \begin{pmatrix} x \\ y \\ z \end{pmatrix} \circ \begin{pmatrix} -5 \\ 2 \\ 8 \end{pmatrix} - \underbrace{\begin{pmatrix} 1 \\ -8 \\ 3 \end{pmatrix} \circ \begin{pmatrix} -5 \\ 2 \\ 8 \end{pmatrix}}_{= 1\cdot(-5)+(-8)\cdot 2+3\cdot 8 = 3} = -5x + 2y + 8z - 3$$

Daher stellt $\underline{\underline{F: -5x + 2y + 8z = 3}}$ eine Gleichung der Ebene F in Koordinatenform dar.

b) Gegeben ist die Gerade s: $\vec{x} = \begin{pmatrix} 1 \\ -4 \\ 2 \end{pmatrix} + r \cdot \begin{pmatrix} 0 \\ 8 \\ -2 \end{pmatrix}$; $r \in \mathbb{R}$ in Parameterform.

Einsetzen von $\vec{x} = \begin{pmatrix} x \\ y \\ z \end{pmatrix}$ und Zusammenfassen zu einem Vektor ergibt:

$$s: \begin{pmatrix} x \\ y \\ z \end{pmatrix} = \begin{pmatrix} 1 \\ -4 \\ 2 \end{pmatrix} + r \cdot \begin{pmatrix} 0 \\ 8 \\ -2 \end{pmatrix} = \begin{pmatrix} 1 \\ -4 \\ 2 \end{pmatrix} + \begin{pmatrix} 0 \\ 8r \\ -2r \end{pmatrix} = \begin{pmatrix} 1 \\ -4+8r \\ 2-2r \end{pmatrix}$$

Einsetzen der Koordinaten $x = 1$, $y = -4 + 8r$ und $z = 2 - 2r$ der Geraden s in die linke Seite der Ebenengleichung E: $2x + y + 4z = 6$ ergibt:

$$2 \cdot 1 + (-4 + 8r) + 4 \cdot (2 - 2r) = 2 - 4 + 8r + 8 - 8r = 6$$

Folglich erfüllen alle Punkte der Geraden s die Ebenengleichung von E. Die Gerade s liegt also in der Ebene E.

c) Nach Teilaufgabe b ist die Gerade s die Schnittgerade der Ebenen E und F. Jeder Richtungsvektor von s stellt somit einen Normalenvektor einer senkrecht zu den Ebenen E und F verlaufenden Ebene H dar.
Zwei möglichst einfache Gleichungen einer Ebene H lauten daher:

$$\underline{\underline{H: \vec{x} \circ \begin{pmatrix} 0 \\ 4 \\ -1 \end{pmatrix} = 0}} \quad \text{bzw.} \quad \underline{\underline{H: 4y - z = 0}}$$

Alternativ erhält man eine Gleichung einer möglichen Ebene H in Parameterform, indem man jeweils einen Normalenvektor der Ebene E und der Ebene F wählt und beide als Richtungsvektoren von H verwendet:

$$H: \vec{x} = r \cdot \begin{pmatrix} 2 \\ 1 \\ 4 \end{pmatrix} + s \cdot \begin{pmatrix} -5 \\ 2 \\ 8 \end{pmatrix}; \; r, s \in \mathbb{R}$$

Geometrie 2

a) Gegeben ist die Ebene E: $\vec{x} = \begin{pmatrix} 1 \\ 2 \\ 3 \end{pmatrix} + t \cdot \begin{pmatrix} 0 \\ 2 \\ 1 \end{pmatrix} + s \cdot \begin{pmatrix} 3 \\ 0 \\ -1 \end{pmatrix}$; $t, s \in \mathbb{R}$ in Parameterform.

Ersetzt man in der Ebenengleichung $\vec{x}$ durch den Ortsvektor $\begin{pmatrix} 4 \\ 6 \\ 4 \end{pmatrix}$ von $P(4|6|4)$ und fasst alles zu einem Vektor zusammen, so erhält man:

$$\begin{pmatrix} 4 \\ 6 \\ 4 \end{pmatrix} = \begin{pmatrix} 1 \\ 2 \\ 3 \end{pmatrix} + t \cdot \begin{pmatrix} 0 \\ 2 \\ 1 \end{pmatrix} + s \cdot \begin{pmatrix} 3 \\ 0 \\ -1 \end{pmatrix} = \begin{pmatrix} 1 \\ 2 \\ 3 \end{pmatrix} + \begin{pmatrix} 0 \\ 2t \\ t \end{pmatrix} + \begin{pmatrix} 3s \\ 0 \\ -s \end{pmatrix} = \begin{pmatrix} 1+3s \\ 2+2t \\ 3+t-s \end{pmatrix}$$

Existieren nun Parameterwerte $t, s \in \mathbb{R}$, sodass obige Gleichung erfüllt ist, so liegt der Punkt $P(4|6|4)$ in der Ebene E.
Dazu muss gelten:

$$\begin{array}{lrcl} \text{(I)} & 1 + 3s = 4 & \Leftrightarrow & 3s = 3 \\ \text{(II)} & 2 + 2t = 6 & \Leftrightarrow & 2t = 4 \\ \text{(III)} & 3 + t - s = 4 & \Leftrightarrow & t - s = 1 \end{array}$$

Gleichung I liefert $s = 1$, Gleichung II ergibt $t = 2$. Diese Werte für t und s erfüllen auch Gleichung III, denn konkret gilt hier $t - s = 2 - 1 = 1$.
Der Punkt $P(4|6|4)$ liegt daher in der Ebene E.

b) Die Gerade g liegt in der Ebene E, d. h., g verläuft (insbesondere) parallel zu E. Daher lässt sich jeder Richtungsvektor $\vec{r}$ von g als Linearkombination der Spannvektoren $\begin{pmatrix}0\\2\\1\end{pmatrix}$ und $\begin{pmatrix}3\\0\\-1\end{pmatrix}$ von E darstellen:

$$\vec{r} = t_0 \cdot \begin{pmatrix}0\\2\\1\end{pmatrix} + s_0 \cdot \begin{pmatrix}3\\0\\-1\end{pmatrix} = \begin{pmatrix}3s_0\\2t_0\\t_0 - s_0\end{pmatrix} \quad \text{mit bestimmten } t_0, s_0 \in \mathbb{R} \text{ (nicht beide null)}$$

Hinweis: Wären t_0 und s_0 beide null, so wäre der Vektor $\vec{r}$ gleich dem Nullvektor und somit kein Richtungsvektor einer Geraden.

Da die Gerade g durch den Punkt P verläuft, eignet sich $P(4|6|4)$ als Anbindungspunkt von g. Eine Geradengleichung von g lautet daher:

$$g\colon\ \vec{x} = \begin{pmatrix}4\\6\\4\end{pmatrix} + u \cdot \vec{r} = \begin{pmatrix}4\\6\\4\end{pmatrix} + u \cdot \begin{pmatrix}3s_0\\2t_0\\t_0 - s_0\end{pmatrix};\ u \in \mathbb{R}$$

Da die Gerade g keinen Schnittpunkt mit der xy-Ebene besitzt, darf die „z-Komponente von g" nicht null werden. Es muss also gelten:

$$4 + u \cdot (t_0 - s_0) \neq 0 \quad \text{für alle } u \in \mathbb{R}$$

Dies ist nur für $t_0 - s_0 = 0$, also für $t_0 = s_0$ erfüllbar. Damit folgt für die obige Geradengleichung von g:

$$g\colon\ \vec{x} = \begin{pmatrix}4\\6\\4\end{pmatrix} + u \cdot \begin{pmatrix}3s_0\\2s_0\\s_0 - s_0\end{pmatrix} = \begin{pmatrix}4\\6\\4\end{pmatrix} + u \cdot s_0 \cdot \begin{pmatrix}3\\2\\0\end{pmatrix};\ u \in \mathbb{R}$$

Mit dem neuen Parameter $v\ (= u \cdot s_0)$ lautet eine mögliche Geradengleichung von g:

$$g\colon\ \vec{x} = \begin{pmatrix}4\\6\\4\end{pmatrix} + v \cdot \begin{pmatrix}3\\2\\0\end{pmatrix};\ v \in \mathbb{R}$$

Anmerkung: Wegen $t_0 = s_0$ ist $s_0 \neq 0$. Durchläuft also der Parameter u alle reellen Zahlen, so auch der Parameter v.

Stochastik 1

a) Bei dem vorliegenden Spiel bezeichne E das Ereignis „Die Augenzahl des blauen Würfels ist größer als die des roten Würfels.".
Es sind die folgenden 36 Ergebnisse möglich (Ergebnisraum Ω):

(1; 1), **(1; 2)**, **(1; 3)**, **(1; 4)**, **(1; 5)**, **(1; 6)**,
(2; 1), (2; 2), **(2; 3)**, **(2; 4)**, **(2; 5)**, **(2; 6)**,
(3; 1), (3; 2), (3; 3), **(3; 4)**, **(3; 5)**, **(3; 6)**,
(4; 1), (4; 2), (4; 3), (4; 4), **(4; 5)**, **(4; 6)**,
(5; 1), (5; 2), (5; 3), (5; 4), (5; 5), **(5; 6)**,
(6; 1), (6; 2), (6; 3), (6; 4), (6; 5), (6; 6)

Die erste Zahl eines Tupels gibt jeweils die Augenzahl des roten, die zweite Zahl jeweils die Augenzahl des blauen Laplace-Würfels an. Von den insgesamt $6 \cdot 6 = 36$ möglichen Ergebnissen gehören die **fett** markierten Ergebnisse zum Ereignis E, also insgesamt $5 + 4 + 3 + 2 + 1 = 15$ Stück.
Wegen $|\Omega| = 36$ und $|E| = 15$ folgt $P(E) = \frac{|E|}{|\Omega|} = \frac{15}{36}$, die zu prüfende Aussage ist wahr.

b) Zuerst werden die folgenden Ereignisse definiert:
E_0: „Die Augenzahl des roten Würfels ist kleiner als die des blauen Würfels."
E_1: „Die Augenzahlen beider Würfel sind gleich."
E_2: „Die Augenzahl des roten Würfels ist größer als die des blauen Würfels."

Das Ereignis E_0 ist offensichtlich dasselbe wie das Ereignis E aus Teilaufgabe a, daher folgt sofort, dass $|E_0| = |E| = 15$.

Das Ereignis E_1 besteht aus den Ergebnissen (1; 1), (2; 2), (3; 3), (4; 4), (5; 5) und (6; 6), dies sind 6 Stück. Damit beträgt $|E_1| = 6$.

Das Ereignis E_2 beinhaltet diejenigen der $|\Omega| = 15$ möglichen Ergebnisse, die weder zu E_0 noch zu E_1 gehören. Dies sind $|E_2| = |\Omega| - |E_0| - |E_1| = 36 - 15 - 6 = 15$ Stück.

Anmerkung: Aufgrund von $\Omega = E_0 \cup E_1 \cup E_2$ und $E_0 \cap E_1 = E_0 \cap E_2 = E_1 \cap E_2 = \varnothing$ bilden E_0, E_1 und E_2 eine Zerlegung (oder auch Partition) des Ergebnisraums Ω. Daher gilt $|\Omega| = |E_0| + |E_1| + |E_2|$ bzw. $|E_2| = |\Omega| - |E_0| - |E_1|$.

Für die Zufallsgröße X gilt nun offensichtlich:

$$P(X=0) = P(E_0) = \frac{|E_0|}{|\Omega|} = \frac{15}{36} = \frac{5}{12}$$

$$P(X=1) = P(E_1) = \frac{|E_1|}{|\Omega|} = \frac{6}{36} = \frac{1}{6}$$

$$P(X=2) = P(E_2) = \frac{|E_2|}{|\Omega|} = \frac{15}{36} = \frac{5}{12}$$

Der Erwartungswert von X beträgt daher:

$$E(X) = 0 \cdot P(X=0) + 1 \cdot P(X=1) + 2 \cdot P(X=2) = 0 + 1 \cdot \frac{1}{6} + 2 \cdot \frac{5}{12} = \frac{1}{6} + \frac{5}{6} = \underline{\underline{1}}$$

Anmerkung: Allgemein gilt für den Erwartungswert einer Zufallsgröße X mit den möglichen Werten $x_1, x_2, ..., x_n$ die folgende Formel:

$$E(X) = x_1 \cdot P(X = x_1) + x_2 \cdot P(X = x_2) + \ldots + x_n \cdot P(X = x_n)$$

Stochastik 2

a) Zu Beginn befinden sich 6 weiße und 4 schwarze Kugeln, also insgesamt $6 + 4 = 10$ Kugeln in der Urne. Es wird *ohne* Zurücklegen gezogen. Definiert werden die Ereignisse:
W1: „Der erste Bewerber zieht eine weiße Kugel."
W2: „Der zweite Bewerber zieht eine weiße Kugel."
S1: „Der erste Bewerber zieht eine schwarze Kugel."
S2: „Der zweite Bewerber zieht eine schwarze Kugel."

Damit der zweite Bewerber ausgewählt wird, muss dieser, unabhängig vom Ausgang der ersten Ziehung, eine weiße Kugel ziehen (Ereignis W2).
Damit ergeben sich die folgenden zwei Fälle:

1. Fall: Das Ereignis W1 tritt ein.

Offenbar gilt $P(W1) = \frac{6}{10} = \frac{3}{5} = 0{,}6$.

Da der erste Bewerber eine weiße Kugel gezogen hat, befinden sich noch 5 weiße und 4 schwarze, also insgesamt $5 + 4 = 9$ Kugeln in der Urne.

Daher gilt: $P_{W1}(W2) = \frac{5}{9}$

Hinweis: Hier tritt nur eine *bedingte*, nicht aber die totale Wahrscheinlichkeit von W2 auf.

2. Fall: Das Ereignis S1 tritt ein.

Offenbar gilt $P(S1) = \frac{4}{10} = \frac{2}{5}$.

Da der erste Bewerber eine schwarze Kugel gezogen hat, befinden sich noch 6 weiße und 3 schwarze, also insgesamt $6 + 3 = 9$ Kugeln in der Urne.

Daher gilt: $P_{S1}(W2) = \frac{6}{9} = \frac{2}{3}$

Hinweis: Es tritt wieder eine *bedingte*, nicht aber die totale Wahrscheinlichkeit P(W2) auf.

Im rechts dargestellten Baumdiagramm sind lediglich die Wahrscheinlichkeiten zu denjenigen Pfaden eingetragen, die zum gesuchten Ereignis W2 führen.
Mithilfe der Pfadregeln (Multiplikations- und Additionsregel) ergibt sich:

$$P(W2) = \frac{3}{5} \cdot \frac{5}{9} + \frac{2}{5} \cdot \frac{2}{3} = \frac{5}{15} + \frac{4}{15} = \frac{3}{5} = 0{,}6 = \underline{\underline{60\ \%}}$$

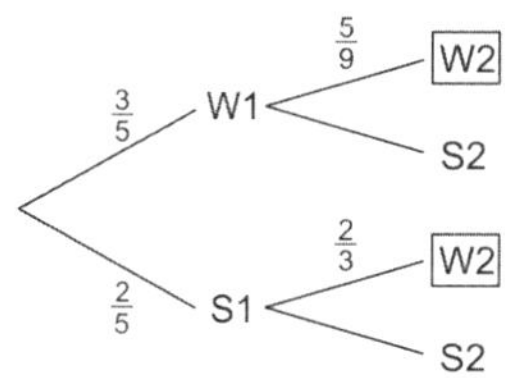

Alternative Möglichkeit:
Für die gesuchte (totale) Wahrscheinlichkeit von W2 folgt (wegen $S1 = \overline{W1}$):

$$\begin{aligned} P(W2) &= P(W1 \cap W2) + P(S1 \cap W2) \\ &= P(W1) \cdot P_{W1}(W2) + P(S1) \cdot P_{S1}(W2) \\ &= \frac{3}{5} \cdot \frac{5}{9} + \frac{2}{5} \cdot \frac{2}{3} = \frac{5}{15} + \frac{4}{15} = \frac{3}{5} = 0{,}6 = \underline{\underline{60\ \%}} \end{aligned}$$

Verwendet wurde hier, dass für alle Ereignisse A, B, C mit $P(C) \neq 0$ gilt:

$$P(B) = P(A \cap B) + P(\overline{A} \cap B) \quad \text{und} \quad P(C \cap B) = P(C) \cdot P_C(B)$$

b) Rechts abgebildet ist das Baumdiagramm aus Teilaufgabe a, ergänzt um die Pfadwahrscheinlichkeiten sowie die bedingten Wahrscheinlichkeiten

$P_{W1}(S2) = \frac{4}{9}$ und $P_{S1}(S2) = \frac{1}{3}$.

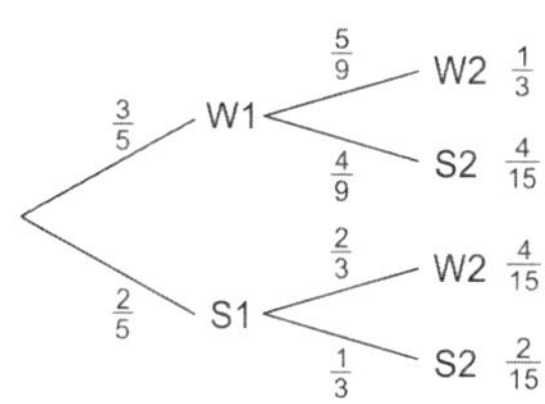

Der erste Bewerber wird genau dann ausgewählt, wenn das Ereignis W1 eintritt (vgl. Teilaufgabe a). Zusätzlich wird das folgende Ereignis betrachtet:
W3: „Der dritte Bewerber zieht eine weiße Kugel."
Der dritte Bewerber zieht genau eine von den $10 - 2 = 8$ übrigen Kugeln, von denen

- 4 weiß sind, wenn W1 *und* W2 eintritt (Pfad W1 – W2).
- 5 weiß sind, wenn *entweder* W1 *oder* W2 eintritt (Pfade W1 – S2 und W2 – S1).
- 6 weiß sind, wenn S1 *und* S2 eintritt (Pfad S1 – S2).

Das um das Ereignis W3 ergänzte (reduzierte) Baumdiagramm ist rechts dargestellt

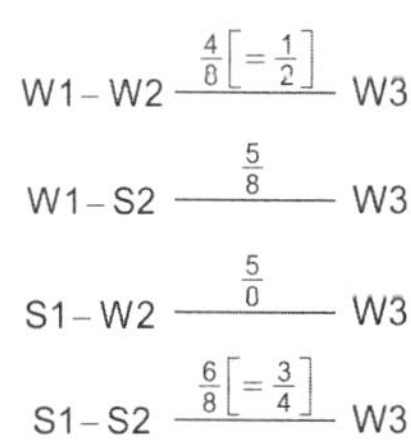

Damit folgt mithilfe der Pfadregeln:

$$P(W3) = \frac{1}{3} \cdot \frac{1}{2} + \frac{4}{15} \cdot \frac{5}{8} + \frac{4}{15} \cdot \frac{5}{8} + \frac{2}{15} \cdot \frac{3}{4} = \frac{1}{6} + \frac{1}{6} + \frac{1}{6} + \frac{1}{10} = \frac{3}{5} = P(W1)$$

Der erste und der dritte Bewerber haben also $\underline{\underline{\text{die gleiche Chance,}}}$ ausgewählt zu werden.

Alternativer Weg (ohne explizite Rechnung):
Es gilt:

$$\begin{aligned} P(W1) &= P(W1 \cap W3) + P(W1 \cap S3) \\ &= P(W1 \cap W3) + P(W1 \cap W2 \cap S3) + P(W1 \cap S2 \cap S3) \\ P(W3) &= P(W1 \cap W3) + P(S1 \cap W3) \\ &= P(W1 \cap W3) + P(S1 \cap W2 \cap W3) + P(S1 \cap S2 \cap W3) \end{aligned}$$

Wegen

$$P(W1 \cap W2 \cap S3) = \frac{6}{10} \cdot \frac{5}{9} \cdot \frac{4}{8} = \frac{4}{10} \cdot \frac{6}{9} \cdot \frac{5}{8} = P(S1 \cap W2 \cap W3)$$
$$P(W1 \cap S2 \cap S3) = \frac{6}{10} \cdot \frac{4}{9} \cdot \frac{3}{8} = \frac{4}{10} \cdot \frac{3}{9} \cdot \frac{6}{8} = P(S1 \cap S2 \cap W3)$$

folgt direkt $P(W3) = P(W1)$.

Alternativer Weg (mit Zufallsgröße):
Man definiert die Zufallsgröße W_3: „Anzahl weiße Kugeln in Urne vor dritter Ziehung".
W_3 kann nur die Werte 4, 5 und 6 annehmen, da nach den ersten beiden Ziehungen höchstens zwei weiße Kugeln (von den anfangs sechs weißen Kugeln) fehlen können.
Die Verteilung der Zufallsgröße W_3 lautet also:

Wert von W_3	4	5	6
Wahrscheinlichkeit	$\frac{1}{3}$	$\frac{8}{15}$	$\frac{2}{15}$

Hinweis: Die Wahrscheinlichkeiten können dem Baumdiagramm oben entnommen werden: Der Wert „4" entspricht dem Pfad W1 – W2, der Wert „5" den Pfaden W1 – S2 und W2 – S1 und der Wert „6" dem Pfad S1 – S2.

Es gilt $E(W_3) = 4 \cdot \frac{1}{3} + 5 \cdot \frac{8}{15} + 6 \cdot \frac{2}{15} = \frac{20}{15} + \frac{40}{15} + \frac{12}{15} = \frac{72}{15} = \frac{24}{5} = 4{,}8.$

Das bedeutet: Vor der dritten Ziehung sind von den $10 - 2 = 8$ verbleibenden Kugeln im Mittel $E(W_3) = 4{,}8$ Kugeln weiß. Die Wahrscheinlichkeit, bei der dritten Ziehung eine weiße Kugel zu ziehen, beträgt also:

$$P(W3) = \frac{E(W_3)}{8} = \frac{4{,}8}{8} = 0{,}6 = P(W1)$$

Alternativer Weg (ohne Baumdiagramm):
Betrachten Sie die folgende Tabelle:

Ziehung	1	2	3
Kugeln gesamt (n)	10	9	8
„Anzahl" Kugeln weiß (w)	6	5,4	4,8
$\frac{w}{n}$	0,6	0,6	P(W3)

Pro Ziehung werden also hypothetisch 0,6 weiße Kugeln gezogen, sodass vor der dritten Ziehung noch 4,8 weiße Kugeln in der Urne liegen.

Damit folgt:

$$P(W3) = \frac{4{,}8}{8} = 0{,}6 = P(W1)$$

Anmerkung: Durch Fortsetzen der Tabelle nach rechts für die Ziehungen 4 bis 10 erkennt man, dass tatsächlich *alle* Bewerber mit der gleichen Wahrscheinlichkeit, nämlich 60 %, eine weiße Kugel ziehen und daher alle eine 60 %-Chance haben, ausgewählt zu werden.

Berlin – Mathematik Grundkurs
2021 – Aufgabe 2.1: Analysis

Turbinenschaufel BE

Gegeben sind die Funktionen f und p mit den Funktionsgleichungen

$f(x) = \frac{1}{12}x^3 - x^2 + 3x;\ x \in \mathbb{R}$ und $p(x) = -x^2 + 3{,}8x - 1{,}36;\ x \in \mathbb{R}$.

Der Graph der Funktion f ist G_f und der Graph der Funktion p ist die Parabel G_p.

a) Zeigen Sie, dass die Parabel G_p die x-Achse an den Stellen $x_1 = 0{,}4$ und $x_2 = 3{,}4$ schneidet. 2

b) Bestimmen Sie die Nullstellen der Funktion f. 3

c) Weisen Sie nach, dass der Punkt $H\left(2 \,\middle|\, \frac{8}{3}\right)$ ein Hochpunkt des Graphen G_f ist. 4

d) Untersuchen Sie, ob der Graph G_f einen Wendepunkt besitzt. 3

e) Die Gerade g mit $g(x) = \frac{8}{3}$ und der Graph G_f haben zwei gemeinsame Punkte. 5
Zeigen Sie, dass diese Punkte an den Stellen $x_3 = 2$ und $x_4 = 8$ liegen.
Bestimmen Sie die Größe der Fläche, die von der Geraden g und dem Graphen G_f begrenzt ist.
Hinweis: Ohne Nachweis können Sie verwenden, dass es keine weiteren Schnittpunkte zwischen der Geraden g und dem Graphen G_f gibt. 5

f) Ohne Nachweis können Sie verwenden, dass der Scheitelpunkt der Parabel p ein Hochpunkt ist.
Zeigen Sie, dass der Abstand der Hochpunkte der Graphen G_f und G_p größer als $\frac{5}{12}$ ist. 4

g) Für $0{,}4 \le x \le 3{,}4$ verlaufen die beiden Graphen G_f und G_p im 1. Quadranten und der Graph G_f verläuft oberhalb des Graphen G_p.
Die Funktion $d(x) = f(x) - p(x)$ beschreibt den senkrechten Abstand der beiden Graphen im Intervall $0{,}4 \le x \le 3{,}4$.
Ermitteln Sie, in welchem Intervall der Graph von d steigend und in welchem Intervall der Graph von d fallend ist.
Geben Sie den Wertebereich von d an. 6

In Wasserkraftwerken wird ein Turbinenrad von einem Wasserstrahl angetrieben. Dazu sind auf dem Rand des Turbinenrades viele einzelne Schaufeln angebracht.

Die Abbildung zeigt die Querschnittsfläche einer Turbinenschaufel.
Sie ist eingeschlossen von den Graphen G_f und G_p, der x-Achse und der Geraden $x = 4{,}5$.
(1 LE = 10 cm.)

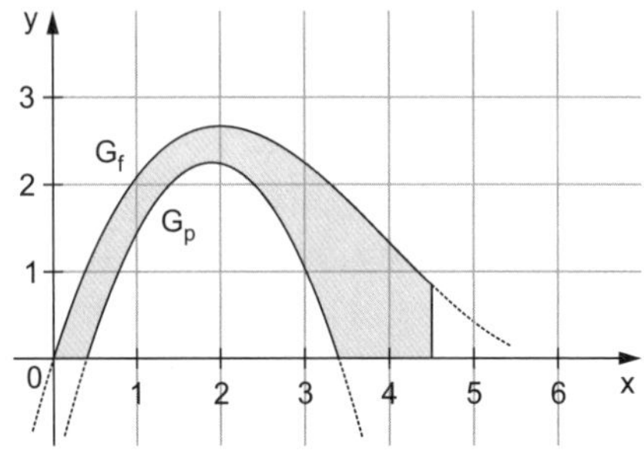

Abbildung 1

h) Berechnen Sie den Flächeninhalt der Querschnittsfläche der Turbinenschaufel. 6

i) Weisen Sie nach, dass gilt: $p'(0{,}4) = f'(0)$.
Erläutern Sie, welche anschauliche Bedeutung diese Eigenschaft im Sachzusammenhang hat. 3

j) Bei Materialuntersuchungen bricht eine Turbinenschaufel. Die Bruchlinie liegt auf einer Geraden h mit $h(x) = \frac{4}{3}x - \frac{7}{4}$.
Zeigen Sie, dass die Gerade h den Graphen G_f im Punkt $P(3 \mid f(3))$ schneidet.
Zeichnen Sie die Gerade h in die Abbildung 1 ein.
Ermitteln Sie den Schnittwinkel zwischen der Geraden h und dem Graphen G_f im Punkt P. 5

k) Es wird vorgeschlagen, die Form der Turbinenschaufel zu ändern. Als untere Begrenzung soll anstelle der Parabel p eine Parabel q verwendet werden, die folgende Eigenschaften hat.
- $q(0) = 0$
- $H_q(2 \mid 2{,}2)$ ist der Hochpunkt von q.

Ermitteln Sie eine Funktionsgleichung von q. 4

45

Tipps und Hinweise zur Lösung von Aufgabe 2.1

Tipp zu Teilaufgabe a

- Die Parabel G_p schneidet die x-Achse an den Nullstellen der Funktion p.

Tipps zu Teilaufgabe b

- Eine Nullstelle x_0 der Funktion f liegt genau dann vor, wenn $f(x_0) = 0$.
- Nutzen Sie den Satz vom Nullprodukt.
- Eine quadratische Gleichung können Sie mit der p-q-Formel lösen.

Tipps zu Teilaufgabe c

- $H(x_H \mid y_H)$ ist genau dann ein Hochpunkt von G_f, wenn $f(x_H) = y_H$ und wenn f bei x_H ein Maximum besitzt.
- Für eine mögliche Extremstelle x_E von f muss $f'(x_E) = 0$ gelten (notwendige Bedingung).
- Damit x_E tatsächlich eine Maximalstelle von f ist, muss zusätzlich $f''(x_E) < 0$ gelten (hinreichende Bedingung).

Tipps zu Teilaufgabe d

- Für eine mögliche Wendestelle x_W von f muss $f''(x_W) = 0$ gelten (notwendige Bedingung)
- Damit x_W tatsächlich eine Wendestelle von f ist, muss zusätzlich $f'''(x_W) \neq 0$ gelten (hinreichende Bedingung).

Tipps zu Teilaufgabe e

- Ein gemeinsamer Punkt (Schnittpunkt) S von zwei Graphen G_f und G_g liegt an der Stelle x_0 genau dann vor, wenn $f(x_0) = g(x_0)$.
- Benutzen Sie zur Berechnung der eingeschlossenen Fläche ein bestimmtes Integral über die Differenzfunktion von f und g. Verwenden Sie als Integrationsgrenzen die Schnittstellen von G_f und der Geraden g.

Tipps zu Teilaufgabe f

- Für den Scheitelpunkt $S(x_S \mid y_S)$ einer Parabel p gilt $p'(x_S) = 0$.
- Ein Hochpunkt H von G_f ist aus Teilaufgabe c bekannt. Kann G_f noch weitere Hochpunkte besitzen?
- Der Abstand zweier Punkte $A(x_A \mid y_A)$ und $B(x_B \mid y_B)$ beträgt $\sqrt{(x_A - x_B)^2 + (y_A - y_B)^2}$.

Tipps zu Teilaufgabe g

- Berechnen Sie die Nullstellen der Ableitungsfunktion von Funktion d.
- Beachten Sie, dass der Graph von d' eine quadratische Parabel darstellt.
- Der Graph von d ist genau dann steigend/fallend, wenn die Ableitungsfunktion positiv/negativ ist.
- Ziehen Sie zur Bestimmung des Wertebereichs von d die globalen Extrema von d heran.

Tipps zu Teilaufgabe h

- Benutzen Sie die Differenz zweier bestimmter Integrale zur Flächenberechnung.
- Wegen 1 LE = 10 cm gilt 1 FE = 100 cm^2.

Tipps zu Teilaufgabe i

- Vergleichen Sie die Werte p'(0,4) und f'(0).
- Die Ableitung entspricht der Tangentensteigung.

Tipps zu Teilaufgabe j

- Vergleichen Sie die Werte h(3) und f(3).
- Zur Bestimmung des Schnittwinkels zwischen der Geraden h und dem Graphen G_f im Punkt $P(3 \mid f(3))$ werden die Ableitungswerte h'(3) und f'(3) benötigt:
- Die *allgemeine Formel* zur Bestimmung des Schnittwinkels α zwischen zwei Funktionsgraphen G_f und G_g im Schnittpunkt $(x_0 \mid f(x_0))$ lautet:

  $$\tan \alpha = \left| \frac{f'(x_0) - g'(x_0)}{1 + f'(x_0) \cdot g'(x_0)} \right|$$

  Welcher Wert ergibt sich für α, wenn der Nenner null ist?

Tipps zu Teilaufgabe k

- Der allgemeine Ansatz für eine quadratische Parabel q lautet:
  $q(x) = ax^2 + bx + c$ mit $a, b, c \in \mathbb{R}$; $a \neq 0$
- Was bedeutet die geforderte Eigenschaft $q(0) = 0$ für den Wert c?
- Da $H_q(2 \mid 2{,}2)$ der Hochpunkt von q ist, muss $q(2) = 2{,}2$ und $q'(2) = 0$ gelten.
- Sie erhalten ein lineares Gleichungssystem mit den Unbekannten a und b, dessen Lösung z. B. mit dem Additionsverfahren bestimmt werden kann.
- *Alternative:* Der Hochpunkt H_q entspricht dem Scheitel der Parabel q. Daher lässt sich auch die Scheitelpunktform $q(x) = a(x - b)^2 + c$ mit $a, b, c \in \mathbb{R}$; $a \neq 0$ zur Lösungsfindung nutzen.

Lösungen zu Aufgabe 2.1

a) Die Parabel G_p schneidet die x-Achse an der Stelle $x = x_0$ genau dann, wenn dort eine Nullstelle der Funktion p vorliegt, d. h., wenn $p(x_0) = 0$ gilt.
Es gilt:

$$p(0{,}4) = -0{,}4^2 + 3{,}8 \cdot 0{,}4 - 1{,}36 = 0$$
$$p(3{,}4) = -3{,}4^2 + 3{,}8 \cdot 3{,}4 - 1{,}36 = 0$$

Die Parabel G_p schneidet die x-Achse daher an den Stellen $x_1 = 0{,}4$ und $x_2 = 3{,}4$.

b) Eine Nullstelle x_0 der Funktion f liegt genau dann vor, wenn $f(x_0) = 0$.
Es gilt:

$$f(x) = 0$$
$$\Leftrightarrow \quad \tfrac{1}{12}x^3 - x^2 + 3x = 0 \quad \big| \cdot 12$$
$$\Leftrightarrow \quad x^3 - 12x^2 + 36x = 0$$
$$\Leftrightarrow \quad x(x^2 - 12x + 36) = 0$$

Nach dem Satz vom Nullprodukt folgt:

$$x = 0 \quad \text{oder} \quad x^2 - 12x + 36 = 0$$

Die quadratische Gleichung wird mit der p-q-Formel gelöst:

$$\begin{aligned} x_{1/2} &= \tfrac{12}{2} \pm \sqrt{\left(-\tfrac{12}{2}\right)^2 - 36} \\ &= 6 \pm \sqrt{6^2 - 36} \\ &= 6 \pm \sqrt{36 - 36} \\ &= 6 \pm \sqrt{0} \\ &= 6 \end{aligned}$$

Daher besitzt f die (einfache) Nullstelle $x = 0$ sowie die (doppelte) Nullstelle $x = 6$.

c) Die ersten beiden Ableitungsfunktionen der Funktion $f(x) = \tfrac{1}{12}x^3 - x^2 + 3x$ lauten:

$$f'(x) = \tfrac{1}{4}x^2 - 2x + 3$$
$$f''(x) = \tfrac{1}{2}x - 2$$

Für eine mögliche Maximalstelle x_{max} von f muss $f'(x_{max}) = 0$ gelten (notwendige Bedingung). Damit diese tatsächlich eine Maximalstelle von f ist, muss zusätzlich $f''(x_{max}) < 0$ gelten (hinreichende Bedingung).
Tatsächlich gilt:

$$f'(2) = \tfrac{1}{4} \cdot 2^2 - 2 \cdot 2 + 3 = 1 - 4 + 3 = 0 \qquad \text{(notwendige Bedingung erfüllt für } x = 2\text{)}$$

$$f''(2) = \tfrac{1}{2} \cdot 2 - 2 = 1 - 2 = -1 < 0 \qquad \text{(hinreichende Bedingung erfüllt für } x = 2\text{)}$$

Daher ist $x_{max} = 2$ eine Maximalstelle von f. Wegen

$$f(2) = \tfrac{1}{12} \cdot 2^3 - 2^2 + 3 \cdot 2 = \tfrac{2}{3} + 2 = \tfrac{8}{3}$$

ist daher der Punkt $H\left(2 \,\middle|\, \tfrac{8}{3}\right)$ ein Hochpunkt des Graphen G_f.

d) Die dritte Ableitungsfunktion der Funktion f lautet:

$$f'''(x) = \frac{1}{2}$$

Für eine mögliche Wendestelle x_W von f muss $f''(x_W) = 0$ gelten (notwendige Bedingung). Damit diese tatsächlich eine Wendestelle von f ist, muss zusätzlich $f'''(x_W) \neq 0$ gelten (hinreichende Bedingung).

Konkret gilt:

$$f''(x) = 0$$
$$\Leftrightarrow \quad \frac{1}{2}x - 2 = 0$$
$$\Leftrightarrow \quad x = 4$$

Wegen $f'''(4) = \frac{1}{2} \neq 0$ ist daher ist $x_W = 4$ eine Wendestelle von f, der Graph G_f besitzt daher (genau) einen Wendepunkt $\underline{\underline{W(4 \mid f(4))}}$.

e) Ein gemeinsamer Punkt (Schnittpunkt) S des Graphen G_f und der Geraden g liegt an der Stelle x_0 genau dann vor, wenn $f(x_0) = g(x_0)$. Dann gilt $S(x_0 \mid f(x_0))$ und $S(x_0 \mid g(x_0))$. Konkret erhält man:

$$f(2) = \frac{8}{3} \quad \text{(vgl. Teilaufgabe c)}$$
$$f(8) = \frac{1}{12} \cdot 8^3 - 8^2 + 3 \cdot 8 = \frac{8}{3}$$
$$g(2) = g(8) = \frac{8}{3}$$

Daher liegen an den Stellen $x_3 = 2$ und $x_4 = 8$ gemeinsame Punkte des Graphen G_f und der Geraden g vor, nämlich $S_1\left(2 \,\middle|\, \frac{8}{3}\right)$ sowie $S_2\left(8 \,\middle|\, \frac{8}{3}\right)$.

Hinweis: Das Angeben der Punkte $S_1\left(2 \,\middle|\, \frac{8}{3}\right)$ und $S_2\left(8 \,\middle|\, \frac{8}{3}\right)$ ist nicht verlangt.

Da es laut Angabe außer S_1 und S_2 keine weiteren Schnittpunkte von G_f und der Geraden g gibt, gilt für die eingeschlossene Fläche A:

$$A = \left| \int_{x_3}^{x_4} [f(x) - g(x)]\, dx \right| = \left| \int_2^8 \left(\frac{1}{12}x^3 - x^2 + 3x - \frac{8}{3} \right) dx \right|$$
$$= \left| \left[\frac{1}{48}x^4 - \frac{1}{3}x^3 + \frac{3}{2}x^2 - \frac{8}{3}x \right]_2^8 \right|$$
$$= \left| -\frac{32}{3} - \left(-\frac{5}{3} \right) \right| = \left| \frac{-27}{3} \right| = |-9| = 9\,[\text{FE}]$$

Der Inhalt der Fläche, die von der Geraden g und dem Graphen G_f begrenzt wird, beträgt genau $\underline{\underline{9 \text{ FE}}}$.

f) Der Scheitelpunkt $S(x_S \mid y_S)$ von $p(x) = -x^2 + 3{,}8x - 1{,}36$ ist laut Angabe ein Hochpunkt, daher muss notwendigerweise $p'(x_S) = 0$ gelten.
Man erhält:

$$\begin{aligned} &p'(x_S) = 0 \\ \Leftrightarrow\quad &-2x_S + 3{,}8 = 0 \\ \Leftrightarrow\quad &x_S = 1{,}9 \end{aligned}$$

Wegen

$$p(1{,}9) = -1{,}9^2 + 3{,}8 \cdot 1{,}9 - 1{,}36 = 2{,}25$$

ist der Punkt $S(1{,}9 \mid 2{,}25)$ der Scheitelpunkt und zugleich der Hochpunkt der Parabel G_p.
Da G_f laut Teilaufgabe c den Hochpunkt $H\left(2 \,\middle|\, \frac{8}{3}\right)$ besitzt und f als ganzrationale Funktion dritten Grades höchstens zwei Extremstellen besitzen kann, ist H der einzige Hochpunkt von G_f. Der Abstand der Hochpunkte der Graphen G_f und G_p entspricht daher dem Abstand d der Punkte S und H, dieser beträgt:

$$\begin{aligned} d &= \sqrt{(2-1{,}9)^2 + \left(\tfrac{8}{3} - \tfrac{9}{4}\right)^2} \\ &= \sqrt{0{,}1^2 + \left(\tfrac{32-27}{12}\right)^2} \\ &= \sqrt{0{,}01 + \tfrac{25}{144}} > \sqrt{\tfrac{25}{144}} = \tfrac{5}{12} \end{aligned}$$

Der Abstand der Hochpunkte der Graphen G_f und G_p ist daher größer als $\frac{5}{12}$.

g) Die Funktion $d(x) = f(x) - p(x)$ lautet explizit:

$$\begin{aligned} d(x) &= \tfrac{1}{12}x^3 - x^2 + 3x - (-x^2 + 3{,}8x - 1{,}36) \\ &= \tfrac{1}{12}x^3 - 0{,}8x + 1{,}36 \quad \text{mit } 0{,}4 \le x \le 3{,}4 \end{aligned}$$

Die Ableitungsfunktion von d ist

$$d'(x) = \tfrac{1}{4}x^2 - 0{,}8 \quad \text{mit } 0{,}4 < x < 3{,}4$$

und besitzt die beiden Nullstellen $x_{1/2} = \pm\sqrt{3{,}2}$. Da der Graph von d' offenbar eine nach oben geöffnete Parabel darstellt, folgt direkt:

$$d'(x) \begin{cases} < 0 & \text{für } 0{,}4 < x < \sqrt{3{,}2} \\ > 0 & \text{für } \sqrt{3{,}2} < x < 3{,}4 \end{cases}$$

Das bedeutet:

$$G_d \text{ ist } \begin{cases} \text{auf dem Intervall } [0{,}4; \sqrt{3{,}2}] \text{ fallend} \\ \text{auf dem Intervall } [\sqrt{3{,}2}; 3{,}4] \text{ steigend} \end{cases}$$

Somit besitzt die Funktion d ihr globales Minimum bei $x = \sqrt{3{,}2}$ und ihr globales Maximum bei $x = 0{,}4$ oder $x = 3{,}4$. Berechnen der Funktionswerte ergibt:

$$\begin{aligned} d(\sqrt{3{,}2}) &= \tfrac{1}{12} \cdot \sqrt{3{,}2}^{\,3} - 0{,}8 \cdot \sqrt{3{,}2} + 1{,}36 = -\tfrac{8}{15} \cdot \sqrt{3{,}2} + 1{,}36 \approx 0{,}406 \\ d(0{,}4) &= \tfrac{1}{12} \cdot \left(\tfrac{4}{10}\right)^3 - 0{,}8 \cdot 0{,}4 + 1{,}36 = \tfrac{392}{375} \approx 1{,}045 \\ d(3{,}4) &= \tfrac{1}{12} \cdot \left(\tfrac{34}{10}\right)^3 - 0{,}8 \cdot 3{,}4 + 1{,}36 = \tfrac{2\,873}{1\,500} \approx 1{,}915 \end{aligned}$$

Das globale Maximum von d wird also bei $x = 3{,}4$ angenommen und beträgt $\frac{2\,873}{1\,500}$.
Der Wertebereich von d ist daher das folgende Intervall:

$$\underline{\underline{W_d = \left[-\frac{8}{15}\cdot\sqrt{3{,}2}+1{,}36;\ \frac{2\,873}{1\,500}\right] \approx [0{,}406;\ 1{,}915]}}$$

h) G_f verläuft durch den Koordinatenursprung, da $x = 0$ eine Nullstelle von f ist (vgl. auch Teilaufgabe b). Die Parabel G_p besitzt die Nullstellen $x = 0{,}4$ und $x = 3{,}4$ (vgl. auch Teilaufgabe a).
Somit gilt für die Querschnittsfläche A der Turbinenschaufel:

$$\begin{aligned} A &= \int_0^{4,5} f(x)\,dx - \int_{0,4}^{3,4} p(x)\,dx \\ &= \left[\frac{1}{48}x^4 - \frac{1}{3}x^3 + \frac{3}{2}x^2\right]_0^{4,5} - \left[-\frac{1}{3}x^3 + 1{,}9x^2 - 1{,}36x\right]_{0,4}^{3,4} \\ &= \left(\frac{2187}{256} - 0\right) - \left[\frac{3179}{750} - \left(-\frac{98}{375}\right)\right] \\ &= \frac{2187}{256} - \frac{9}{2} = \frac{1035}{256} \approx 4{,}043\,[\text{FE}] \end{aligned}$$

Hinweis: Wegen 1 LE = 10 cm gilt 1 FE = 100 cm².

Der Inhalt der Querschnittsfläche der Turbinenschaufel beträgt ca. $\underline{\underline{404{,}3\ \text{cm}^2}}$.

i) Es gilt $p'(x) = -2x + 3{,}8$ und $f'(x) = \frac{1}{4}x^2 - 2x + 3$.
Also folgt:

$$p'(0{,}4) = -2\cdot 0{,}4 + 3{,}8 = -0{,}8 + 3{,}8 = 3$$
$$f'(0) = \frac{1}{4}\cdot 0^2 - 2\cdot 0 + 3 = 3$$

Damit ist der Nachweis von $p'(0{,}4) = f'(0)$ erbracht.
Dies bedeutet anschaulich, dass die Tangente an die Parabel G_p durch den Punkt $(0{,}4\,|\,0)$ *parallel* zur Tangente an G_f durch den Koordinatenursprung $(0\,|\,0)$ verläuft.

j) Die Gerade $h(x) = \frac{4}{3}x - \frac{7}{4}$ schneidet den Graphen G_f im Punkt $P(3\,|\,f(3))$ genau dann, wenn $f(3) = h(3)$ erfüllt ist. Dies ist tatsächlich erfüllt, denn es gilt:

$$f(3) = \frac{1}{12}\cdot 3^3 - 3^2 + 3\cdot 3 = \frac{27}{12} - 9 + 9 = \frac{9}{4}$$
$$h(3) = \frac{4}{3}\cdot 3 - \frac{7}{4} = 4 - \frac{7}{4} = \frac{16-7}{4} = \frac{9}{4}$$

In der Abbildung rechts ist die Gerade h eingezeichnet. Zur Bestimmung des Schnittwinkels α zwischen der Geraden h und dem Graphen G_f im Punkt $P(3\,|\,f(3))$ werden die Ableitungswerte $h'(3)$ und $f'(3)$ benötigt:

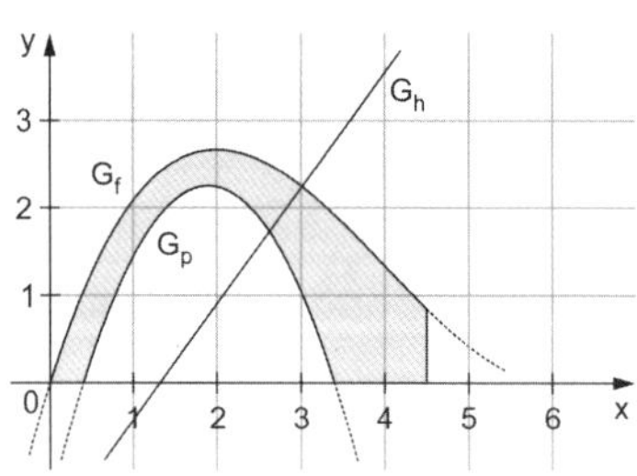

$$h'(3) = \frac{4}{3}$$
$$f'(3) = \frac{1}{4}\cdot 3^2 - 2\cdot 3 + 3 = \frac{9}{4} - 3 = -\frac{3}{4}$$

Wegen $h'(3)\cdot f'(3) = \frac{4}{3}\cdot\left(-\frac{3}{4}\right) = -1$ folgt $\underline{\underline{\alpha = 90°}}$.

Die *allgemeine Formel* zur Bestimmung des Schnittwinkels α zwischen zwei Funktionsgraphen G_f und G_g im Schnittpunkt $(x_0 \mid f(x_0))$ lautet:

$$\tan \alpha = \left| \frac{f'(x_0) - g'(x_0)}{1 + f'(x_0) \cdot g'(x_0)} \right|$$

Im Fall $f'(x_0) \cdot g'(x_0) = -1$, welcher oben vorliegt, wird der Nenner null und die Tangensfunktion somit unendlich. Genau dann folgt $\alpha = 90°$.

k) Der allgemeine Ansatz für die Parabel q als ganzrationale Funktion 2. Grades lautet:

$$q(x) = ax^2 + bx + c \text{ mit } a, b, c \in \mathbb{R};\ a \neq 0$$

Die geforderte Eigenschaft $q(0) = 0$ impliziert $c = 0$, es verbleibt der Term $q(x) = ax^2 + bx$. Da auch gefordert wird, dass $H_q(2 \mid 2{,}2)$ der Hochpunkt von q ist, muss gelten:

$$q(2) = 2{,}2$$
$$q'(2) = 0$$

Wegen $q'(x) = 2ax + b$ ist dies äquivalent zu den beiden folgenden Gleichungen:

$$4a + 2b = 2{,}2$$
$$4a + b = 0$$

Dieses lineare Gleichungssystem besitzt die Lösung $a = -0{,}55$ und $b = 2{,}2$, welche z. B. mit dem Additionsverfahren bestimmt werden kann.

Eine mögliche Funktionsgleichung von q lautet daher $\underline{\underline{q(x) = -0{,}55x^2 + 2{,}2x}}$.

Alternativer Weg: Man setzt die Scheitelpunktform für die Parabel q an, diese lautet $q(x) = a(x - b)^2 + c$ mit $a, b, c \in \mathbb{R};\ a \neq 0$. Da der Hochpunkt $H_q(2 \mid 2{,}2)$ von q, also der Scheitelpunkt der Parabel q gegeben ist, folgt direkt $b = 2$ und $c = 2{,}2$.

Die Forderung $q(0) = 0$ führt zu der Gleichung $ab^2 + c = 0$, d. h., $a = -\frac{c}{b^2} = -\frac{2{,}2}{4} = -0{,}55$.

Eine mögliche Funktionsgleichung von q lautet daher $\underline{\underline{q(x) = -0{,}55(x - 2)^2 + 2{,}2}}$.

Flugzeugflügel BE

Gegeben sind die in $\mathbb{R}$ definierten Funktionen f mit $f(x) = \left(-\frac{1}{10}x^2 + 2x\right) \cdot e^{-0,1x}$ und h mit $h(x) = -\frac{3}{4}x \cdot e^{-0,1x}$. Der Graph von f wird mit G bezeichnet und der Graph von h mit H.

a) Berechnen Sie die Koordinaten der Schnittpunkte von G mit den Koordinatenachsen. 4

b) Geben Sie das Verhalten der Funktionswerte von f für $x \to +\infty$ und $x \to -\infty$ an. 2

c) Zeigen Sie, dass die Graphen G und H den gemeinsamen Punkt $S_1(0\,|\,0)$ haben. 1

d) Bestimmen Sie die Koordinaten und die Art der lokalen Extrempunkte von G.
Ohne Nachweis dürfen Sie verwenden: $f''(x) = \left(-\frac{1}{1000}x^2 + \frac{3}{50}x - \frac{3}{5}\right) \cdot e^{-0,1x}$ 6

e) Die Funktion h besitzt folgende Eigenschaften:
- $\lim\limits_{x \to +\infty} h(x) = 0;\ \lim\limits_{x \to -\infty} h(x) = +\infty$
- $h'(x) = \left(\frac{3}{40}x - \frac{3}{4}\right) \cdot e^{-0,1x}$

Begründen Sie mithilfe einer Skizze, dass der Graph H einen Wendepunkt besitzt. 3

f) An den Graphen H wird im Schnittpunkt mit der x-Achse eine Tangente t gelegt. Die Tangente t schließt mit der x-Achse und der senkrechten Geraden $x = b$ mit $b \in \mathbb{R}, b > 0$ eine Fläche von $A = \frac{75}{2}$ FE ein.
Bestimmen Sie b. 5

Die Konstrukteure einer kleinen Firma haben einen neuartigen Flugzeugflügel entworfen.

Dabei werden die Graphen der Funktionen f und h zwischen ihren Schnittpunkten S_1 und S_2 zur Modellierung des Querschnitts dieses Flugzeugflügels verwendet (vgl. Abbildung 1).

Es gilt: 1 LE = 1 dm.

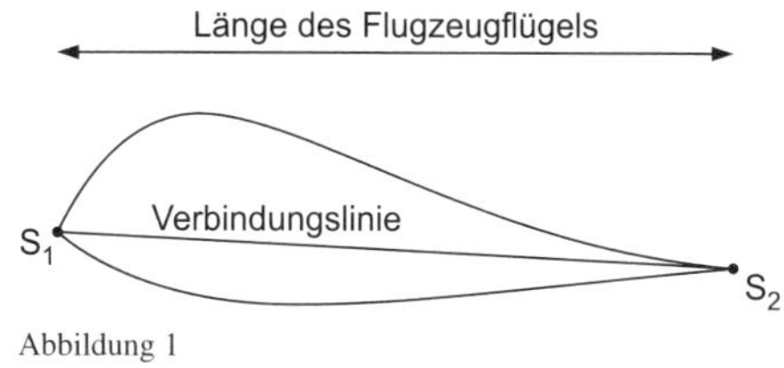

Abbildung 1

g) Die Länge des Flugzeugflügels ist der horizontale Abstand zwischen S_1 und S_2. Zeigen Sie, dass diese Länge 27,5 dm beträgt. 4

h) Begründen Sie unter Zuhilfenahme der Abbildung 2 ohne Rechnung, dass die Länge des Flugzeugflügels kürzer als die Verbindungslinie zwischen S_1 und S_2 ist. 2

Abbildung 2

i) An einer Stelle hat der Flugzeugflügel eine maximale vertikale Höhe. Diese Stelle kann mithilfe der Differenzfunktion d mit $d(x) = f(x) - h(x)$ bestimmt werden.
Die maximale vertikale Höhe darf 7,15 dm nicht überschreiten.
Untersuchen Sie, ob die Konstrukteure dies beachtet haben. 7

j) Bestimmen Sie die Querschnittsfläche des Flugzeugflügels mithilfe der Differenzfunktion d.
Ohne Nachweis dürfen Sie verwenden, dass D mit $D(x) = \left(x^2 - \frac{15}{2}x - 75\right) \cdot e^{-0{,}1x}$ eine Stammfunktion von d ist. 2

k) Die Konstrukteure des Flügels benötigen den Neigungswinkel zwischen der Verbindungslinie S_1S_2 und der Horizontalen und führen hierzu folgende Berechnungen durch:

(1) $f(27{,}5) \approx 1{,}32$

(2) $\sin\alpha = \dfrac{1{,}32}{\sqrt{27{,}5^2 - 1{,}32^2}} \quad \Leftrightarrow \quad \alpha \approx 2{,}75°$

Beurteilen Sie jeweils die einzelnen Teilschritte und beschreiben Sie gegebenenfalls, wie fehlerhafte Schritte bei diesem Vorgehen berichtigt werden müssen. 3

l) Die Richtung, aus der während einer bestimmten Phase des Fluges die Luft anströmt, kann modellhaft durch eine Gerade zwischen S_1 und einem Punkt $R(x_R \mid f(x_R))$ mit $x_R < 20$ angenommen werden. Im Punkt R ändert der Graph von f seine Krümmungsart.
Weisen Sie nach, dass die Größe des Winkels $\delta = \sphericalangle S_2S_1R$ nicht mehr als 18° beträgt.
[zur Kontrolle: $R(12{,}68 \mid 2{,}61)$] 6

35

Tipps und Hinweise zur Lösung von Aufgabe 2.2

Tipps zu Teilaufgabe a

- Der Schnittpunkt des Graphen einer Funktion f mit der y-Achse lautet $S_y(0 \mid f(0))$.
- Bei der Bestimmung der Schnittpunkte eines Funktionsgraphen mit der x-Achse spielen die Nullstellen der zugehörigen Funktion eine zentrale Rolle.

Tipp zu Teilaufgabe b

- Ein Produkt aus ganzrationaler Funktion und e-Funktion geht für $x \to -\infty$ immer gegen null. Man sagt, die e-Funktion „dominiert“.

Tipp zu Teilaufgabe c

- Ein gemeinsamer Punkt (Schnittpunkt) S von zwei Graphen G_f und G_g liegt an der Stelle x_0 genau dann vor, wenn $f(x_0) = g(x_0)$.

Tipps zu Teilaufgabe d

- Berechnen Sie die erste Ableitungsfunktion der Funktion f mithilfe der Produkt- und der Kettenregel. Die zweite Ableitungsfunktion entnehmen Sie der Angabe.
- Für eine mögliche Extremstelle x_E von f muss $f'(x_E) = 0$ gelten (notwendige Bedingung).
- Damit x_E tatsächlich eine Extremstelle von f ist, muss zusätzlich $f''(x_E) \neq 0$ gelten. (hinreichende Bedingung). Genauer gesagt liegt dann für den Fall $f''(x_E) < 0$ ein Maximum und für den Fall $f''(x_E) > 0$ ein Minimum an der Stelle x_E vor.
- Vergessen Sie nicht, die vollständigen Koordinaten der Extrempunkte von G anzugeben.

Tipps zu Teilaufgabe e

- Untersuchen Sie die Nullstelle der Ableitungsfunktion von h.
- In welchem Quadranten muss der Extrempunkt von H liegen?
- Skizzieren Sie den Sachverhalt.
- Was würde für den Grenzwert von h für $x \to +\infty$ folgen, wenn der Graph H keinen Wendepunkt besäße?

Tipps zu Teilaufgabe f

- Laut Teilaufgabe c verläuft der Graph H durch den Koordinatenursprung $(0 \mid 0)$.
- Welche Steigung besitzt die Tangente t an H im Punkt $(0 \mid 0)$?
- Berechnen Sie die von der Tangente t, der x-Achse und der senkrechten Geraden $x = b$ eingeschlossene Fläche mithilfe eines bestimmten Integrals.
- Die Integrationsgrenzen lauten 0 und b.

Tipps zu Teilaufgabe g

- Bestimmen Sie als Erstes den Schnittpunkt S_2 der Graphen G und H.
- Der horizontale Abstand zweier Punkte ist der Betrag der Differenz der x-Koordinaten.

Tipps zu Teilaufgabe h

- Wie lässt sich die Länge der Verbindungslinie zwischen S_1 und S_2 berechnen? Stichwort: Satz des Pythagoras
- Die Wurzelfunktion ist streng monoton steigend.
- Schätzen die die Länge der Verbindungslinie zwischen S_1 und S_2 gegen den horizontalen Abstand von S_1 und S_2 ab.

Tipps zu Teilaufgabe i

- Betrachten Sie die Differenzfunktion d(x) auf dem Intervall [0; 27,5].
- Es gilt $d(0) = d(27{,}5) = 0$ und $d(x) \geq 0$ für alle $x \in [0; 27{,}5]$.
- Bestimmen Sie das Maximum von d. Dazu benötigen Sie die Ableitungsfunktion $d'(x) = f'(x) - h'(x)$, wobei f' und h' aus den Teilaufgaben d und e bekannt sind.

Tipps zu Teilaufgabe j

- Berechnen Sie die von d und der x-Achse eingeschlossene Fläche mithilfe eines bestimmten Integrals.
- Die Integrationsgrenzen lauten 0 und 27,5.
- Verwenden Sie die Stammfunktion D von d aus dem Aufgabentext.

Tipps zu Teilaufgabe k

- Erläutern Sie jeden der beiden aufgeführten Rechenschritte.
- In Schritt 1 wird der vertikale Abstand zwischen den Punkten S_1 und S_2 berechnet. Welcher Fehler wurde hier gemacht?
- In Schritt 2 wird der Winkel zwischen der Verbindunglinie $\overline{S_1S_2}$ und der Horizontalen mithilfe des Sinus im rechtwinkligen Dreieck berechnet, wobei im Zähler die Länge der Gegenkathete und im Nenner die Länge der Hypotenuse steht. Welcher Fehler wurde hier gemacht?

Tipps zu Teilaufgabe l

- Berechnen Sie alle möglichen Wendestellen von f, die kleiner als 20 sind.
- Bestimmen Sie die Koordinaten des Punktes R.
- Der Winkel δ kann als Summe des Winkels α aus Teilaufgabe k und des Winkels β zwischen der Geraden S_1R und der Horizontalen aufgefasst werden.
- Benutzen Sie die Tangensfunktion und die Koordinaten von R zur Berechnung von β.

Lösungen zu Aufgabe 2.2

a) Der Schnittpunkt von G mit der y-Achse besitzt die Koordinaten $S_y(0\,|\,f(0))$.
Wegen $f(0)=\left(-\frac{1}{10}\cdot 0^2+2\cdot 0\right)\cdot e^{-0{,}1\cdot 0}=0$ folgt unmittelbar $\underline{\underline{S_y(0\,|\,0)}}$.

Zur Bestimmung der Schnittpunkte von G mit der x-Achse werden die Nullstellen von f benötigt. Da die e-Funktion niemals den Wert null annimmt, gilt:

$$\begin{aligned}
&f(x)=0\\
\Leftrightarrow\quad &\left(-\tfrac{1}{10}\cdot x^2+2x\right)\cdot e^{-0{,}1x}=0\\
\Leftrightarrow\quad &-\tfrac{1}{10}\cdot x^2+2x=0 \quad \big|\cdot(-10)\\
\Leftrightarrow\quad &x^2-20x=0\\
\Leftrightarrow\quad &x(x-20)=0
\end{aligned}$$

Aus der letzten Gleichung lassen sich die Nullstellen $x_1=0$ und $x_2=20$ direkt ablesen.
Die Schnittpunkte von G mit der x-Achse lauten daher $\underline{\underline{N_1(0\,|\,0)}}$ und $\underline{\underline{N_2(20\,|\,0)}}$.

b) Es gilt:

$$\lim_{x\to+\infty} f(x)=\lim_{x\to+\infty}\underbrace{\left(-\tfrac{1}{10}x^2+2x\right)}_{\to-\infty}\cdot\underbrace{e^{-0{,}1x}}_{\to 0}=\underline{\underline{0}} \qquad \text{(e-Funktion dominiert)}$$

$$\lim_{x\to-\infty} f(x)=\lim_{x\to-\infty}\underbrace{\left(-\tfrac{1}{10}x^2+2x\right)}_{\to-\infty}\cdot\underbrace{e^{-0{,}1x}}_{\to \infty}=\underline{\underline{-\infty}}$$

c) Ein gemeinsamer Punkt (Schnittpunkt) $S(x_0\,|\,f(x_0))$ der Graphen G und H liegt genau dann vor, wenn $f(x_0)=h(x_0)$.
Konkret erhält man:

$$\begin{aligned}
&f(0)=0 \quad \text{(vgl. Teilaufgabe a)}\\
&h(0)=-\tfrac{3}{4}\cdot 0\cdot e^{-0{,}1\cdot 0}=0
\end{aligned}$$

Daher haben die Graphen G und H den Punkt $S_1(0\,|\,0)$ gemeinsam.

d) Die ersten beiden Ableitungsfunktionen der Funktion $f(x)=\left(-\frac{1}{10}x^2+2x\right)\cdot e^{-0{,}1x}$ lauten:

$$\begin{aligned}
f'(x)&=\left(-\tfrac{1}{5}x+2\right)\cdot e^{-0{,}1x}+\left(-\tfrac{1}{10}x^2+2x\right)\cdot(-0{,}1)\cdot e^{-0{,}1x}\\
&=\left(-\tfrac{1}{5}x+2\right)\cdot e^{-0{,}1x}+\left(\tfrac{1}{100}x^2-\tfrac{1}{5}x\right)\cdot e^{-0{,}1x}\\
&=\left(\tfrac{1}{100}x^2-\tfrac{2}{5}x+2\right)\cdot e^{-0{,}1x}\\
f''(x)&=\left(-\tfrac{1}{1000}x^2+\tfrac{3}{50}x-\tfrac{3}{5}\right)\cdot e^{-0{,}1x} \qquad \text{(vgl. Angabe)}
\end{aligned}$$

Für eine mögliche Extremstelle x_E von f muss $f'(x_E)=0$ gelten (notwendige Bedingung). Damit diese tatsächlich eine Extremstelle von f ist, muss zusätzlich $f''(x_E)\neq 0$ gelten (hinreichende Bedingung). Genauer gesagt liegt dann für den Fall $f''(x_E)<0$ ein Maximum und für den Fall $f''(x_E)>0$ ein Minimum an der Stelle x_E vor.

Tatsächlich gilt Folgendes, da die e-Funktion niemals den Wert null annimmt:

$$
\begin{aligned}
& f'(x) = 0 \\
\Leftrightarrow\quad & \left(\tfrac{1}{100}x^2 - \tfrac{2}{5}x + 2\right)\cdot e^{-0,1x} = 0 \\
\Leftrightarrow\quad & \tfrac{1}{100}x^2 - \tfrac{2}{5}x + 2 = 0 \quad |\cdot 100 \\
\Leftrightarrow\quad & x^2 - 40x + 200 = 0
\end{aligned}
$$

Die quadratische Gleichung wird mit der p-q-Formel gelöst:

$$
\begin{aligned}
x_{1/2} &= 20 \pm \sqrt{20^2 - 200} \\
&= 20 \pm \sqrt{200} \\
&= 20 \pm 10\sqrt{2}
\end{aligned}
$$

Einsetzen von der Nullstellen $x_1 = 20 + 10\sqrt{2}$ und $x_2 = 20 - 10\sqrt{2}$ von f' in f" ergibt:

$$
\begin{aligned}
f''(x_1) &= \left(-\tfrac{1}{1000}(20+10\sqrt{2})^2 + \tfrac{3}{50}(20+10\sqrt{2}) - \tfrac{3}{5}\right)\cdot e^{-0,1(20+10\sqrt{2})} \\
&= \left(-\frac{600+400\sqrt{2}}{1000} + \frac{60+30\sqrt{2}}{50} - \frac{3}{5}\right)\cdot e^{-(2+\sqrt{2})} \\
&= \left(-\frac{3+2\sqrt{2}}{5} + \frac{6+3\sqrt{2}}{5} - \frac{3}{5}\right)\cdot e^{-2-\sqrt{2}} \\
&= \frac{\sqrt{2}}{5}\cdot e^{-(2+\sqrt{2})} > 0 \\
f''(x_2) &= \left(-\tfrac{1}{1000}(20-10\sqrt{2})^2 + \tfrac{3}{50}(20-10\sqrt{2}) - \tfrac{3}{5}\right)\cdot e^{-0,1(20-10\sqrt{2})} \\
&= \left(-\frac{600-400\sqrt{2}}{1000} + \frac{60-30\sqrt{2}}{50} - \frac{3}{5}\right)\cdot e^{-(2-\sqrt{2})} \\
&= \left(-\frac{3-2\sqrt{2}}{5} + \frac{6-3\sqrt{2}}{5} - \frac{3}{5}\right)\cdot e^{-2+\sqrt{2}} \\
&= -\frac{\sqrt{2}}{5}\cdot e^{-2+\sqrt{2}} < 0
\end{aligned}
$$

Daher liegt bei $x_1 = 20 + 10\sqrt{2}$ ein Minimum und bei $x_2 = 20 - 10\sqrt{2}$ ein Maximum der Funktion f vor. Berechnen der Extremwerte:

$$
\begin{aligned}
f(x_1) &= \left(-\tfrac{1}{10}(20+10\sqrt{2})^2 + 2(20+10\sqrt{2})\right)\cdot e^{-0,1(20+10\sqrt{2})} \\
&= \left(-\frac{600+400\sqrt{2}}{10} + 40 + 20\sqrt{2})\right)\cdot e^{-(2+\sqrt{2})} \\
&= \left(-60 - 40\sqrt{2} + 40 + 20\sqrt{2})\right)\cdot e^{-2-\sqrt{2}} \\
&= (-20 - 20\sqrt{2})\cdot e^{-2-\sqrt{2}} \\
&= -20(1+\sqrt{2})\cdot e^{-2-\sqrt{2}} \approx -1,59 \\
f(x_2) &= \left(-\tfrac{1}{10}(20-10\sqrt{2})^2 + 2(20-10\sqrt{2})\right)\cdot e^{-0,1(20-10\sqrt{2})} \\
&= \left(-\frac{600-400\sqrt{2}}{10} + 40 - 20\sqrt{2})\right)\cdot e^{-(2-\sqrt{2})} \\
&= \left(-60 + 40\sqrt{2} + 40 - 20\sqrt{2})\right)\cdot e^{-2+\sqrt{2}} \\
&= (-20 + 20\sqrt{2})\cdot e^{-2+\sqrt{2}} \\
&= 20(\sqrt{2} - 1)\cdot e^{-2+\sqrt{2}} \approx 4,61
\end{aligned}
$$

G besitzt daher die folgenden Extrempunkte:

- Tiefpunkt $\underline{\underline{T(20+10\sqrt{2}\,|-20(1+\sqrt{2})\cdot e^{-2-\sqrt{2}}) \approx T(34{,}14\,|-1{,}59)}}$
- Hochpunkt $\underline{\underline{H(20-10\sqrt{2}\,|\,20(\sqrt{2}-1)\cdot e^{-2+\sqrt{2}}) \approx H(5{,}86\,|\,4{,}61)}}$

e) Die Funktion $h'(x)=\left(\frac{3}{40}x-\frac{3}{4}\right)\cdot e^{-0,1x}$ besitzt, wegen $e^{-0,1x}>0$, genau eine Nullstelle x_0, nämlich die des linearen Terms $\frac{3}{40}x-\frac{3}{4}$ in der Klammer. Für diese gilt $x_0>0$ und sie weist einen $-/+$-Vorzeichenwechsel auf. Daher weist h bei x_0 ein lokales Minimum auf. Es gilt $h(x_0)<0$, also liegt der einzige Extrempunkt des Graphen H, nämlich der Tiefpunkt $T(x_0\,|\,h(x_0))$, im IV. Quadranten.

H ist in seinem Tiefpunkt T linksgekrümmt. Angenommen der Graph H besäße keinen Wendepunkt, so würde H seine Krümmungsart nicht ändern und wäre somit auf ganz $\mathbb{R}$ linksgekrümmt. Dies würde aber offenbar bedeuten, dass

$$\lim_{x\to+\infty} h(x)=+\infty$$

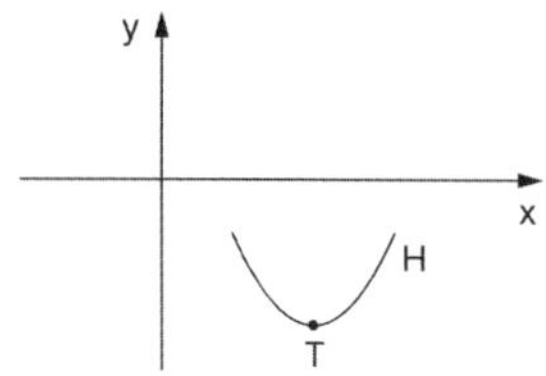

gelten müsste, im Widerspruch zur Voraussetzung.
Daher besitzt der Graph H einen Wendepunkt.

f) Laut Teilaufgabe c verläuft der Graph H durch den Koordinatenursprung $(0\,|\,0)$, er schneidet dort insbesondere die x-Achse.
Die Tangente an H im Punkt $(0\,|\,0)$ besitzt die Steigung

$$h'(0)=\left(\frac{3}{40}\cdot 0-\frac{3}{4}\right)\cdot e^{-0,1\cdot 0}=-\frac{3}{4}$$

Eine Tangentengleichung lautet daher offenbar $t(x)=-\frac{3}{4}x$.

Für die von der Tangente t, der x-Achse und der senkrechten Geraden $x=b$ eingeschlossene Fläche A gilt:

$$A=\left|\int_0^b t(x)\,dx\right|=\left|\int_0^b -\frac{3}{4}x\,dx\right|=\left|\left[-\frac{3}{8}x^2\right]_0^b\right|=\left|-\frac{3}{8}b^2+0\right|=\frac{3}{8}b^2$$

Wegen $A=\frac{75}{2}$ FE ergibt sich:

$$\frac{3}{8}b^2=\frac{75}{2}$$
$$b^2=\frac{75}{2}\cdot\frac{8}{3}=100$$
$$b=\sqrt{100}\quad \text{wegen } b>0$$
$$\underline{\underline{b=10}}$$

g) Als Erstes muss der Schnittpunkt S_2 der Graphen G und H bestimmt werden. Dazu setzt man die Funktionen f und h zunächst gleich:

$$f(x) = h(x)$$
$$\Leftrightarrow \left(-\tfrac{1}{10}x^2 + 2x\right) \cdot e^{-0,1x} = -\tfrac{3}{4}x \cdot e^{-0,1x}$$
$$\Leftrightarrow \left(-\tfrac{1}{10}x^2 + 2x\right) \cdot e^{-0,1x} + \tfrac{3}{4}x \cdot e^{-0,1x} = 0$$
$$\Leftrightarrow \left(-\tfrac{1}{10}x^2 + 2x + \tfrac{3}{4}x\right) \cdot e^{-0,1x} = 0$$
$$\Leftrightarrow \left(-\tfrac{1}{10}x^2 + \tfrac{11}{4}x\right) \cdot e^{-0,1x} = 0$$
$$\Leftrightarrow -\tfrac{1}{10}x\left(x - \tfrac{55}{2}\right) \cdot e^{-0,1x} = 0$$

Da die e-Funktion nie null wird, muss $x\left(x - \frac{55}{2}\right) = 0$ gelten.

Nach dem Satz vom Nullprodukt folgt $x = 0$ oder

$$x - \tfrac{55}{2} = 0$$
$$x = \tfrac{55}{2} = 27{,}5.$$

Die Lösung $x = 0$ liefert den aus Teilaufgabe c bekannten Schnittpunkt $S_1(0\,|\,0)$ von G und H, die Lösung $x = 27{,}5$ führt auf den gesuchten Schnittpunkt $S_2(27{,}5\,|\,f(27{,}5))$.
Der horizontale Abstand zwischen S_1 und S_2 beträgt daher:

$$|x_{S_2} - x_{S_1}| = |27{,}5 - 0| = 27{,}5\,[\text{LE}]$$

Wegen 1 LE = 1 dm beträgt der horizontale Abstand zwischen S_1 und S_2 $\underline{\underline{27{,}5 \text{ dm.}}}$

h) Es ist $|x_{S_2} - x_{S_1}| > 0$ der horizontale und $|y_{S_2} - y_{S_1}| > 0$ der vertikale Abstand zwischen den Punkten S_1 und S_2. Die Länge ℓ der Verbindungslinie zwischen S_1 und S_2 lässt sich wie folgt berechnen (Satz des Pythagoras):

$$\ell = \sqrt{|x_{S_2} - x_{S_1}|^2 + |y_{S_2} - y_{S_1}|^2}$$

Wegen der strengen Monotonie der Wurzelfunktion folgt:

$$\ell = \sqrt{|x_{S_2} - x_{S_1}|^2 + |y_{S_2} - y_{S_1}|^2} > \sqrt{|x_{S_2} - x_{S_1}|^2} = |x_{S_2} - x_{S_1}|$$

Da die Länge des Flugzeugflügels der horizontale Abstand zwischen S_1 und S_2 ist, muss dieser daher echt kürzer sein als die Länge ℓ der Verbindungslinie zwischen S_1 und S_2.

i) Betrachtet wird die Differenzfunktion $d(x) = f(x) - h(x)$ auf dem Intervall $[0;\ 27{,}5]$.
Es gilt:

$$d(x) = \left(-\tfrac{1}{10}x^2 + 2x\right) \cdot e^{-0,1x} - \left(-\tfrac{3}{4}x \cdot e^{-0,1x}\right)$$
$$= -\tfrac{1}{10}x\left(x - \tfrac{55}{2}\right) \cdot e^{-0,1x} \quad \text{(vgl. Teilaufgabe g)}$$

Des Weiteren gilt $d(0) = d(27{,}5) = 0$ und $d(x) \geq 0$ für alle $x \in [0;\ 27{,}5]$.

Die Ableitungsfunktionen f' und h' sind aus den Teilaufgaben d und e bekannt.
Wegen $d'(x) = f'(x) - h'(x)$ ergibt sich hiermit:

$$\begin{aligned} d'(x) &= \left(\frac{1}{100}x^2 - \frac{2}{5}x + 2\right) \cdot e^{-0,1x} - \left(\frac{3}{40}x - \frac{3}{4}\right) \cdot e^{-0,1x} \\ &= \left(\frac{1}{100}x^2 - \frac{2}{5}x - \frac{3}{40}x + 2 + \frac{3}{4}\right) \cdot e^{-0,1x} \\ &= \left(\frac{1}{100}x^2 - \frac{19}{40}x + \frac{11}{4}\right) \cdot e^{-0,1x} \quad \text{für } 0 < x < 27,5 \end{aligned}$$

Die Funktion d wird jetzt auf Maxima hin untersucht.
Tatsächlich gilt Folgendes, da die e-Funktion niemals den Wert null annimmt:

$$\begin{aligned} & d'(x) = 0 \\ \Leftrightarrow\ & \left(\frac{1}{100}x^2 - \frac{19}{40}x + \frac{11}{4}\right) \cdot e^{-0,1x} = 0 \\ \Leftrightarrow\ & \frac{1}{100}x^2 - \frac{19}{40}x + \frac{11}{4} = 0 \quad |\cdot 100 \\ \Leftrightarrow\ & x^2 - \frac{95}{2}x + 275 = 0 \end{aligned}$$

Die quadratische Gleichung wird mit der p-q-Formel gelöst:

$$\begin{aligned} x_{1/2} &= 23,75 \pm \sqrt{23,75^2 - 275} \\ &\approx 23,75 \pm 17,00 \end{aligned}$$

Die Lösung $x_1 \approx 40,75$ liegt außerhalb des Intervalls [0; 27,5].
Wegen $d(0) = d(27,5) = 0$ und $d(x) \geq 0$ auf [0; 27,5] muss es sich bei der zweiten Lösung $x_2 \approx 6,75$ um eine Maximalstelle von d handeln. Einsetzen in d ergibt:

$$d(x_2) \approx -\frac{1}{10} \cdot 6,75 \cdot \left(6,75 - \frac{55}{2}\right) \cdot e^{-0,1 \cdot 6,75} \approx 7,13\,[\text{LE}]$$

Wegen 1 LE = 1 dm wird die maximale vertikale Höhe von 7,15 dm <u>nicht</u> überschritten.

j) Für die Querschnittsfläche A des Flugzeugflügels gilt (unter Verwendung der gegebenen Stammfunktion D von d):

Hinweis: Wegen $d(x) \geq 0$ auf [0; 27,5] darf ohne Betrag gerechnet werden.

$$\begin{aligned} A &= \int_0^{27,5} d(x)\,dx = \left[D(x)\right]_0^{27,5} \\ &= \left[\left(x^2 - \frac{15}{2}x - 75\right) \cdot e^{-0,1x}\right]_0^{27,5} \\ &= \left(27,5^2 - \frac{15}{2} \cdot 27,5 - 75\right) \cdot e^{-0,1 \cdot 27,5} - (-75) \cdot e^0 \\ &\approx 105,4\,[\text{FE}] \end{aligned}$$

Hinweis: Wegen 1 LE = 1 dm gilt 1 FE = 1 dm^2.

Der Inhalt der Querschnittsfläche des Flugzeugflügels beträgt ca. <u>$105,4\ dm^2$</u>.

k) In Schritt 1 soll offensichtlich der vertikale Abstand zwischen den Punkten S_1 und S_2

$$|y_{S_2} - y_{S_1}| = |f(27,5) - 0| = |f(27,5)|$$

bestimmt werden. Wegen $f(27,5) \approx -1,32 < 0$ sind die **Betragsstriche** notwendig.

In Schritt 2 soll schließlich der Winkel α zwischen der Verbindunglinie $\overline{S_1S_2}$ und der Horizontalen mithilfe des Sinus im vorliegenden rechtwinkligen Dreieck berechnet werden. Die Gegenkathete entspricht dem vertikalen Abstand zwischen den Punkten S_1 und S_2 (siehe oben), also gerundet 1,32. Die Hypotenuse entspricht der Verbindunglinie $\overline{S_1S_2}$, deren Länge ℓ beträgt nach Teilaufgabe h:

$$\ell = \sqrt{|x_{S_2} - x_{S_1}|^2 + |y_{S_2} - y_{S_1}|^2} \approx \sqrt{27{,}5^2 + 1{,}32^2}$$

Somit lautet die Berichtigung von Schritt 2 (**plus** statt minus im Nenner, **Rundungszeichen** statt Gleichheitszeichen):

$$\sin\alpha \approx \frac{1{,}32}{\sqrt{27{,}5^2 + 1{,}32^2}} \quad \Leftrightarrow \quad \alpha \approx 2{,}75°$$

Alternativ könnte man in Schritt 2 auch (einfacher) mit dem Tangens rechnen, da ja die Ankathete dem horizontalen Abstand zwischen den Punkten S_1 und S_2 entspricht, also 27,5. Schritt 2 würde dann lauten:

$$\tan\alpha \approx \frac{1{,}32}{27{,}5} \quad \Leftrightarrow \quad \alpha \approx 2{,}75°$$

Hinweis: Im rechtwinkligen Dreieck gilt:

$$\sin\alpha = \frac{\text{Gegenkathete}}{\text{Hypotenuse}}; \quad \cos\alpha = \frac{\text{Ankathete}}{\text{Hypotenuse}}; \quad \tan\alpha = \frac{\text{Gegenkathete}}{\text{Ankathete}}$$

l) Da der Graph von f in $R(x_R \mid f(x_R))$ mit $x_R < 20$ seine Krümmungsart ändert, handelt es sich bei R um einen Wendepunkt des Graphen von f. Daher gilt $f''(x_R) = 0$. Mögliche Werte von x_R ergeben sich mit dem Ansatz:

$$\begin{aligned}
& f''(x) = 0 \\
\Leftrightarrow\ & \left(-\tfrac{1}{1000}x^2 + \tfrac{3}{50}x - \tfrac{3}{5}\right) \cdot e^{-0{,}1x} = 0 \\
\Leftrightarrow\ & -\tfrac{1}{1000}x^2 + \tfrac{3}{50}x - \tfrac{3}{5} = 0 \quad \big| \cdot (-1\,000) \\
\Leftrightarrow\ & x^2 - 60x + 600 = 0
\end{aligned}$$

Die quadratische Gleichung wird mit der p-q-Formel gelöst:

$$\begin{aligned}
x_{1/2} &= 30 \pm \sqrt{(-30)^2 - 600} \\
&= 30 \pm \sqrt{300} \\
&= 30 \pm 10\sqrt{3}
\end{aligned}$$

Wegen $x_1 \approx 47{,}32 > 20$ muss also $x_R = x_2 = 30 - 10\sqrt{3} \approx 12{,}68$ gelten.

Einsetzen in f ergibt:

$$\begin{aligned}
f(x_R) &\approx \left(-\tfrac{1}{10} \cdot 12{,}68^2 + 2 \cdot 12{,}68\right) \cdot e^{-0{,}1 \cdot 12{,}68} \\
&\approx 2{,}61
\end{aligned}$$

Somit folgt $R(12{,}68 \mid 2{,}61)$.

Zunächst wird der Winkel β zwischen der Geraden S_1R und der Horizontalen (x-Achse) bestimmt.

Da S_1 dem Koordinatenursprung entspricht, folgt sofort:

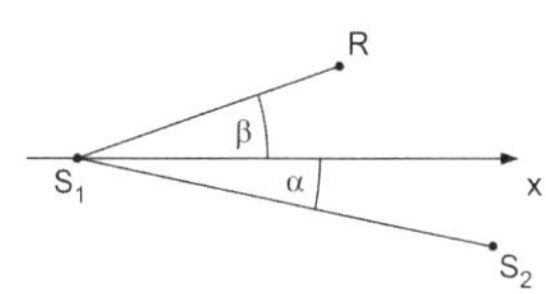

$$\tan\beta \approx \frac{y_R}{x_R} = \frac{2{,}61}{12{,}68} \quad \Rightarrow \quad \beta \approx 11{,}63°$$

Wegen $\delta = \alpha + \beta \approx 2{,}75° + 11{,}63° = 14{,}38°$ folgt $\delta < 18°$.

Holzkörper BE

Die Eckpunkte eines Holzkörpers werden durch $A(0|0|0)$, $B(10|0|0)$, $C(10|10|0)$, $D(0|10|0)$ und $E(0|10|6)$ dargestellt (vgl. Abbildung). Die Punkte B, D und E liegen im Modell in der Symmetrieebene des Körpers. Eine Längeneinheit im Koordinatensystem entspricht einem Zentimeter in der Realität.

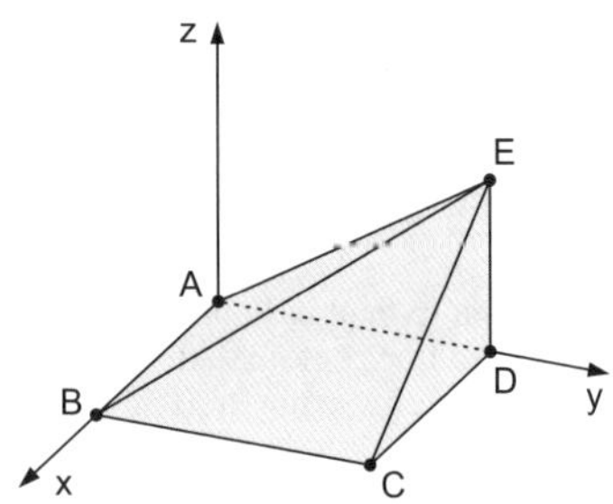

a) Zeigen Sie, dass das Dreieck BCE rechtwinklig ist, und berechnen Sie den Inhalt der Gesamtoberfläche des Holzkörpers. 5

b) Geben Sie eine Gleichung der Geraden h an, auf der die Punkte C und E liegen. Begründen Sie, dass diese Gerade windschief zur Geraden durch die Punkte B und D verläuft. 3

c) Bestimmen Sie eine Gleichung der Ebene L, in der das Dreieck BCE liegt, in Koordinatenform.
[zur Kontrolle: L: $3x + 5z = 30$] 3

d) Die quadratische Grundfläche des Holzkörpers schließt mit der Seitenfläche, die durch das Dreieck BCE dargestellt wird, einen Winkel ein.
Berechnen Sie die Größe dieses Winkels. 2

e) Entscheiden und begründen Sie für jede der folgenden Ebenengleichungen, ob diese Ebene das Quadrat ABCD in zwei Figuren mit gleichem Flächeninhalt teilt:
E_1: $y = 5$
E_2: $-x + y = 0$
E_3: $z = 5$ 4

f) Die Punkte A und D werden auf der y-Achse jeweils so verschoben, dass ein gleichschenkliges Trapez A'BCD' entsteht, dessen Fläche $\frac{4}{5}$ der Fläche des Quadrats ABCD beträgt. Die Punkte A' und D' liegen auf der Strecke $\overline{AD}$.
Ermitteln Sie die Koordinaten der Punkte A' und D'. 3

g) Der Holzkörper soll mit einer möglichst kurzen Linie versehen werden, die im Modell vom Eckpunkt A über die Kante BE zum Punkt C verläuft. Die Länge dieser Linie in Zentimetern kann folgendermaßen ermittelt werden:

$P(10-10t\,|\,10t\,|\,6t)$

$\overrightarrow{PC} \circ \overrightarrow{PB} = 0;\ t = \dfrac{25}{59}$

$2 \cdot |\overrightarrow{PC}| \approx 15{,}2$

Erläutern Sie dieses Vorgehen. 4

Der Schnittpunkt der Ebene L mit der z-Achse wird mit F bezeichnet. 4

h) Zeichnen Sie F sowie die Geraden, in denen L die xz- und die yz-Ebene schneidet, in die Abbildung ein. 2

i) Ermitteln Sie, um wie viel Prozent das Volumen des Körpers ABCDEF größer ist als das Volumen des Körpers ABCDE, ohne für diese Volumina konkrete Werte zu berechnen. 4

30

Tipps und Hinweise zur Lösung von Aufgabe 3

Tipps zu Teilaufgabe a

- Bei welchem Eckpunkt des Dreiecks BCE liegt der rechte Winkel vermutlich vor?
- Das Skalarprodukt zweier Vektoren ist genau dann null, wenn diese orthogonal sind.
- Die Oberfläche des Holzkörpers besteht aus dem Quadrat ABCD sowie den (rechtwinkligen) Dreiecken ABE, BCE, ADE und CDE.
- Nutzen Sie die Symmetrie des Holzkörpers aus.

Tipps zu Teilaufgabe b

- Stellen Sie eine Geradengleichung von h in Parameterform auf.
- Zwei Geraden sind windschief, wenn sie sich nicht schneiden und auch nicht parallel sind.

Tipps zu Teilaufgabe c

- Mithilfe des Kreuz- bzw. Vektorprodukts lässt sich ein Normalenvektor der Ebene L ermitteln.
- Stellen Sie eine Ebenengleichung von L in Normalenform auf und multiplizieren diese aus, um auf eine Gleichung der Ebene L in Koordinatenform zu schließen.

Tipps zu Teilaufgabe d

- Der gesuchte Winkel entspricht dem Winkel zwischen der Ebene L und der xy-Ebene.
- Für den von zwei Vektoren $\vec{u}$ und $\vec{v}$ eingeschlossenen Winkel α gilt: $\cos\alpha = \frac{\vec{u} \circ \vec{v}}{|\vec{u}| \cdot |\vec{v}|}$

Tipps zu Teilaufgabe e

- Die Ebene E_1 enthält die Mittelpunkte zweier gegenüberliegender Kanten des Quadrats ABCD.
- Die Ebene E_2 enthält die Eckpunkte A und C des Quadrats ABCD.
- Die Ebene E_3 enthält keinen Punkt des Quadrats ABCD.

Tipps zu Teilaufgabe f

- Überlegen Sie, welche Koordinaten die Punkte A' und D' nach erfolgter Verschiebung der Punkte A und D auf der y-Achse besitzen. Verwenden Sie dabei einen Parameter.
- Da die Punkte A' und D' auf der Strecke AD liegen, werden die Punkte A und D um weniger als 5 LE auf der y-Achse verschoben.
- Die Fläche eines Trapezes kann mithilfe der Formel „Länge der Mittellinie mal Höhe“ bestimmt werden.

Tipps zu Teilaufgabe g

- **1. Formel:** Betrachten Sie die Parameterform der Geraden durch die Punkte B und E.
- **2. Formel:** Das Skalarprodukt zweier Vektoren ist genau dann null, wenn diese aufeinander senkrecht stehen.
- **3. Formel:** Die Länge der möglichst kurzen Linie von A nach C entspricht zweimal der Länge der Strecke $\overline{PC}$.

Tipps zu Teilaufgabe h

- Zeichnen Sie eine Gerade durch E parallel zur Strecke $\overline{BC}$ ein.
- Zeichnen Sie eine Gerade durch B parallel zur Strecke $\overline{CE}$ ein.
- F ist der Schnittpunkt der beiden eingezeichneten Geraden.

Tipps zu Teilaufgabe i

- Das Volumen der Pyramide ABCDE kann mithilfe der Formel „$\frac{1}{3}$ mal Grundfläche mal Höhe“ bestimmt werden. Vermeiden Sie aber die Berechnung des konkreten Volumenwerts.
- Das Volumen des Prismas ABCDEF kann mithilfe der Formel „Grundfläche mal Höhe“ bestimmt werden. Vermeiden Sie aber die Berechnung des konkreten Volumenwerts.
- Verwenden Sie, dass im Quadrat ABCD alle Seiten gleich lang sind.
- Setzen Sie die Volumina von Prisma und Pyramide ins Verhältnis.

Lösungen zu Aufgabe 3

a) Der Skizze nach liegt der rechte Winkel vermutlich beim Eckpunkt C des Dreiecks BCE.
Der Nachweis ist erbracht, wenn die Vektoren $\overrightarrow{BC}$ und $\overrightarrow{CE}$ orthogonal sind, also ihr Skalarprodukt null ist.
Es gilt:

$$\overrightarrow{BC} = \begin{pmatrix} 10 \\ 10 \\ 0 \end{pmatrix} - \begin{pmatrix} 10 \\ 0 \\ 0 \end{pmatrix} = \begin{pmatrix} 0 \\ 10 \\ 0 \end{pmatrix}; \ \overrightarrow{CE} = \begin{pmatrix} 0 \\ 10 \\ 6 \end{pmatrix} - \begin{pmatrix} 10 \\ 10 \\ 0 \end{pmatrix} = \begin{pmatrix} -10 \\ 0 \\ 6 \end{pmatrix}$$

$$\overrightarrow{BC} \circ \overrightarrow{CE} = \begin{pmatrix} 0 \\ 10 \\ 0 \end{pmatrix} \circ \begin{pmatrix} -10 \\ 0 \\ 6 \end{pmatrix} = 0 \cdot (-10) + 10 \cdot 0 + 0 \cdot 6 = 0$$

Die Oberfläche des Holzkörpers besteht aus dem Quadrat ABCD mit Kantenlänge 10 sowie den Dreiecken ABE, BCE, ADE und CDE. Aus obiger Rechnung ist bekannt, dass Dreieck BCE rechtwinklig ist. Da die Kanten $\overline{CD}$ und $\overline{DE}$ des Holzkörpers offenbar achsenparallel liegen, ist das Dreieck CDE ebenfalls rechtwinklig.
Es gilt:

$$A_{ABCD} = |\overrightarrow{AB}|^2 = 10^2 = 100$$
$$A_{\Delta BCE} = \frac{1}{2} \cdot |\overrightarrow{BC}| \cdot |\overrightarrow{CE}| = \frac{1}{2} \cdot 10 \cdot \sqrt{(-10)^2 + 6^2} = 5\sqrt{136} = 10\sqrt{34}$$
$$A_{\Delta CDE} = \frac{1}{2} \cdot |\overrightarrow{CD}| \cdot |\overrightarrow{DE}| = \frac{1}{2} \cdot 10 \cdot 6 = 30$$

Aufgrund der Symmetrie des Holzkörpers sind die Dreiecke ABE und BCE bzw. ADE und CDE jeweils flächengleich. Damit beträgt die der Inhalt O der Gesamtoberfläche des Holzkörpers:

$$\begin{aligned} O &= A_{ABCD} + 2 \cdot A_{\Delta BCE} + 2 \cdot A_{\Delta CDE} \\ &= 100 + 20\sqrt{34} + 60 \\ &= 160 + 20\sqrt{34} \\ &\approx 276{,}62\,[\text{FE}] \end{aligned}$$

Hinweis: Wegen 1 LE = 1 cm gilt 1 FE = 1 cm^2.

Der Inhalt der Gesamtoberfläche des Holzkörpers beträgt ca. $\underline{\underline{276{,}62\,\text{cm}^2}}$.

b) Eine Geradengleichung von h in Parameterform lässt sich mit dem Stützvektor $\overrightarrow{OC}$ und dem Richtungsvektor $\overrightarrow{CE}$ aufstellen:

$$h\colon \vec{x} = \overrightarrow{OC} + r \cdot \overrightarrow{CE}$$

$$\underline{\underline{h\colon \vec{x} = \begin{pmatrix} 10 \\ 10 \\ 0 \end{pmatrix} + r \cdot \begin{pmatrix} -10 \\ 0 \\ 6 \end{pmatrix} \quad \text{mit } r \in \mathbb{R}}}$$

Da die Punkte B und D null als z-Koordinate haben, verläuft die Gerade BD in der xy-Ebene. Die Gerade h schneidet die xy-Ebene nur im Punkt C und ist daher nicht parallel zu dieser. Da C nicht auf der Geraden BD liegt, **schneiden** sich die Geraden h und BD **nicht**. Sie sind auch **nicht parallel**, da ja sonst auch h parallel zur xy-Ebene sein müsste. Daher sind die Geraden h und BD windschief.

c) Durch Bildung des Kreuz- bzw. Vektorprodukts der beiden Kantenvektoren $\overrightarrow{BC}$ und $\overrightarrow{CE}$ des Dreiecks BCE lässt sich ein Normalenvektor $\vec{n}_L$ zur Ebene L bestimmen.

$$\overrightarrow{BC} \times \overrightarrow{CE} = \begin{pmatrix} 0 \\ 10 \\ 0 \end{pmatrix} \times \begin{pmatrix} -10 \\ 0 \\ 6 \end{pmatrix} = \begin{pmatrix} 10 \cdot 6 \\ 0 \\ -10 \cdot (-10) \end{pmatrix} = \begin{pmatrix} 60 \\ 0 \\ 100 \end{pmatrix}$$

$$\vec{n}_L = \frac{1}{20} \begin{pmatrix} 60 \\ 0 \\ 100 \end{pmatrix} = \begin{pmatrix} 3 \\ 0 \\ 5 \end{pmatrix}$$

Mithilfe des Normalenvektors $\vec{n}_L$ und z. B. des Ortsvektors $\vec{b}$ von Punkt B lässt sich eine Ebenengleichung von L in Normalenform aufstellen:

$$L\colon \vec{n}_L \circ \left[\begin{pmatrix} x \\ y \\ z \end{pmatrix} - \vec{b} \right] = 0$$

$$L\colon \begin{pmatrix} 3 \\ 0 \\ 5 \end{pmatrix} \circ \left[\begin{pmatrix} x \\ y \\ z \end{pmatrix} - \begin{pmatrix} 10 \\ 0 \\ 0 \end{pmatrix} \right] = 3x + 5z - 3 \cdot 10 = 3x + 5z - 30 = 0$$

Eine Gleichung der Ebene L in Koordinatenform lautet:

$$\underline{\underline{L\colon 3x + 5z = 30}}$$

d) Die quadratische Grundfläche ABCD liegt in der xy-Ebene mit dem Normalenvektor $\vec{e}_z$, die Seitenfläche ΔBCE in der Ebene L mit dem Normalenvektor $\vec{n}_L$. Der eingeschlossene Winkel α entspricht dem Winkel zwischen der Ebene L und der xy-Ebene:

$$\cos\alpha = \frac{|\vec{n}_L \circ \vec{e}_z|}{|\vec{n}_L| \cdot |\vec{e}_z|} = \frac{\left| \begin{pmatrix} 3 \\ 0 \\ 5 \end{pmatrix} \circ \begin{pmatrix} 0 \\ 0 \\ 1 \end{pmatrix} \right|}{\left| \begin{pmatrix} 3 \\ 0 \\ 5 \end{pmatrix} \right| \cdot \left| \begin{pmatrix} 0 \\ 0 \\ 1 \end{pmatrix} \right|} = \frac{5}{\sqrt{34}} \quad \Rightarrow \quad \alpha \approx 30{,}96°$$

Der eingeschlossene Winkel beträgt ca. $\underline{\underline{30{,}96°}}$.

e) **Ebene E_1:**
Die Ortsvektoren der Mittelpunkte M_{AD} und M_{BC} der Quadratkanten $\overline{AD}$ und $\overline{BC}$ lauten:

$$\vec{m}_{\overline{AD}} = \overrightarrow{OA} + \tfrac{1}{2}\overrightarrow{AD} = \begin{pmatrix} 0 \\ 5 \\ 0 \end{pmatrix}; \quad \vec{m}_{\overline{BC}} = \overrightarrow{OB} + \tfrac{1}{2}\overrightarrow{BC} = \begin{pmatrix} 10 \\ 0 \\ 0 \end{pmatrix} + \begin{pmatrix} 0 \\ 5 \\ 0 \end{pmatrix} = \begin{pmatrix} 10 \\ 5 \\ 0 \end{pmatrix}$$

$M_{\overline{AD}}$ und $M_{\overline{BC}}$ liegen daher in der Ebene E_1: $y = 5$. Der Vektor

$$\overrightarrow{AD} = \overrightarrow{BC} = \begin{pmatrix} 0 \\ 10 \\ 0 \end{pmatrix}$$

steht zudem senkrecht auf der Ebene E_1: $y = 5$, da dieser offensichtlich ein Vielfaches des Normalenvektors $\vec{e}_y$ von E_1 ist. Somit ist E_1 eine Symmetrieebene des Quadrats ABCD und teilt dieses in zwei gleich große Flächen.

Ebene E_2:
Die Punkte $A(0|0|0)$ und $C(10|10|0)$ erfüllen die Ebenengleichung E_2: $-x+y=0$ und liegen daher in der Ebene E_2. Somit schneidet die Ebene E_2 das Quadrat ABCD entlang der Diagonalen $\overline{AC}$ und teilt dieses in zwei gleich große Flächen.

Ebene E_3:
Die Ebene E_3: $z=5$ liegt echt parallel zur xy-Ebene und schneidet diese daher nicht, insbesondere auch nicht das Quadrat ABCD, welches in der xy-Ebene liegt.

f) Die Punkte A' und D' besitzen nach der Verschiebung auf der y-Achse offenbar die Koordinaten $A'(0|\lambda|0)$ sowie $D'(0|10-\lambda|0)$ mit $0<\lambda<5$. Die Fläche des gleichschenkligen Trapezes A'BCD' beträgt dann:

$$A_{Trapez}=\frac{1}{2}\left(|\overline{BC}|+|\overline{A'D'}|\right)\cdot|\overline{AB}|=\frac{1}{2}(10+10-2\lambda)\cdot 10=100-10\lambda$$

Das Quadrat ABCD besitzt den Flächeninhalt 100 (vgl. Teilaufgabe a), daher muss gelten:

$$\begin{aligned} A_{Trapez} &= \tfrac{4}{5}\cdot 100 \\ A_{Trapez} &= 80 \\ 100-10\lambda &= 80 \\ \lambda &= 2 \end{aligned}$$

Die Punkte A' und D' besitzen die Koordinaten $\underline{\underline{A'(0|2|0)}}$ sowie $\underline{\underline{D'(0|8|0)}}$.

g) **1. Formel:** „$P(10-10t|10t|6t)$"
Die Kante $\overline{BE}$ liegt auf der Geraden

$$BE\colon\ \vec{x}=\overrightarrow{OB}+t\cdot\overrightarrow{BE}$$

$$BE\colon\ \vec{x}=\begin{pmatrix}10\\0\\0\end{pmatrix}+t\cdot\begin{pmatrix}-10\\10\\6\end{pmatrix}\quad \text{mit } t\in\mathbb{R}.$$

Hinweis: Für die Parameter $0\le t\le 1$ erhält man genau die Punkte der Kante $\overline{BE}$.

Die Punkte P der Kante $\overline{BE}$ besitzen daher die Koordinaten $P(10-10t|10t|6t)$, $0\le t\le 1$.

2. Formel: „$\overrightarrow{PC}\circ\overrightarrow{PB}=0;\ t=\frac{25}{59}$"

Die Länge der Strecke $\overline{PC}$ wird minimal, wenn $\overline{PC}$ senkrecht zur Kante $\overline{BE}$ steht. Dies ist erfüllt, wenn die Vektoren $\overrightarrow{PC}$ und $\overrightarrow{BE}$, oder auch die Vektoren $\overrightarrow{PC}$ und $\overrightarrow{PB}$, orthogonal sind, ihr Skalarprodukt also null ist:

$$\overrightarrow{PC}\circ\overrightarrow{PB}=0$$

$$\begin{pmatrix}10t\\10-10t\\-6t\end{pmatrix}\circ\begin{pmatrix}10t\\-10t\\-6t\end{pmatrix}=0$$

$$236t^2-100t=0$$

Die Lösungen der quadratischen Gleichung lauten $t=0$ und $t=\frac{25}{59}$. Jedoch stellt $t=\frac{25}{59}$ die einzige sinnvolle Lösung dar, denn für $t=0$ ist $\overrightarrow{PB}=\vec{0}$.

3. Formel: „$2 \cdot |\overrightarrow{PC}| \approx 15,2$"

Wegen der Symmetrie des Holzkörpers gilt $|\overline{AP}| = |\overline{PC}|$. Die Länge der möglichst kurzen Linie von A nach C entspricht demnach genau zweimal der Länge der Strecke $\overline{PC}$, also $2 \cdot |\overline{PC}| = 2 \cdot |\overrightarrow{PC}|$. Man erhält:

$$2 \cdot |\overrightarrow{PC}| = 2 \cdot \left| \begin{pmatrix} 10 \cdot \frac{25}{59} \\ 10 - 10 \cdot \frac{25}{59} \\ -6 \cdot \frac{25}{59} \end{pmatrix} \right| = 2 \cdot \sqrt{\left(\frac{250}{59}\right)^2 + \left(\frac{340}{59}\right)^2 + \left(-\frac{150}{59}\right)^2} \approx 15,2$$

h) Die ergänzte Abbildung sieht wie folgt aus:

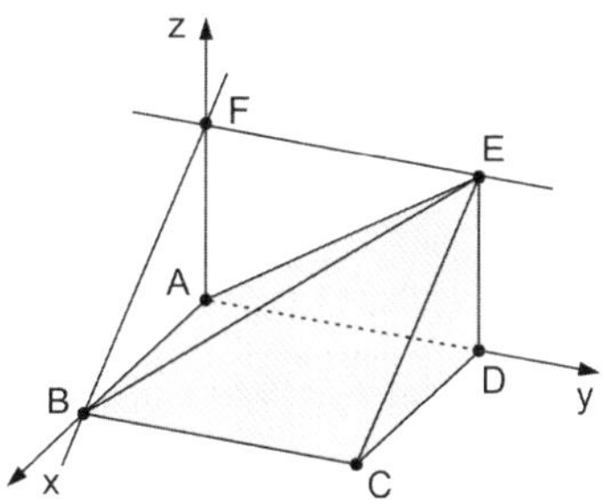

i) Der Körper ABCDE stellt eine Pyramide mit Quadrat ABCD als Grundfläche und der Höhe $\overline{DE}$ dar. Sein Volumen ist:

$$V_{ABCDE} = \frac{1}{3} A_{ABCD} \cdot |\overline{DE}| = \frac{1}{3} |\overline{AB}|^2 \cdot |\overline{DE}|$$

Der Körper ABCDEF stellt ein Prisma mit Dreieck CDE als Grundfläche und der Höhe $\overline{BC}$ dar. Sein Volumen ist:

$$V_{ABCDEF} = A_{\Delta CDE} \cdot |\overline{BC}| = \frac{1}{2} |\overline{CD}| \cdot |\overline{DE}| \cdot |\overline{BC}| - \frac{1}{2} |\overline{AB}|^2 \cdot |\overline{DE}|$$

Hinweis: Im Quadrat ABCD gilt $|AB| = |BC| = |CD| = |AD|$.

Das Verhältnis der Volumina ist:

$$\frac{V_{ABCDEF}}{V_{ABCDE}} = \frac{\frac{1}{2} |\overline{AB}|^2 \cdot |\overline{DE}|}{\frac{1}{3} |\overline{AB}|^2 \cdot |\overline{DE}|} = \frac{3}{2} = 1,5 = 150\ \%$$

Somit besitzt der Körper ABCDEF ein um $\underline{\underline{50\ \%}}$ größeres Volumen als der Körper ABCDE.

Smartphone-Spiel BE

Bei einem Smartphone-Spiel kann jeder Spieler jeden Sonntag Sterne gewinnen. Dazu hat er jeweils zehn Versuche. Bei jedem Versuch kann nur ein Stern gewonnen werden; die Wahrscheinlichkeit dafür beträgt 40 %.

a) Bestimmen Sie die Wahrscheinlichkeiten dafür, dass
A: „ein Spieler bei zehn Versuchen mehr als sechs Sterne gewinnt."
B: „ein Spieler bei zehn Versuchen mindestens fünf, aber höchstens acht Sterne gewinnt." 4

b) An einem Sonntag machen zwei Spieler jeweils zehn Versuche. Bestimmen Sie die Wahrscheinlichkeit dafür, dass jeder der beiden Spieler dabei mehr als vier Sterne gewinnt. 3

c) Beurteilen Sie die folgende Aussage eines Spielers:
„Ich habe an den letzten drei Sonntagen jeweils acht Sterne gewonnen. Daher ist meine Chance, an diesem Sonntag wieder acht Sterne zu gewinnen, deutlich kleiner als vorher." 2

d) An einem Sonntag nutzen vier Spieler jeweils die möglichen zehn Versuche zum Gewinnen von Sternen. Ermitteln Sie die Wahrscheinlichkeit dafür, dass dabei genau zwei der vier Spieler jeweils genau fünf Sterne gewinnen. 3

e) Berechnen Sie, wie viele Versuche ein Spieler mindestens machen muss, um mit einer Wahrscheinlichkeit von mindestens 95 % mindestens einen Stern zu gewinnen. 4

f) Geben Sie jeweils einen Wert für a und b mit $a, b \in \mathbb{R}^+$ an, so dass mit dem Term

$$1-\left(a^{10}+\binom{10}{1}\cdot 0{,}4^{1}\cdot a^{b}\right)$$

die Wahrscheinlichkeit eines Ereignisses im Sachzusammenhang berechnet werden kann. Beschreiben Sie das zugehörige Ereignis. 4

Außerdem hat jeder Spieler täglich einmal die Möglichkeit, allein durch Starten des Spiels Bonuspunkte zu erhalten. Durch das Starten wird ihm automatisch eine zufällig bestimmte Anzahl von Bonuspunkten gutgeschrieben. Der Tabelle können die möglichen Anzahlen und die zugehörigen Wahrscheinlichkeiten entnommen werden.

Bonuspunkte	10	20	50
Wahrscheinlichkeit	50 %	40 %	10 %

g) Ein Spieler startet das Spiel an drei aufeinanderfolgenden Tagen. Bestimmen Sie die Wahrscheinlichkeit dafür, dass dieser Spieler von Tag zu Tag weniger Bonuspunkte erhält. 2

h) Ein Spieler startet das Spiel an vier Tagen. Bestimmen Sie die Wahrscheinlichkeit dafür, dass dieser Spieler dabei insgesamt 80 Bonuspunkte erhält. 4

i) Die Wahrscheinlichkeiten für 10 und 20 Bonuspunkte werden so geändert, dass die Spieler im Zeitraum von 200 Tagen, an denen das Spiel gestartet wird, im Mittel 3 000 Bonuspunkte erhalten.
Ermitteln Sie die beiden geänderten Wahrscheinlichkeiten. 4

30

Anlage zur Aufgabe 3: Smartphone-Spiel

Summierte Binomialverteilung für n = 10

Dargestellt sind die Werte $P(X \leq k)$.
Gerundet auf vier Nachkommastellen, weggelassen ist „0,“,
alle freien Plätze und alle nicht dargestellten Zeilen enthalten 0,0000 bzw. 1,0000.
Wird die Tabelle „von unten“ gelesen ($p > 0{,}5$), ist der gesuchte Wert 1 – (abgelesener Wert).

n	k	p										k	n
		0,05	0,10	$\frac{1}{6}$	0,20	0,25	0,30	$\frac{1}{3}$	0,40	0,45	0,50		
10	0	5987	3487	1615	1074	0563	0282	0173	0060	0025	0010	9	10
	1	9139	7361	4845	3758	2440	1493	1040	0464	0233	0107	8	
	2	9885	9298	7752	6778	5256	3828	2991	1673	0996	0547	7	
	3	9990	9872	9303	8791	7759	6496	5593	3823	2660	1719	6	
	4	9999	9984	9845	9672	9219	8497	7869	6331	5044	3770	5	
	5		9999	9976	9936	9803	9527	9234	8338	7384	6230	4	
	6			9997	9991	9965	9894	9803	9452	8980	8281	3	
	7				9999	9996	9984	9966	9877	9726	9453	2	
	8						9999	9996	9983	9955	9893	1	
	9								9999	9997	9990	0	
n	k	0,95	0,90	$\frac{5}{6}$	0,80	0,75	0,70	$\frac{2}{3}$	0,60	0,55	0,50	k	n

Tipps und Hinweise zur Lösung von Aufgabe 4

Tipps zu Teilaufgabe a

- Überlegen Sie, wie die Zufallsgröße X: „Anzahl der gewonnenen Sterne“ verteilt ist.
- Die Summe der Wahrscheinlichkeiten von Ereignis und Gegenereignis ergibt immer 1.
- Verwenden Sie zur Bestimmung der Wahrscheinlichkeiten die Anlage zu Aufgabe 4.

Tipps zu Teilaufgabe b

- Berechnen Sie zuerst die Wahrscheinlichkeit des folgenden Ereignisses:
  C: „Ein Spieler gewinnt bei 10 Versuchen mehr als vier Sterne.“
- Die Wahrscheinlichkeit, dass für jeden der beiden Spieler das Ereignis C eintritt, lässt sich mit der Pfadmultiplikationsregel bestimmen.

Tipp zu Teilaufgabe c

- Welchen Einfluss haben die vergangenen Spiele auf die zukünftigen?

Tipps zu Teilaufgabe d

- Berechnen Sie zuerst die Wahrscheinlichkeit des folgenden Ereignisses:
  D: „Ein Spieler gewinnt bei 10 Versuchen genau fünf Sterne.“
- Überlegen Sie, wie die Zufallsgröße Y: „Anzahl der Spieler mit fünf Sternen“ verteilt ist.
- Berechnen Sie die Wahrscheinlichkeit, dass Y den Wert 2 annimmt.

Tipps zu Teilaufgabe e

- Überlegen Sie, wie die Zufallsgröße Z: „Anzahl der gewonnenen Sterne“ verteilt ist (Parameter n und p).
- Bestimmen sie die kleinste natürliche Zahl n, sodass $P(Z \geq 1) \geq 0{,}95$ gilt.
- Beachten Sie beim Umformen das Inversionsgesetz.

Tipps zu Teilaufgabe f

- Bei der Binomialverteilung (Parameter n und p) gilt für die Wahrscheinlichkeit von genau k Treffern $P(X=k)=\binom{n}{k}\cdot p^k \cdot (1-p)^{n-k}$.
- Die Summe der Wahrscheinlichkeiten von Ereignis und Gegenereignis ergibt immer 1.
- Der gegebene Term lässt sich in die Form $P(X>k)$ bringen, wobei X die Zufallsgröße X: „Anzahl der gewonnenen Sterne“ und k eine feste natürliche Zahl darstellt.
- Formulieren Sie das zugehörige Ereignis in Worten. Es gibt dabei mehrere Möglichkeiten.

Tipps zu Teilaufgabe g

- Es gibt nur eine Möglichkeit, dass der Spieler von Tag zu Tag weniger Bonuspunkte erhält.
- Nutzen Sie die Pfadmultiplikationsregel.

Tipps zu Teilaufgabe h

- Es gibt genau fünf Möglichkeiten, um nach vier Tagen genau 80 Bonuspunkte zu sammeln.
- Nutzen Sie die Pfadmultiplikationsregel zur Berechnung der Wahrscheinlichkeit jeder Möglichkeit. Berechnen Sie schließlich die Summe dieser Wahrscheinlichkeiten.

Lösungen zu Aufgabe 4

a) Die Zufallsgröße X: „Anzahl der gewonnenen Sterne" ist binomialverteilt mit den Parametern $n = 10$ und $p = 0{,}4$.

Hinweis: Die gesuchten Wahrscheinlichkeiten lassen sich mithilfe der Anlage zu Aufgabe 4 („Summierte Binomialverteilung für $n = 10$") bestimmen.

Dann gilt:

$$P(A) = P(X > 6) = 1 - P(X \leq 6) = 1 - 0{,}9452 = 0{,}0548 = \underline{\underline{5{,}48\ \%}}$$

$$P(B) = P(5 \leq X \leq 8) = P(X \leq 8) - P(X \leq 4) = 0{,}9983 - 0{,}6331 = 0{,}3652 = \underline{\underline{36{,}52\ \%}}$$

b) Man definiert das folgende Ereignis:
C: „Ein Spieler gewinnt bei 10 Versuchen mehr als vier Sterne."

Dann gilt $P(C) = P(X > 4) = 1 - P(X \leq 4) = 1 - 0{,}6331 = 0{,}3669$.
Nach der Pfadmultiplikationsregel beträgt die Wahrscheinlichkeit, dass jeder der beiden Spieler bei jeweils 10 Versuchen mehr als vier Sterne gewinnt:

$$P(C)^2 = 0{,}3669^2 = 0{,}1346 = \underline{\underline{13{,}46\ \%}}$$

c) Die Aussage ist $\underline{\underline{\text{falsch}}}$, denn die Spielergebnisse der vergangenen Sonntage beeinflussen nicht die Ergebnisse der zukünftigen Spiele. Die Spiele sind stochastisch unabhängig.

d) Definiert wird das folgende Ereignis:
D: „Ein Spieler gewinnt bei 10 Versuchen genau fünf Sterne."

Dann gilt:

$$P(D) = P(X = 5) = P(X \leq 5) - P(X \leq 4) = 0{,}8338 - 0{,}6331 = 0{,}2007$$

Die Zufallsgröße Y: „Anzahl der Spieler mit fünf Sternen" ist binomialverteilt mit den Parametern $n = 4$ und $p = 0{,}2007$. Dann gilt:

$$P(Y = 2) = \binom{4}{2} \cdot 0{,}2007^2 \cdot 0{,}7993^2 = 0{,}1544 = \underline{\underline{15{,}44\ \%}}$$

e) Die Zufallsgröße Z: „Anzahl der gewonnenen Sterne" ist binomialverteilt mit den Parametern n und $p = 0{,}4$, wobei n zunächst unbekannt ist.
Es soll gelten:

$$\begin{aligned} & P(Z \geq 1) \geq 0{,}95 \\ \Leftrightarrow\quad & 1 - P(Z = 0) \geq 0{,}95 \\ \Leftrightarrow\quad & P(Z = 0) \leq 0{,}05 \\ \Leftrightarrow\quad & 0{,}6^n \leq 0{,}05 \\ \Rightarrow\quad & n \cdot \ln 0{,}6 \leq \ln 0{,}05 \quad \Rightarrow \quad n \geq \frac{\ln 0{,}05}{\ln 0{,}6} \approx 5{,}86 \end{aligned}$$

Ein Spieler muss also mindestens $\underline{\underline{n = 6}}$ Versuche machen.

f) Der gegebene Term beschreibt für $\underline{\underline{a}} = 1 - 0{,}4 = \underline{\underline{0{,}6}}$ und $\underline{\underline{b}} = 10 - 1 = \underline{\underline{9}}$ die Wahrscheinlichkeit eines Ereignisses E im Sachzusammenhang.
Der Term lautet dann:

$$T = 1 - \left(0{,}6^{10} + \binom{10}{1} \cdot 0{,}4^1 \cdot 0{,}6^9\right)$$

Wegen

$$P(X = 0) = \binom{10}{0} \cdot 0{,}4^0 \cdot 0{,}6^{10} = 0{,}6^{10}$$

$$P(X = 1) = \binom{10}{1} \cdot 0{,}4^1 \cdot 0{,}6^9$$

folgt

$$T = 1 - (P(X = 0) + P(X = 1)) = 1 - P(X \leq 1) = P(X > 1).$$

Das Ereignis E kann daher lauten:

E: „Ein Spieler gewinnt bei 10 Versuchen mehr als einen Stern."

Mögliche Alternative:
E: „Ein Spieler gewinnt bei 10 Versuchen mindestens zwei Sterne."

g) Damit der Spieler von Tag zu Tag weniger Bonuspunkte erhält, muss er am 1. Tag 50, am 2. Tag 20 und am 3. Tag 10 Bonuspunkte erhalten. Die Wahrscheinlichkeit dafür beträgt:

$$50\,\% \cdot 40\,\% \cdot 10\,\% = 0{,}5 \cdot 0{,}4 \cdot 0{,}1 = 0{,}02 = \underline{\underline{2\,\%}}$$

h) Um nach vier Tagen, also vier Spielen genau 80 Bonuspunkte gesammelt zu haben, gibt es die folgenden fünf Möglichkeiten:

Möglichkeit	Tag 1	Tag 2	Tag 3	Tag 4
①	50 P.	10 P.	10 P.	10 P.
②	10 P.	50 P.	10 P.	10 P.
③	10 P.	10 P.	50 P.	10 P.
④	10 P.	10 P.	10 P.	50 P.
⑤	20 P.	20 P.	20 P.	20 P.

Die Berechnung der gesuchten Wahrscheinlichkeit erfolgt mithilfe folgender Tabelle:

Möglichkeit	Wahrscheinlichkeit	in Prozent
①	$0{,}1 \cdot 0{,}5^3$	1,25
②	$0{,}5 \cdot 0{,}1 \cdot 0{,}5^2$	1,25
③	$0{,}5^2 \cdot 0{,}1 \cdot 0{,}5$	1,25
④	$0{,}5^3 \cdot 0{,}1$	1,25
⑤	$0{,}4^4$	2,56
	Σ	7,56

Die gesuchte Wahrscheinlichkeit beträgt $\underline{\underline{7{,}56\,\%}}$.

i) Bezeichnet x die Wahrscheinlichkeit von 10 Bonuspunkten, so sieht die zugehörige Tabelle wie folgt aus:

Bonuspunkte	10	20	50
Wahrscheinlichkeit	x	$0{,}9-x$	0,1

Hinweis: Die Summe der Wahrscheinlichkeiten muss 1 ergeben, daraus ergibt sich der Ausdruck $0{,}9-x$ für die Wahrscheinlichkeit von 20 Bonuspunkten. Beachten Sie, dass $0<x<0{,}9$ gilt.

Die Tabelle stellt die Wahrscheinlichkeitsverteilung einer Zufallsgröße B dar, diese besitzt den Erwartungswert:

$$\begin{aligned} E(B) &= 10 \cdot P(B=10) + 20 \cdot P(B=20) + 50 \cdot P(B=50) \\ &= 10x + 20 \cdot (0{,}9-x) + 50 \cdot 0{,}1 \\ &= -10x + 23 \end{aligned}$$

Anmerkung: Allgemein gilt für den Erwartungswert einer Zufallsgröße X mit den möglichen Werten $x_1, x_2, ..., x_n$ die folgende Formel:

$$E(X) = x_1 \cdot P(X=x_1) + x_2 \cdot P(X=x_2) + \ldots + x_n \cdot P(X=x_n)$$

Der Erwartungswert bei 200-maliger Ausführung des Spiels soll 3 000 Bonuspunkte betragen. Das bedeutet:

$$\begin{aligned} 200 \cdot E(B) &= 3\,000 \\ 200 \cdot (-10x+23) &= 3\,000 \\ -2\,000x + 4600 &= 3\,000 \\ -10x + 23 &= 15 \\ x &= 0{,}8 \end{aligned}$$

Daher muss die Wahrscheinlichkeit für 10 Bonuspunkte $\underline{\underline{80\,\%}}$ und die Wahrscheinlichkeit für 20 Bonuspunkte $\underline{\underline{10\,\%}}$ betragen.